U0315781

地表覆盖神经网络分类理论与方法

李景文　朱　明　姜建武　苏志鹏　陆妍玲　编著

北　京
冶　金　工　业　出　版　社
2022

内容提要

本书共分7章，内容包括绪论、神经网络的基本原理、卷积神经网络、地表覆盖分类基本原理与方法、地表覆盖分类语义分割方法、地表覆盖分类卷积神经网络设计、地表覆盖分类方法实践等。

本书可供测绘科学与技术等相关专业的本科生及研究生阅读，也可供地信、遥感、测量等行业的工程技术人员和企业管理人员参考。

图书在版编目(CIP)数据

地表覆盖神经网络分类理论与方法/李景文等编著. —北京：冶金工业出版社，2022.6

ISBN 978-7-5024-9107-9

Ⅰ.①地… Ⅱ.①李… Ⅲ.①人工神经网络—应用—地表形态—研究 Ⅳ.①P931.2

中国版本图书馆CIP数据核字(2022)第052640号

地表覆盖神经网络分类理论与方法

出版发行	冶金工业出版社	**电　　话**	(010)64027926
地　　址	北京市东城区嵩祝院北巷39号	**邮　　编**	100009
网　　址	www.mip1953.com	**电子信箱**	service@mip1953.com

责任编辑 杜婷婷　美术编辑 彭子赫　版式设计 郑小利

责任校对 梅雨晴　责任印制 李玉山

三河市双峰印刷装订有限公司印刷

2022年6月第1版，2022年6月第1次印刷

710mm×1000mm 1/16；12.75印张；246千字；191页

定价79.00元

投稿电话 (010)64027932　投稿信箱 tougao@cnmip.com.cn

营销中心电话 (010)64044283

冶金工业出版社天猫旗舰店 yjgycbs.tmall.com

(本书如有印装质量问题，本社营销中心负责退换)

前　言

地表覆盖分布是一种重要的地理信息资源，是地理国情普查、自然资源监测、国土空间规划、土地宏观调控等不可或缺的基础地理信息。近年来，随着高分辨率卫星影像数据实时获取能力的提升，卫星影像的光谱分辨率、空间分辨率与时间分辨率的不断提高，为地表覆盖分类提供了坚实的高精度原始数据源。然而在实际应用中，大量的影像数据仍然依靠人工解译处理，不仅工作量大、耗时长，且无法提高数据采集质量。面对海量影像数据，历年来仅有50%左右的遥感影像完成了当年的地表覆盖分类，并且所有的地表覆盖分类以人工完成为主，作业周期普遍在半年以上。这种以人工作业为主的模式，已经越来越无法适应当前大尺度、海量影像地表覆盖分类处理与提取的时效需求，也无法满足高效、快速提供地表覆盖分类信息服务的应用要求。长期以来，我国地表覆盖分类调查工作存在调查部门分散、各类自然资源概念不统一、内容交叉、指标互相矛盾等问题，造成各部门统计成果在实际管理工作中无法协调或数据难以统一等问题，既不能有效服务于自然资源开发、保护、利用的整体性工作统筹推进，也难以满足推进国家治理体系和治理能力现代化的迫切要求。而高效、准确的地表覆盖分类将为各行各业提供清晰可靠的自然本底数据、土地利用数据，为全域国土空间用途管制、行政精细化智能管理和国土空间开发保护“一张图”建设工作提供坚实的基础。

传统的高分辨率影像地表覆盖分类方法主要是综合利用多种数据，结合各类数据的光谱、纹理、高程、坡度等特征，使用最大似然法、K均值聚类法等统计方法进行分类。近年来，基于浅层人工神经网络、支持向量机与遗传算法等方法发展迅速，并取得了大量研究与应用成果，但这些方法大多是结合若干算法人工设计地表覆盖分类的特征组合与解译规则，提取与使用维度有限的浅层特征。由于实际的地表覆盖在特征上存在区域差异性及表现的不确定性，同物异谱、同谱异物的情况较为常见，浅层特征不能完全描述复杂的地表覆盖分类，并且在地表覆盖分类算法上依赖相对固定的规则及特定的参数，分类的泛化能力有限。这些弱点制约了地表覆盖分类的自动化解译精度与效率，不能满足海量、大尺度地表覆盖分类应用需要，导致大量地表覆盖分类工作依旧严重依赖于人工作业，且作业人员的经验与专业技能水平制约了地表覆盖分类的处理速度与分类精度。

得益于深度学习（Deep Learning）技术的飞速发展，地表覆盖自动分类在大数据时代有了新的解决方案。深度学习是机器学习研究领域的一个重要分支，与传统的机器学习相比，深度学习的本质是具有多个层级的表示学习方法，通过层级之间的组合完成从低层到高层的数据特征抽象与提取。近年来，深度学习方法被迅速引入遥感地表覆盖分类研究领域，并成为地表覆盖分类的研究热点之一。深度学习一般使用深度神经网络（DNN，Deep Neural Network）构建层级，这些层级由简单非线性模块堆栈而成，输入数据在各个层级之间传递的过程中，通过各层间的映射关系逐步从数据中提取出抽象的关键特征。与传统方法相比，深度学习方法完全基于数据驱动，能够通过学习自动获得最佳地表覆盖分类特征。因此，探究如何利用神经网络进行地表覆盖分类，进而实现影像的逐像素分类，不仅能在一定程度上提高对高分影像的处理精度，还能够满足对遥感影像进行无人工干预的自动化快速分析的需求，在学术研究和工程应用中都具有重要意义。

本书紧紧围绕“构建知识体系，阐明基本原理，引导初级实践，服务相关应用”的指导思想，对地表覆盖分类的知识体系进行了系统梳理，努力做到“有序组织、去粗取精、由浅入深、产学研用结合”，希望本书能为相关领域的科研人员、技术人员和学生等提供理论和技术借鉴。本书分为7章。第1章分析了遥感影像地表覆盖分类研究现状、神经网络理论发展概述及深度卷积神经网络在地表覆盖分类的应用进展，第2章介绍了神经网络的基本原理与方法，第3章介绍了卷积神经网络分类的基本原理与方法，第4章介绍了地表覆盖分类的基本原理与方法，第5章介绍了地表覆盖语义分割方法，第6章详细介绍了地表覆盖分类网络设计，第7章介绍了地表覆盖应用实践。

本书是作者多年教学、科研和解决产业生产实际问题的经验总结，并得到了国家自然科学基金项目（41961063）和广西自然科学基金创新研究团队项目（2019GXNSFGA245001）的大力支持。在本书编写过程中，文字和图表的整理工作得到了吴博、郭伟立、何永宁、贺雨晴、毕奔腾、张英南、龚旭等团队成员的帮助。本书参考了国内外相关领域作者撰写的文献、图书和资料，在此一并表示感谢。

由于作者水平所限，书中不妥之处，敬请广大读者批评指正。

作　者

2021年9月

目　　录

1　绪　论

随着卫星遥感影像分辨率的不断提高，自然资源管理部门、水利部门、农业部门等各行业部门能够从遥感影像中获得更加翔实的地表覆盖信息。伴随着我国“数字孪生”“智慧城市”和“数字乡村”等重大信息化、智能化基础设施建设的不断推进，在自然资源调查、自然灾害预测、动态交通监管、智慧服务等应用领域越来越多的需要实时获取动态地表覆盖信息。地表覆盖分类是对自然资源要素的空间分布、数量、质量等数据的抽象与提取，地表覆盖分类数据是自然资源空间规划、用途管制、生态修复、确权登记等多领域专项应用中的重要基础支撑数据，对于掌握各类自然资源的边界、家底、现状、交互关系和演化趋势具有重要作用。地表覆盖分类数据通常从遥感影像中提取，由于不同遥感影像的应用场景对地表覆盖分类的周期、尺度、精准等指标要求不同，如何采用新技术、新理论实现地表覆盖分类就显得尤为重要。经过多年来众多学者的不断努力，形成了许多经典的地表覆盖分类方法和算法，特别是神经网络理论和技术的发展，为大数据时代的地表覆盖自动分类提供了新的理论方法。利用神经网络对地表覆盖进行层次化分析是一种有别于传统人工设计的地物特征提取方法，从影像的内在构建机制出发对影像进行处理，对地物的特征进行更深入、更全面的挖掘与解译。除此之外，神经网络在一定程度上也解决了地表覆盖分类在计算机工作过程中需要人为提供预定义的规则或指导的问题，能够有效减少人工参与，更好地为“一张网”“一张图”“一个平台”的自然资源信息化建设提供自动化、智能化的信息获取手段。

1.1　地表覆盖分类概述

地表覆盖是指自然营造物和人工建筑物所覆盖的地表诸多要素的综合体，包括地表植被、土壤、冰川、河流、湖泊、沼泽湿地及各种建筑物，反映的是地表构成的综合性信息，主要侧重描述地球表面的自然属性，具有特定的时间和空间特性。地表覆盖分类就是对地表覆盖物按其所具有的各种生物或物理特征进行分类。

国外20世纪六七十年代就开展了土地利用、地表覆盖分类研究，出现了各种土地分类系统。国外多以土地利用现状作为分类依据，具体到各国又有差异。

美国地质调查局（USGS）对土地利用和土地覆盖的关注和研究起步很早，在1992年9月就出台了 Standards for digital line graphs for land use and land cover（《土地利用与土地覆盖数字线划图标准》），将土地利用与土地覆盖分类划分为已利用土地、耕地、草地、林地、水域、湿地、裸地、苔原冻土地、冰雪覆盖地和其他用地，美国主要是以土地功能作为分类的主要依据；德国、英国以土地覆盖是否开发用于建设用地作为分类依据；俄罗斯、乌克兰和日本以土地用途作为分类的主要依据；印度则以土地覆盖情况（自然属性）作为划分地类的依据。长期以来，我国相对集中的过渡型自然资源管理模式，使得各行业资源管理部门依据各自相关法规分别制定了相应的自然资源分类体系，其中国土、建设、林业、测绘等部门均制定和实施有覆盖全部地域空间的分类体系。2005年发布了《基础地理信息数字产品土地覆盖图》（CH/T 1012—2005），将土地覆盖类型划分为8个一级类，14个二级类；2007年发布了《土地利用现状分类》（GB/T 21010—2007），根据土地利用类型分为12个一级类，57个二级类；而面向地表覆盖的分类系统则大多局限于生产项目和科学研究中，国家西部1∶50000地形图空白区测图工程中的《地表覆盖数据遥感解译技术规程与地表覆盖分类系统》就结合CH/T 1012和测区的实际情况将地表覆盖划分为8个一级类，41个二级类。另外，中国科学院地理科学与资源研究所进行了中国1∶1000000地表覆盖制图分类系统研究，将地表覆盖分为7个一级类，36个二级类；《面向地球系统模式应用的全球地表覆盖分类系统方案》将其划分为10个一级类，39个二级类。在2015年地理国情普查过程中，也制定了10个一级类，45个二级类与84个三级类的地理国情普查地表覆盖分类体系。2017年开始的全国第三次土地调查中一级类土地共设13个，二级类土地共设55个，还对部分二级地类细化了三级地类，三级地类共设71个。

地表覆盖分类是依据地球表面各种物质类型、自然属性以及物质特征等要素，对地球表面按照一定的特征指标进行分类。而遥感技术是当前获取地表覆盖分类数据最经济、最常用与最重要的手段。遥感利用传感器接收目标反射或发射的电磁波成像，每种地物的电磁特征与地物性质紧密相关，可以通过电磁特征抽象出对应的地物特征，进而利用这些特征对影像进行语义分割并最终获得地表覆盖分类数据。针对不同的传感器获取的信号，学者们通过多年的研究提出了多种特征提取与分类算法。早期的算法仅仅以独立的像元作为检测单元，主要针对中低分辨率遥感影像，通过逐像素地分析像元光谱差异提取变化信息，并没有考虑像素之间的空间关联，分类精度非常有限。目前主要的分类算法不仅使用像元的信号特征，而且将山、水、林、田、湖、草、矿等资源纳入分类处理范畴，使图像分割更加符合地表覆盖的实际。根据是否利用先验知识，可以将这些算法分为非监督分类与监督分类两大类。

1.1.1 非监督分类进展

非监督分类通过特定的算法对不同地表覆盖目标影像的光谱信息进行统计，然后将统计信息中的特征按一定规则进行聚类，并以聚类后具有相似光谱特征的单元作为分类结果。非监督分类算法不需要先验知识，但由于其特征仅仅由影像数据直接统计归纳得出，难以解决同谱异物问题，因此分类精度有限，分类泛化性不强，不同批次数据之间的分类精度波动较大。非监督分类算法主要包括 K 均值聚类算法（K-means）和迭代自组织数据分析算法（ISODATA）等。

K 均值聚类算法：K 均值聚类算法简单易于实现，但其分类精度容易受到初始化、分类阈值等各种要素的影响。例如，钟燕飞等探究了遥感影像 K 均值聚类的初始化方法对非监督分类方法的影响，实验表明 Kaufman 法相对于其他方法更稳定，获得分类结果更优，适合于各种遥感影像的非监督分类。张超等人针对农业遥感数据分类速度慢的问题，通过调整通信数据的存储方式对 K-means 算法优化，实验结果表明这种方法快速实现了农业遥感的分类。Zhang 等人在数据对象的模糊粒度空间中设计了归一化距离函数，从而提高了分类的准确率和效率。张越等人针对遥感图像分类遇到不明类别的问题，提出了一种改进的 K-means 算法，确定初始分类数和初始分类的中心，避开了随机选取初值的敏感问题。陈明等人针对 K-means 聚类算法对训练集的依赖性大的问题，提出了利用模拟退化算法的 K-means 的聚类方法，实验结果表明该方法收敛结果优于 K-means 聚类算法，分类精度相对传统的 K-means 算法更高。王蕊等针对固定阈值分类效果适应性较差的问题提出了自适应的阈值检测算法，算法能够自动根据数据情况设定阈值，提高了分类精度。谢相建等为了克服统 K-means 算法硬分类的缺陷，提出了基于 IDC 联系度的改进的 K-means 聚类算法，可以有效地提高遥感图像聚类精度。张璐璐等人通过改进 K-means 聚类算法，结合数学形态学和阈值方法提取地物目标，实现了对多幅遥感图像的目标提取，改进的算法具有很好的抗噪能力，对目标提取结果精度高。徐二静针对遥感图像分类的问题，提出了一种最大类间距方差法和 K-means 算法相结合的遥感图像分割算法，实验证明两种算法的结合明显提高了分类的精度。袁周米琪等人提出一种自适应逼近最佳聚类数的算法，通过自适应方法逼近最优聚类数，可以使同类的特征值异质性降到最小，取得理想的聚类结果。

迭代自组织数据分析算法：初佳兰等采用 ISODATA 非监督分类方法对高光谱遥感影像进行分类，实验结果表明 ISODATA 分类结果融合的总体精度最高。赵庆展等人针对卫星遥感影像分辨率低、时间周期长和波段冗余信息多等问题，提出将光谱特征、纹理特征信息与最佳波段指数结合的方法来确定地物分类最佳波段组合，实验证明感兴趣区域内非监督 ISODATA 分类精度从 83.57% 提升到

89.80%。Dunn 等用模糊 C 均值聚类（FCM，Fuzzy C-means）替代 ISODATA 中的 K 均值聚类，形成了模糊 ISODATA 算法（FISODATA，Fuzzy ISODATA）。马彩虹等人针对遥感分割算法的一些弊端，提出了一种结合粒子群优化（PSO）和 ISODATA 的新算法，使得遥感分割结果更加接近实际的情况。康永辉等人针对传统模糊 ISODATA 算法中分裂－合并操作需人工选取阈值参数，提出一种改进的自适应 FISODATA 算法，解决了人为选取参数带来的诸多问题。杨燕等人对 ISODATA 算法和影像增强算法进行研究分析，通过实验分析了常用影像增强算法对非监督分类结果的影响。徐亚瑾等人针对影像分类阈值的问题，提出了一种改进 ISODATA 的变化矢量分析方法，实验表明在地物的提取方面有较好的分类效果。

1.1.2 监督分类进展

监督分类需要预先规划分类类别，然后根据不同的类别在遥感影像数据上标注对应类别的影像区域，这些预先被选取的影像区域及标注被称为训练样本。监督分类方法在获取了一定数量的样本后，通过设计好的分类算法对样本进行分析并提取出各分类特征，最后利用样本的特征推广到未标注的影像实现地表覆盖分类。监督分类算法是目前研究与应用中广泛使用的算法，主要的算法包括决策树、随机森林、面向对象、支持向量机等。

决策树算法（Decision Tree）：决策树在生成过程中，自上而下递归，选择特征不断生成子节点，最后产生的叶节点就是对应分类。对生成节点过程中产生的决策树分枝，如果决策树采用不同的算法会产生不同子节点。目前常用的算法主要有 ID3、C4.5、C5.0 与 CART 等。例如，孙建伟等使用 CART 决策树与资源三号卫星影像数据，选取了 160 个样本提取分类特征进行 7 类地表分类，总体精度达到 88.76%。陈丽萍等综合对比了基于 C4.5、C5.0 与 CART 的决策树林地分类算法，设置了近红外波段均值、密度、面积、同质性、形状指数和 SAVI 等分类特征，经过对比，C5.0 精度最佳，总体精度达到 90%。Yang 等通过将混合像元分解与决策树算法集成，提升了地表覆盖分类精度。潘琛等构建了一种基于多特征的遥感影像决策树分类方法，通过对遥感影像进行波段代数运算、主要成分分析和图像分割等处理，能够有效地提高分类的精度。申文明等对决策树分类技术和传统计算机自动分类方法进行了比较，实验表明分类精度提高了 18.29%，Kappa 系数提高 0.1878。LI 等提出了三种不同类型的决策树分类（UDT、MDT 和 HDT），研究的结果表明决策树凭借其相对简单、明确和直观的分类结构，在遥感应用中具有多个优势。李春生等提出了一种改进的 K-C4.5 算法，引用麦克劳林公式和泰勒公式的思想，验证了改进后的算法具有一定的效果。段化娟等针对分类重叠的问题，提出了一种基于欠采样与属性选择的多决策树方法，通过该算法可以有效地提高分类的精度。决策树在地表覆盖分类中的主要不足为特征需要人工设计，尽管出现了很多改进算法，但训练过程中仍然容易出现过拟合问题。

随机森林算法（Random Forest）：随机森林作为集成分类器，在地表覆盖分类领域有广泛的应用，在城市用地分类、植被分类中均取得了较好的研究成果。如杨耘等人针对“基于像素的条件随机场模型能否在 m 级分辨率的多光谱遥感图像分类中表现良好”的问题，通过随机森林算法定义 CRFs 关联势函数，利用特征对比度加权的 Potts 函数定义 CRFs 交互势函数，并且建立了多标签的 RF-CRFs 模型，实验结果表明，RF-CRFs 模型的分类精度可达 82.52% 以上，比随机森林分类器的分类精度提高了 3.35%。Zhang 等使用随机森林算法对武汉地区开展城市用地分类，总体精度达到 89.2%。Sun 等将随机森林算法与全连接条件随机场融合进行城市用地分类，总体精度达到 86.9%。张晓羽等使用陆地卫星——8 数据开展森林植被分类，总体精度达到 81.65%。田绍鸿、张显峰等基于天绘一号卫星多光谱数据及 RFC 对新疆北屯市及周边区域的土地覆盖进行了分类研究。刘毅、杜培军等基于 RFC 对环境一号小卫星和北京一号小卫星数据进行了分类，发现结果较最大似然法和 SVM 分类结果有更好的稳定性和分类精度以及更快的运算速度。杜政、方耀将高分一号 PMS 多光谱影像与多种指数及共生矩阵纹理叠加，利用 RFC 对该组合进行了土地利用分类，发现分类精度比传统方法提高显著。Deng 等利用 RFC 基于 MODIS 数据对城市不透水面进行分类尝试。姚明煌等引入人工免疫算法来对改进后的随机森林进行压缩优化，改进的随机森林的有效性及其优化的模型具有更高的分类精度。冯文卿等基于熵率对影像进行超像素分割，通过最优超像素个数评价指数来获取最佳的影像分割结果，并且构建了自动分类器模型，实验证明该方法在变化检测精度上优于其他对比算法。

支持向量机（SVM，Support Vector Machine）是一种常用的高效机器学习方法。Jia 等使用 SVM 对高分二号影像进行地表覆盖分类，分类精度达到 94%，Kappa 系数为 0.91。Jenicka 等使用 SVM 对 LISS-IV 数据进行地表分类，分类精度达到 95%。由此可见，SVM 在局部小范围的实验中均可以达到很好的精度。SVM 的主要不足是经典的 SVM 算法在原理上是二分类算法，但是地表覆盖分类研究的主要是多分类问题，为了解决这个问题，在原始 SVM 算法基础上，很多研究在分类中集成运用多种算法与 SVM 算法协同分类，进一步提升了分类精度。如 Wu 等将决策树与 SVM 结合，使用航空影像与激光点云数据进行分类，分类精度达到 92.7%。Xu 等将随机森林算法与 SVM 结合，针对航空高分辨率影像进行地表分类，取得了很好的效果。谭琨等从支持向量机出发建立了一个高光谱分类器，实验证明其分类的精度远远高于 SVM 分类算法进行分类的结果。方臣、吴龙等为了提高高分一号卫星图像分类的精度，结合纹理信息的SVM进行分类，分类精度为93.74%。朱海洲等建立了一个基于支持向量机的遥感图像分类器，实验结果表明，利用SVM进行遥感图像分类的精度明显优于神经网络算法和最大似然算法分类精度。王小明等采用Landsat-5的TM影像，分析了支持向量机不同参数组合情况下的分类精度，发现支持向量分类算法具有参数选择范围宽，待分类区域地物光谱特征和影像分布特征具备先验知识，分类精度高等特点，在没有现场同步实测数据的区域进行精确分类有特别重要的价值。

1.2　深度神经网络发展现状

深度卷积神经网络（CNN，Convolutional Neural Network）是一种重要的深度学习模型，近年来在图像分类、语义分割与目标检测方面都取得了巨大的进展，凸显了很好的应用前景。地表覆盖分类实质上是遥感影像的地表覆盖语义分割，而深度卷积神经网络的平移不变性对于随机分布的地表覆盖具有良好的适应性，为遥感影像的地表覆盖语义分割提供一种新的解决技术方法。

1.2.1　深度神经网络图像分类模型发展现状

深度卷积神经网络的基本理论框架来源于人工神经网络（ANN，Artificial Neural Networks）理论。最早的卷积神经网络出现在1980年，Fukushima参考生物神经网络的工作机理与神经细胞之间的层级关系，设计了含有卷积操作的人工神经网络，利用卷积结构提高神经网络提取图像特征与识别图像内容的效能，这种架构也为后续深度卷积神经网络演化奠定了重要基础。1989年Lecun参考Fukushima的卷积神经网络结构，引入反向传播算法训练卷积神经网络识别手写数字，反向传播算法的引入提高了训练效率，减少了数据的预处理工作量，将神经网络的特征提取转变为数据驱动，不再需要预先设计各种特征提取算子与参数。在此基础上Lecun对卷积神经网络进行了进一步改进，提出了LeNet-5卷积神经网络用于识别手写文字。LeNet-5引入了基于梯度的学习方法，并且在卷积层之间加入了池化层，用于特征的下采样，原始图像经过卷积层与池化层处理后转变为特征图，经过若干次卷积及下采样后，特征图通过全连接层转化为分类概率。LeNet-5在结构上由输入层、输出层、卷积层、池化层与全连接层构成，这五大部分也成为后续深度卷积神经网络的主要组成结构。

LeNet-5证明了与传统方法相比，卷积神经网络也可以很好地适用于手写文字识别，卷积实现了神经元的局部连接和权值共享。这种方式在简化神经网络连接的同时能够提高识别准确率，但卷积神经网络训练过程中随着层数的增加计算量也急剧增加，受当时硬件计算能力的限制，卷积神经网络训练时间极长，对于复杂的应用，其训练所需的硬件与时间代价使其训练开销极大，这些客观条件限制了卷积神经网络的改进与发展。随着硬件的发展与算法的逐步改进，自2006年以来，卷积神经网络的训练与处理效率不断提高，逐步推动了卷积神经网络进入实用化阶段。2012年Krizhevsky提出了AlexNet网络，该网络将卷积层增加到5层，使用修正线性单元（ReLU，Rectified Linear Unit）函数替代了以往常用的Sigmoid函数。ReLU在反向传播的过程中梯度恒定，因此在使用随机梯度下降方法时，能够加快网络的收敛速度。AlexNet还引入了DropOut方法降低神经网络节点间的相互依赖性，减少网络的过拟合现象，采用GPU替代CPU进行训练计算，大幅缩短了训练时间。AlexNet的这些改进大幅提高了图像分类的准确率，其取得的成功吸引了很多学者，他们尝试进一步研究与改进卷积神经网络，各种性能更加优异的神经网络结构不断被提出。

在AlexNet的基础上，VGGNet进一步增加了网络的深度，其中VGG-19的深度达到19层。与AlexNet相比，VGGNet最大的改进是使用串联的小尺寸卷积核来替代较大尺寸的卷积核。VGGNet中的卷积核大多数为3×3大小，尽管卷积核尺寸较小，但通过串联获得了与较大卷积核等效的感受野（RF，Receptive Fields），并且串联的卷积核能够提高网络的非线性操作，增强网络的图像特征学习能力。较小的卷积核也能够使网络在同样参数量的情况下减少整体的计算量。

Network In Network结构（NIN）对网络的内部结构进行了进一步的优化与改进，使用MlpConv层取代了传统的线性卷积层，MlpConv层最主要的思想就是在卷积之后增加了1×1卷积合并上层的卷积特征，将不同通道的特征组合为更复杂的卷积特征，这种串联的微网络结构强化了局部感受能力，增强了感受野在局部区域的特征辨别能力。在网络的结构上，NIN舍弃了全连接层，使用全局平均池化层输出类别可信度，同时规避了全连接层易于过拟合的缺点。NIN的改进相比AlexNet进一步提高了精度，同时大大减少了网络参数，其高效的局部架构思想迅速被后续网络进一步借鉴和改进。

GoogleNet在NIN的基础上提出了Inception模块。Inception模块中包含了1×1、3×3等不同大小的卷积核，每个卷积核在网络分别生成不同的特征图，最后模块融合所有特征图并向下一层级输出信号。Inception到目前已经发展出四个版本。在这四个版本中，原始的Inception中并联的卷积核改进为串联的尺寸更小的卷积核，增加了卷积分解部分，通过增加Batch Normalization层加速网络训练。

VGGNet与GoogleNet在提高精度的同时，网络深度也增加到了19层与22层。虽然网络深度的增加能够提高精度，但由于算法以及结构的限制，VGGNet与GoogleNet在网络深度继续增加的情况下会出现梯度消失现象。这是由于在反向传播误差梯度时，重复的梯度相乘使梯度越来越小，梯度消失现象限制了网络的深度，精度的提升不能依靠简单的叠加层数来实现，层数过深甚至会导致精度下降或网络无法训练。为了解决梯度消失问题，学者们先后提出了标准初始化、快捷连接（ShortCut）与中间标准化层等方法，并取得了一定的效果。但这些方法仅仅是缓解了梯度消失，并没有完全解决随着网络深度继续增加，梯度消失再次出现时精度会迅速下降的问题。

为了进一步解决梯度消失问题，何凯明等提出了残差学习框架（ResNet）。ResNet 的核心思想是将每层拟合的残差作为学习对象，直接将输入信息通过快捷连接跳过一个或多个层直接传输到深层网络，保持了输入信息的完整性，简化了学习目标和难度。ResNet 中最重要的结构是残差模块。每个残差模块都是以 2 层、3 层卷积层与一个快捷连接组成，通过若干个残差模块的组合形成最终的特征提取网络。ResNet 有效解决了梯度消失问题，常用的 ResNet 深度已经达到了 152 层，并且还可以根据实际任务需要进一步加深。实验证明即使网络加深到 1000 层以上，ResNet 依旧能够通过增加层级的方式提高精度。

ResNet 出现后迅速成为卷积神经网络的一种基础架构，包括 Inception 模块在最新的版本中都借鉴了残差网络的思想。很多学者也在 ResNet 的基础上进行了若干改进，形成了很多新的结构变化。ResNext 采用了类似 Inception 模块的卷积模块，通过分离卷积整合特征，压缩网络参数数量。有学者提出了 Wide Residual Networks，通过加宽残差卷积模块来提升性能，为了避免加宽残差块带来的过拟合问题，在残差块中增加了 Dropout。也有些学者通过改进了 ResNet 的快捷连接方式，将残差块之间的快捷连接改为各个层级之间的密集连接，大大增加了跳层与快捷连接的数量。这种结构实现了浅层特征的重用，通过多旁路与特征的重用使网络更容易训练并且缓解了梯度消散。表 1-1 为典型卷积神经网络模型对比。

表 1-1 典型卷积神经网络模型对比

模型名称	层数	优 点	缺 点
AlexNet	8	网络简单易于训练； 引入了 ReLU 激活函数	仅支持固定尺寸的网络； 浅层网络特征提取能力有限
VGGNet	19	通过小卷积核获得等效感受野； 分类精度大大提高	网络复杂； 训练耗时长
GoogleNet	22	引入 Inception 模块与 BN 层	网络复杂； 训练耗时长
ResNet	152	克服了梯度消散问题	参数量大； 随着网络层数的加深，精度下降严重

在 ResNet 之后，虽然类似 SqueezeNet、FractalNet、XNOR-Net、MobileNet 与 ShuffleNet 等新的网络结构仍然被不断提出，但目前的主流研究均基于 GoogleNet 的 Inception 模块构造与 ResNet 的残差结构改进，其他网络的影响力与泛化能力与 ResNet 相比仍有一定差距。

1.2.2 深度神经网络语义分割模型发展现状

在图像语义分割领域，全卷积神经网络（FCN，Fully Convolutional Networks）是在经典 CNN 的基础上，首个使用卷积神经网络解决图像语义分割问题的模型。FCN 的最大特点是在 AlexNet 和 VGGNet 的基础架构上，增加了上采样网络结构。上采样的目的是将卷积获取的特征图恢复到输入图像的尺寸，并以此对图像的每个像素进行分类预测。这种架构上的改进使得 FCN 能够在预测过程中保留像素间的空间关系，实现高像素的图像语义分割。

U-Net 在 FCN 基础上提出了融合不同层级特征的反卷积语义分割架构，这种结构同时具有捕捉上下文信息的下采样过程和保持高像素语义分割的上采样过程，并且 U-Net 在上采样重建图像语义分割过程中保留富含特征信息的高维特征图。这种结构使得网络在图像特征向更高层分辨率传播过程中保留了更好的语义特征，有效地提升了语义分割的准确率，并被后续一系列语义分割模型所借鉴。

PSPNet 针对 FCN 结构网络缺乏全局特征的问题，在借鉴空间金字塔池化方法（SPP，Spatial Pyramid Pooling）的基础上提出了金字塔池化模块（Pyramid Pooling Module），利用不同尺度的池化模块，能够融合不同区域的特征信息，提高对全局特征的提取能力，提高了复杂图像场景的语义分割精度。

DeepLab 系列网络是一种高效的语义分割网络，先后发展了 4 个版本，在 V1 版本中使用扩张卷积替代传统的池化层来实现下采样。这种下采样方式避免了池化层的信息丢失问题，同时扩大了网络的感受野，有利于上采样过程的信息恢复。V2 版本中引入了金字塔池化结构，构建了空洞金字塔结构，改善了多尺度情况下不同目标的语义分割精度。V3 版本引入了 Xception Model 和深度可分卷积（Depthwise Separable Convolution）对 V2 版本的结构进行了进一步优化，提升了精度与处理效率。DeepLab V3+ 版本对编码与解码结构进行了改进，增强了编码阶段特征提取能力，同时将部分编码阶段特征融合到解码阶段，增加了解码阶段的底层信息。

DenseASPP 使用密集连接的方式将每个扩张卷积输出结合到一起，通过一系列的扩张卷积组合级联，深层的神经元会获得越来越大的感受野，同时也避免了过大扩张率的卷积导致的卷积退化，缓解了梯度消失的问题和大幅度减少参数。表 1-2 主要语义分割卷积神经网络对比。

表 1-2 主要语义分割卷积神经网络对比

模型	优 点	缺 点
FCN	可以输入任意大小的图像； 分类精度大大提高	层级较少； 下采样阶段图像特征提取不完全
U-net	支持少量的训练模型； 引入镜像操作，防止数据消失； 每一个像素点都进行分割，提高分割精度	仅支持固定尺寸图像； 增加了模型设计难度
DenseASPP	采用加密型扩张卷积； 低层级特征得到很好的利用	参数较多； 网络处理效率低
DeepLab	将提供多尺度感受野； 进一步提高分类精度	网络复杂； 消耗显存严重

在上述网络的基础上，近年来的研究中又提出了 AttU_Net、BiSeNet、DA-Net、NestedUNet、UPerNet 与 SegNet 等多种语义分割模型。

1.2.3 主流深度神经网络框架

深度学习（DL，Deep Learning）是一种能够模拟出人脑的神经结构的机器学习方法，又叫深度神经网络（DNN，Deep Neural Networks），是从之前的人工神经网络（ANN）模型发展而来的。在深度学习中，一般通过误差反向传播算法来进行参数学习，通常采用手工方式来计算梯度再写代码实现，这种方式非常低效，并且容易出错。深度学习模型需要的计算机资源比较多，一般需要在 CPU 和 GPU 之间不断进行切换，开发难度也比较大。因此，一些支持自动梯度计算、无缝 CPU 和 GPU 切换等功能的深度学习框架就应运而生，比较有代表性的有 Theano、Caffe、TensorFlow、Pytorch、飞桨（PaddlePaddle）、Chainer 和 MXNet 等。这些深度神经网络框架可以很容易地搭建神经网络并进行自动梯度推导，同时还可以使用相关的模型进行性能分析。

（1）Caffe。Caffe 的全名是 Convolutional architecture for fast feature embedding，是一个清晰而高效的深度学习框架，由加州大学伯克利分校开发的针对卷积神经网络的计算框架，主要用于计算机视觉。Caffe 用 C++ 和 Python 实现，但可以通过配置文件来实现所要的网络结构，不需要编码。Caffe2 是在 2017 年 4 月 Facebook 发布的一款全新的开源深度学习框架。Caffe2go 是一个以开源项目 Caffe2 为基础、使用 Unix 理念构建的轻量级、模块化框架，其核心架构非常轻量化，而且可以附加多个模块，是一个可以在移动平台上实时获取、分析、处理像素的深度学习框架。

（2）TensorFlow。TensorFlow 是由 Google 公司开发的深度学习框架，是在

DistBelief 的基础上谷歌大脑完成的“第二代机器学习系统”，可以在任意具备CPU 或者 GPU 的设备上运行。TensorFlow 是将复杂的数据结构传输至人工智能神经网中进行分析和处理，计算过程使用数据流图来表示。TensorFlow 已成长为一个灵活的机器学习框架，TensorFlow 1.0 版本采用静态计算图，2.0 版本之后也支持动态计算图。

（3）PyTorch。PyTorch 是由 Facebook、NVIDIA、Twitter 等公司开发维护的深度学习框架，其前身为 Lua 语言的 Torch4。PyTorch 也是基于动态计算图的框架，而且提供了 Python 接口，设计符合人类思维，它让用户尽可能地专注于实现自己的想法，是一个相当简洁且高效快速的框架，在需要动态改变神经网络结构的任务中有着明显的优势。

（4）MXNet。MXNet 是由亚马逊、华盛顿大学和卡内基梅隆大学等开发维护的深度学习框架，它拥有类似于 Theano 和 TensorFlow 的数据流图，为多 GPU 配置提供了良好的配置，有着类似于 Lasagne 和 Blocks 更高级别的模型构建块，并且可以在可以想象的任何硬件上运行（包括手机）。MXNet 支持混合使用符号和命令式编程来提升最大化效率和生产率，并可以有效地扩展到多个 GPU 和多台机器上。

（5）飞桨（PaddlePaddle）。飞桨是百度开发的一个高效和可扩展的集深度学习核心训练和推理框架、基础模型库、端到端开发套件、丰富的工具组件于一体，中国首个自主研发、功能完备、开源开放的产业级深度学习框架。飞桨对推理部署提供全方位支持，可以将模型便捷地部署到云端服务器、移动端及边缘端等不同平台设备上，并拥有全面领先的推理速度，同时兼容其他开源框架训练的模型，支持动态图和静态图，是一个具有超大规模深度学习模型训练技术、多端多平台部署的高性能推理引擎、产业级开源模型库且开发便捷的深度学习框架。飞桨支持稠密参数和稀疏参数场景的超大规模深度学习并行训练，支持千亿规模参数和数百个节点的高效并行训练。

（6）Chainer。Chainer 由日本一家机器学习创业公司 Preferred Networks 团队开发，是一个最早采用动态计算图的深度学习框架，它为在深度学习的理论算法和实际应用之间架起一座桥梁。Chainer 和 Tensorflow、Theano、Caffe 等框架使用的静态计算图相比，可以在运行时动态地构建计算图，被认为是深度学习的灵活框架，具有强大、灵活、直观等特点，因此非常适合进行一些复杂的决策或推理任务。

（7）Theano。Theano 是一个 Python 库，专门用于定义、优化、求值数学表达式，效率高，适用于多维数组。Theano 能够和 Numpy 紧密结合，支持 GPU 运算且速度超快，稳定性好，比 CPU 快 140 倍，能够动态生成 C 代码，支持单元测试。Theano 可以透明地使用 GPU 和高效的符号微分。

1.3 深度卷积神经网络在地表覆盖分类的应用进展

近年来随着深度卷积神经网络研究的不断深入，大量研究开始将深度卷积神经网络用于地表覆盖分类。基于深度卷积神经网络的地表覆盖分类方法一般以通用的语义分割卷积神经网络为基础，然后结合地表覆盖分类的任务目标、数据源等因素，设计与调整语义分割网络，强化对目标地物特征的提取能力，最终形成适应任务目标的地表覆盖分类卷积神经网络，并且取得了较好的地表覆盖分类提取效果。

早期的地表覆盖分类研究主要使用 VGGNet 和 AlexNet 等通用图像分类卷积神经网络进行分类，在这个阶段进行地表覆盖分类往往是照搬通用的深度学习网络。由于早期的 VGGNet 和 AlexNet 等网络主要是用于图像分类，并不能直接按地表特征完成遥感影像语义分割，因此在分类时一般采用影像分块或特征重用方法完成地表分类。

影像分块方法是先将影像分割为若干矩形区域，然后再通过深度学习网络对影像的每个矩形区域提取特征并判断矩形区域的分类，最后将每个分割区域拼接为一个整体，得到影像的完整地表覆盖分类。这种分类方法并不是真正的像素级语义分割方法，并且在分割与拼接的过程中完全割裂了区域之间的上下文语义特征，因此只能粗略地识别影像块中的主要地类，对于其中混杂的次要地类则往往被忽略，无法精确划定分类边界，难以获得语义分割细节，分类精度提升困难。

特征重用方法是利用深度卷积神经网络提取图像特征，然后将特征提供给 SVM、随机森林等算法进行像素分类。这种方法减少了人工提取与设计特征的工作量，但由于神经网络提取的特征属于抽象特征，某些特征没有具体的光谱、物理意义，难以根据这些特征设计 SVM 的具体分类算法。在 FCN 等语义分割深度神经网络出现后，卷积神经网络的分类精度有了大幅提升。但此时多数研究处于验证方法阶段，在训练数据集制作、网络结构优化与设计、训练方法等各个环节并没有考虑地表覆盖分类任务的特性，在分类精度上虽然较传统分类方法有所提高，但还具有进一步提升精度的潜力。

随着深度卷积神经网络的不断进步及人们对网络结构认识的不断加深，在地表覆盖分类领域，已经不再仅仅照搬通用的深度卷积语义分割网络，研究人员开始依据地表覆盖分类对象的光谱特征、纹理特征、高程、坡度等要素调整网络结构，并设计出有针对性的网络来处理复杂的地表覆盖分类任务。

Fu 等人针对遥感影像地表分类进行了网络扩展，在 FCN 中增加了跳层结构用于处理多分辨率影像，引入扩张卷积改善了输出特征密度，通过在检测阶段使用 CRF 细化了输出类别，提高了高分辨率影像的分类精度。Zhang 等人针对植被分类中地物特征差异小以及 FCN 在编码阶段损失特征的问题，增加了一层用于提取植被特征的特征提取层与一层使用非线性激活函数（Activation Function）的编码层，提升了植被分类精度。Sharma 等提出了一种适用于中分辨影像的深度学习地表分类方法，该方法以 LandSat 8 影像为研究对象，将 CNN 的输入由单一像素改为 5×5 像素的影像块，采用影像块作为输入单元后，不但在输入中包含了影像的波段信息，还包含了相邻像素的空间关系。经过实验数据验证，与基于像素的 CNN 相比，使用基于块的深度学习方法，将农田、湿地、森林、水体等地物的总体分类精度提高了 24.23%。Zhang 等提出了一种将 CNN 与 MLP（Multi-Layer Perceptron）融合的高分辨率影像混合深度学习地表分类方法，采用基于规则的融合方式，将 CNN 与 MLP 提取的不同影像特征融合使用，经过测试，分类精度较单纯使用 CNN 与 MLP 方法均有提高，总体精度达到 90.56%。Zhao 等提出了一种适用于多尺度影像分类的深度学习网络，通过融合光谱与空间特征与改进分类器，实现了多尺度的地表分类，并取得了较好的精度。

在农业地表覆盖分类方面，Cai 等提出了一种兼顾时空的高性能农作物分类方法，以美国公共土地单元数据（CLU）为基础，以地块为单位整合长时序的多幅影像光谱信息，通过构建光谱影像栈与深度学习算法来消除影像局部的云、雾、阴影干扰。与美国农业部农作物数据相比，该方法的大豆与玉米分类的总体精度达到了 96%。Wei 等提出一种立方体对地深度卷积神经网络架构用于高光谱影像农作物分类，通过构建立方体对，既能够较好地利用高光谱影像不同波段的数据，同时也大大减少了训练样本。测试证明，相比普通深度卷积神经网络，在同样的训练样本下，利用立方体对的网络架构有效提高了分类精度。

综上研究分析，深度卷积神经网络（CNN）在地表覆盖分类中取得了较多成果，提出了多种影像地表覆盖分类模型，应用涵盖了城市土地覆盖分类、农作物面积提取、林业监测与地表覆盖监测等内容。目前研究提出的模型通常是以 U-Net、DeepLab 等通用语义分割模型为基础，按照应用要求调整与改造通用模型结构，这种改进集中体现在卷积与池化的组合设计以及对目标特征的强化学习以及损失函数的优化等方面。尽管目前深度卷积神经网络在地表覆盖分类研究中取得了很大的进展，但同时还存在一些不足。

（1）缺乏严格的数学理论解释。随着研究的深入，目前的网络层次结构与深度都日益复杂，但这些深度卷积神经网络仅仅是对输入数据到输出结果的过程拟合，对于其中的网络设计与改进目前主要依托仿生学与实验结果，在整体设计上缺乏严密的数学理论指导。

（2）对训练样本的要求较高。为了取得较好的应用效果，必须准备大量的训练样本，同时对训练样本的质量有很高要求。虽然一些学者已经在小样本训练方面取得了一些进展，但在具体应用领域，为取得较高的应用精度，仍然需要准备大量训练样本。

（3）网络特征可理解性不强。网络提取的特征传递到深层次后已经缺乏实际意义，尽管目前已经有可视化的开发工具，但对网络自动提取特征的具体意义无法设计，深度网络的构造、调整与改进仍依赖于开发人员实践经验。

（4）工程化应用程度不高。大多数的研究集中于网络结构设计与验证算法，目前针对工程化应用的云计算架构、数据存储与检索机制研究较少，完成工程化开发并投入实际应用的工程化项目不多。

本书在总结前人对深度卷积神经网络在地表覆盖分类研究的成果基础上，针对地表覆盖分类自动化处理的实际问题，探索了地表覆盖分类训练样本的优化方法，研究了结合遥感影像特点的分类模型（LCC-CNN，Land Cover Classification-Convolutional Neural Networks），并结合应用场景与多时相数据提出了时相修正算法，从而提高了卷积神经网络的地表覆盖分类精度，为通过卷积神经网络获得高分辨率卫星影像最佳地表覆盖分类提取提供理论和技术方法。

2 神经网络的基本原理

2.1 人脑神经网络

人脑是人类生命体最复杂的器官，是人体的总控中心。人脑主要由神经元、神经胶质细胞、神经干细胞和血管组成，其中，神经元具备携带和传输信息的能力，是构成人脑神经系统的最基本单元，是神经系统结构与功能的单位。生物神经网络中各神经元之间连接的强弱，按照外部的激励信号作适应变化，同时，每个神经元又随着所接受的多个激励信号的综合结果表现出兴奋和抑制状态。人脑的学习过程就是神经元之间连接强度随外部激励信息作适应变化的过程，人脑处理信息的结果由各神经元状态的整体效果确定，神经元在结构上由细胞体、树突、轴突和突触四部分组成，如图 2-1 所示。

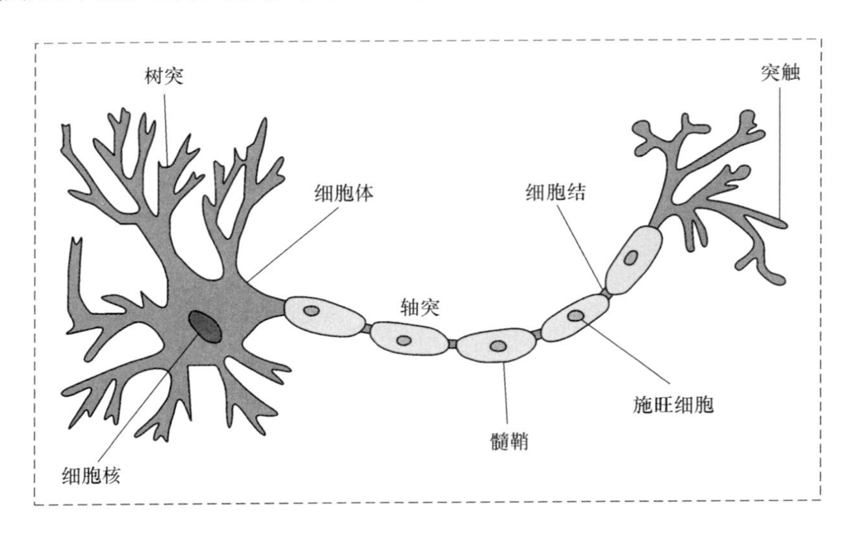

图 2-1　生物神经元

神经元由一个神经细胞构成，而神经细胞由一个神经元细胞体构成，这种细胞体有许多树突，但只有一个轴突，单个轴突可以分支数百次。树突是从细胞体突出来的细长结构。轴突是从细胞体延伸出来的具有特殊扩展的神经纤维。

（1）突触。突触是神经元之间通过一个神经元的轴突末梢和其他神经元的细胞体或树突进行通信连接，这种连接相当于神经元之间的输入输出接口。

（2）树突。树突是精致的管状延伸物，是细胞体向外延伸出的许多较短的分支，围绕细胞体形成灌木丛状，主要作用是接受来自四面八方传入的神经冲击信号，相当于细胞的“输入端”，信息从树突出发，经过细胞体，然后由轴突传出。

（3）轴突。轴突是由细胞体向外冲出得最长的一条分支，形成一条通路，信号能经过此通路从细胞体长距离的传送到脑神经系统的其他部分，其相当于细胞的“输出端”。

2.2　人工神经网络

人工神经网络也简称神经网络（NN，Neural Network），是一种模仿人脑神经网络的结构和功能的数学模型或计算模型。在结构上，人工神经网络类比人脑神经网络由多个直接或间接相连的节点（神经元）组成，每个节点都代表一个特定的函数，同时，节点间的连接被定义不同的权重用以反映节点间的相互影响程度。通过不同节点处理后的信息汇总到激活函数中计算一个结果，该结果用于指导模型演化的方向。理论上说，任意一个不低于两层的人工神经网络模型可以逼近于任意函数，因此，人工神经网络可以看作一个函数逼近器，网络模型的训练和验证就是函数参数确定和调优的过程。

2.2.1　从生物神经元到人工神经元

动物的大脑已经被证实是产生思想的基本组成部分。人工神经网络是模仿生物神经网络建立起某种模型，按不同的连接方式组成不同的网络，并且它模仿生物神经网络的功能，追踪信号在神经元中传递的方法，使之实现信息的传递。从生物神经元到人工神经元的演变过程称之为神经元建模，其中建模核心内容之一是感知器。

2.2.2　感知器

感知器在神经网络发展的历史上占据着特殊位置，它是第一个从算法上完整描述的神经网络。感知器是基础的线性二分类模型（即输出为两个状态），由两层神经元组成。它的结构通常由输入、权值、跳跃函数以及输出组成四部分组成。并且感知器只对输出层神经元进行跳跃函数处理，即只拥有一层功能神经元（这限制了它的学习能力）。感知器具有简单的输入－输出的关系，其结构如图2-2所示。

如图2-2所示，单层感知器的求和节点 $\sum$ 用于计算输入的线性组合 x_i，同时也合并偏置（线性模型中的常数项）。求和节点计算得到的结果，也就是诱导局部域被作用于硬限幅器。相应地，硬限幅器输入为正时，神经元输出 +1，反之则输出 −1。

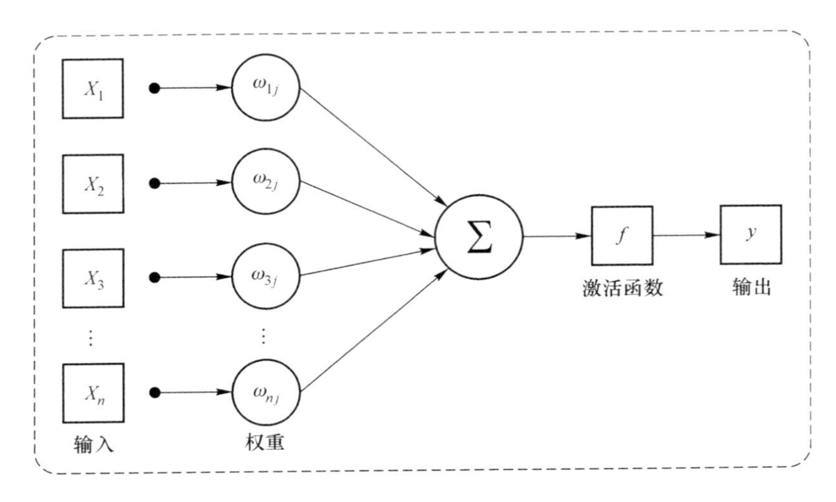

图 2-2 单层感知器

从这个模型可以发现硬限幅器输入或神经元的诱导局部域是:

$$v = \sum_{i=1}^{m} \omega_i x_i + b \tag{2-1}$$

感知器的目的是把外部作用刺激 X_1，X_2，…，X_m 正确分为 1 和 2 两类。分类的规则是:

（1）如果感知器输出 y 是 +1 就将 X_1，X_2，…，X_m 表示的点分配给类 1;

（2）如果感知器输出 y 是 −1 则分配给类 2。

为了进一步观察模式分类器的行为，一般要在 m 维信号空间中画出决策区域图，这个空间是由 m 个输入变量 X_1，X_2，…，X_m 组成的。在最简单的感知器中存在被一个超平面分开的两个决策区域，此超平面定义为

$$\sum_{i=1}^{m} \omega_i x_i + b = 0 \tag{2-2}$$

感知器的突触权值 ω_1，ω_2，…，ω_m 可以通过多次迭代来调整，通过不断学习的方式，更新各个训练样本之间的权重。这个循环将一直持续到所有输入样本都被正确分类为止。

2.2.3 神经元模型

神经元是神经网络的基本组成单元，首先了解神经元的结构对整个神经网络的理解有很大的帮助。目前神经网络采用的神经元模型为“M-P 神经元模型”，该神经元模型与生物神经元模型类似，有输入端（树突）、输出端（轴突）、处理中枢（神经元中枢），模型如图 2-3 所示。

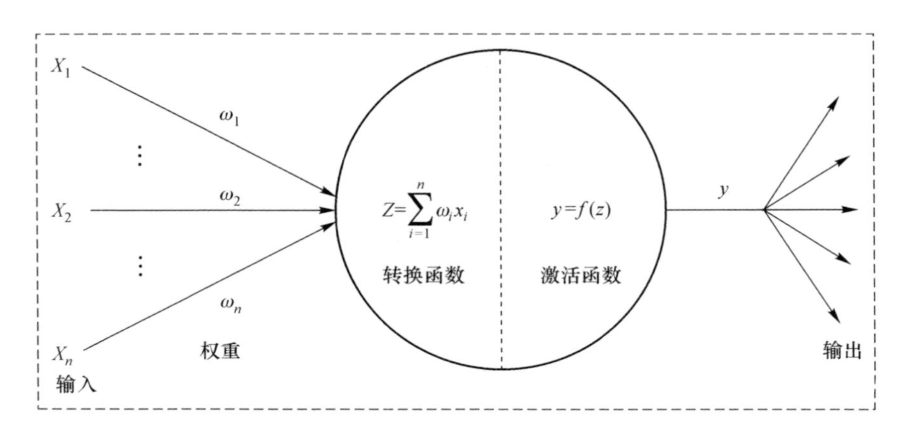

图 2-3 M-P 神经元模型

图 2-3 中，x_1，x_2，…，x_n 表示神经元的多个输入，w_1，w_2，…，w_n 表示对应输入的权重参数（链接权重），神经元对输入的参数和其对应的权重进行线性组合得到 $Z = \sum_{i=1}^{n} \omega_i x_i$，随后将 Z 作为参数传递给激活函数 $y = f(z)$，并最终得到神经元输出值 y。其中激活函数 $f(z)$ 均为非线性函数，常用激活函数见本书第 2.5 节。

2.2.4 多层前馈神经网络

神经网络的分类精度是由网络架构所决定的。网络架构定义主要包括：

（1）神经元数量；

（2）层数；

（3）层与层之间的连接。

一般来说，神经网络的架构一般可以分为前馈神经网络、循环网络、对称连接网络三类。

前馈神经网络是实际应用中最常见的神经网络类型。该神经网络模型第一层是输入，最后一层是输出，如果有多个隐藏层，就称之为“深度”神经网络。前馈神经网络的每层都具有不同数量的神经元，用于计算出一系列改变样本相似性的变换，该变换将传递到相邻层，作为相邻层的输入。前馈神经网络的常规结构如图 2-4 所示。

图 2-4 所示的前馈神经网络模型中有四层网络，其中每一个小圆圈代表一个感知机模型：

（1）第一层称之为输入层，它直接跟输入数据相连；

（2）第二层、第三层称之为隐藏层；

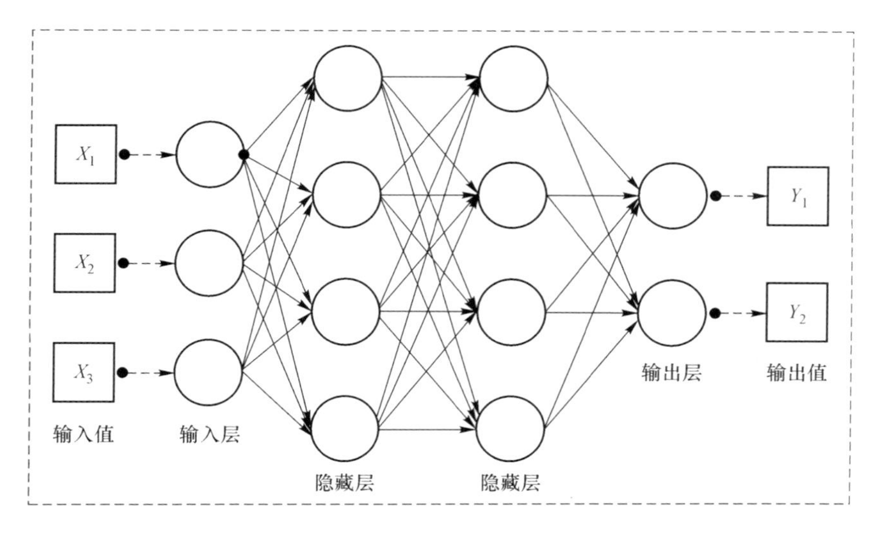

图 2-4 前馈神经网络常规结构

（3）第四层为输出层。

第一层网络的各个神经元接收了输入信号，然后通过自身的神经体加权求和以后，输出给下一层神经元。第二层的神经网络的神经单元的输入来自前一层的神经网络的输出，以此类推。最后经过中间的神经网络计算后，将结果输出到输出层，得出最后的分类结果。这里的输出层可以输出一个分类结果，也可以输出多个分类的结果，对应单分类、二分类和多分类问题。

理论上，只要给定足够的人工神经单元，多层前馈神经网络就可以表示为任意函数，函数拟合的过程通常被定义为反向传播学习算法进行训练的过程。反向传播在神经网络的连接权重计算上使用了梯度下降算法，用最小化网络输出的误差。一般来说，反向传播是一个非常缓慢的过程，但是随着并行计算以及图形处理单元（GPU）出现，使得计算机计算能力大大提升，因此，越来越多的人对神经网络产生了兴趣。

2.3 深度神经网络结构

深度神经网络（DNN，Deep Neural Network）主要由输入层、隐藏层和输出层组成，其强大的计算拟合能力可以实现复杂的建模与计算，处理复杂的机器学习问题。现有研究证明，多层神经网络的隐含层可以通过扩展足够多的神经元来拟合任意函数。其中神经元的激活函数 f 为单调递增的连续函数，多层神经网络的输出拟合函数 F 的一般形式为：

$$F(x_1, x_2, \cdots, x_n) = \sum_{i=1}^{n} a_i f\left(\sum_{j=1}^{n} W_{ij} x_i + b_j\right) \tag{2-3}$$

给定 $I_m = [0, 1]^m$ 为 m 维空间的单位超立方体，$C(I_m)$ 为 I_m 上的连续函数空间，对于需要拟合的目标函数 $f \in C(I_m)$ 和 $\varepsilon > 0$，存在一个正整数 $n > 0$，实常数 α_i、W_{ij}、$b_j (1 \leqslant i \leqslant n;\ 1 \leqslant j \leqslant m)$ 对输入空间中的所有 x_1，x_2，$\cdots$，x_m，满足：

$$|F(x_1, x_2, \cdots, x_m) - f(x_1, x_2, \cdots, x_m)| < \varepsilon \tag{2-4}$$

公式（2-4）说明理论仅包含一层隐含层的浅层神经网络，也可以通过扩展大量的神经元，使用恰当的激活函数来逼近任意复杂的连续函数。

虽然理论上浅层神经网络可以逼近复杂连续函数，但在具体实现上受限于计算能力与训练算法，无法达到理论性能。在实际应用中一般通过扩展隐含层数量来增加人工神经网络的神经元，并且通过层与层之间不同的线性输出组合实现对复杂目标函数的拟合。接下来介绍与神经网络相关最常用的学习算法——反向传播学习。

2.4　反向传播学习

反向传播算法最早在1970年左右被提出，反向传播算法的提出直接推动了深度学习的发展，反向传播算法在整个神经网络的训练过程中有着至关重要的作用，是人工神经网络得以正常运行的重要保障。反向传播的核心是梯度下降算法，反向传播算法是梯度下降的具体体现，下面将对两者做详细介绍。

2.4.1　常见梯度下降算法

理论上用来计算损失函数的样本是整个的训练集，但是由于各种条件的限制，计算整个训练样本的损失值一般是不现实的，所以实际操作中采用梯度下降算法解决该问题。梯度下降是指一个函数沿某一方向在某一点上的变化最快，即该函数在该方向上取最大值。梯度下降的基本公式：

$$\theta = \theta - \alpha \frac{\partial J(\theta)}{\partial \theta} \tag{2-5}$$

式中　α——步长，也被称为学习率，可以根据需要调整步长；

$J(\theta)$——关于 θ 的损失函数。

在梯度下降算法中，学习率的选择会对模型的训练产生深刻影响，一方面学习率过小会导致函数的收敛速度变慢，迭代次数过多，难以收敛，如图 2-5 所示。

另一方面，如果学习率太大，函数就会发生震荡，不收敛或发散，如图 2-6 所示。

梯度下降是一种求最小损失函数值的方法，即通过利用梯度下降法，对函数

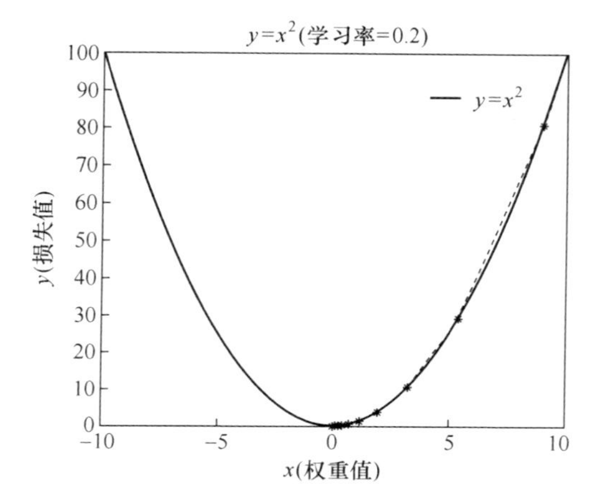

图 2-5 学习率较小时函数收敛图

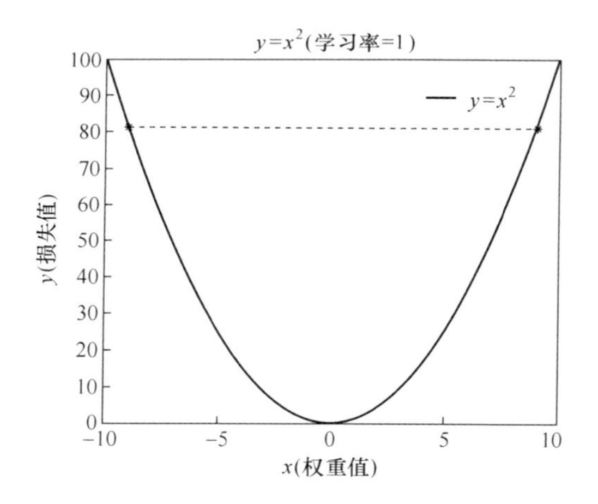

图 2-6 学习率较大时函数收敛图

进行求解，得出使得损失函数 $J(\theta)$ 最小的参数 θ。梯度下降的过程，就是对函数求偏导的过程，通过更新自变量，以最快的速度，达到函数的极小值。常见的梯度下降算法有：

（1）随机梯度下降法（Stochastic Gradient Descent）；

（2）批量梯度下降法（Batch Gradient Descent）；

（3）小批量梯度下降法（Mini-Batch Gradient Descent）。

2.4.1.1 随机梯度下降法

随机梯度下降法是在每次迭代的所有训练集中随机选取一个训练样本计算损失函数，这样就可以大大地减少计算量，提高训练效率。虽然每次迭代仅仅计算一个训练样本的损失值，但是随着训练时间的增长，迭代次数的增加，参与计算损失函数的训练样本就会增加，可以使得损失函数值不断降低。但是这种做法噪声太多，尤其是训练样本质量较差时，并且每次迭代损失函数并不一定是向着全局最优的方向降低的。

随机梯度下降法在梯度下降的过程中，仅使用随机的一个（一组）数据来进行迭代。这种方法大大减少了计算量，加快了运算过程。与批量梯度下降法相比，随机梯度下降法容易得到局部最优解。其示意图如图 2-7 所示。

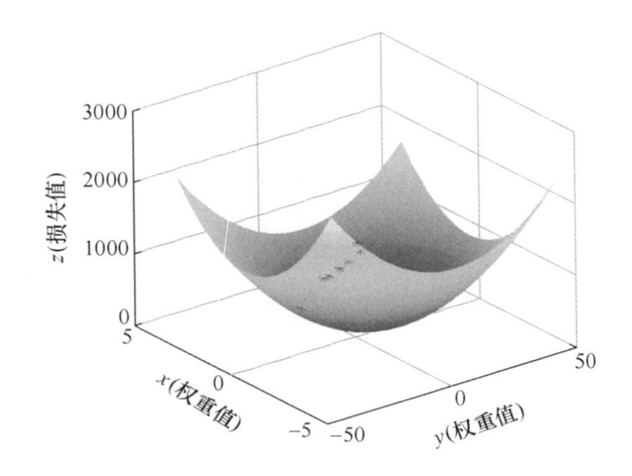

图 2-7　随机梯度下降法示意图

2.4.1.2　批量梯度下降法

批量梯度下降法是利用所有的训练样本计算损失值，所以这种方法得到是一个全局最优解，即每一次迭代都会使权重向着损失函数全局最优的方向更新，由于需要全部样本参与计算，因此该算法也存在计算量大，迭代速度慢的问题。批量梯度下降法如图 2-8 所示。

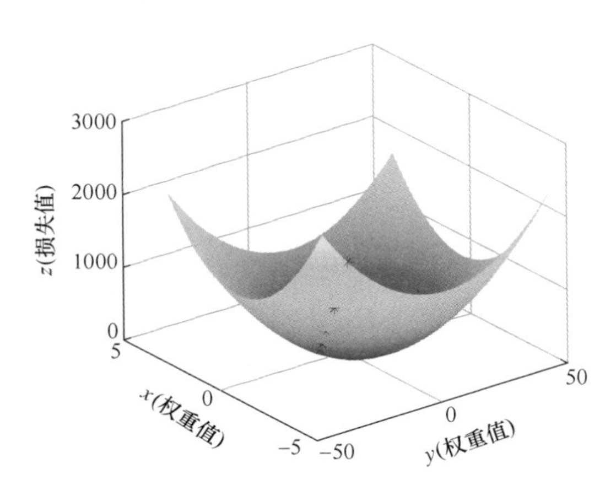

图 2-8　批量梯度下降法示意图

2.4.1.3 小批量梯度下降法

批量梯度下降法和随机梯度下降法的一个折中的方法是小批量梯度下降法。小批量梯度下降法是选取 x 个训练样本计算损失函数，x 的值选取越小越接近随机梯度下降法，x 的值越大越接近批量梯度下降法。小批量梯度下降法可以得到一个较为平稳的梯度下降曲线，与最优解更加近似，并且可以减少计算量，提高算法收敛的速度，是实际操作中用得较多的一种梯度下降法。

2.4.2 其他优化的算法

除了梯度下降法优化之外，机器学习的优化算法中还有许多其他的无约束优化算法，例如最小二乘法又可以称为最小平方法（LSE，Least Squares Methods）及牛顿算法（Newton Methods）。

2.4.2.1 最小二乘法

最小二乘法是一种数学优化技术，它是通过最小化误差平方和寻找数据的最佳函数匹配。利用最小二乘法可以简便地求得未知的数据，并使得这些求得的数据与实际数据之间的平方和为最小。

2.4.2.2 牛顿算法

牛顿法的基本思想是利用迭代点处的一阶导数（梯度）和二阶导数（Hessen矩阵）对目标函数进行二次函数近似，然后把二次模型的极小点作为新的迭代点，并不断重复这一过程，直至求得满足精度的近似极小值。牛顿法的速度相当快，而且能高度逼近最优值。

梯度下降法相比其他无约束优化算法具有巨大的优势，但其自身的不足有很多。首先很难设置合适的学习速率，其次相同的学习速率并不一定适用于所有的参数更新，因为特征出现的频率不同，特征出现次数较多的时候需要较小的学习速率，特征出现频率较低时需要较大的学习速率。另外最重要的一点是随机梯度下降法容易陷入鞍点中，即一个维度向上倾斜，而另一个维度向下倾斜的点。这些鞍点通常被相同的误差值包围，梯度在所有维度上趋近零，使得梯度下降算法很难脱离出来，无法达到损失函数最小值。针对这种情况，在训练过程中加入动量（Momentum）参数，加入动量后可以使损失函数振荡趋于平稳，加速收敛，具有动量项的梯度下降法形式为：

$$\Delta\omega(\text{new}) = \alpha \times \Delta\omega(\text{old}) - \eta \times \frac{\partial E}{\partial \omega} \tag{2-6}$$

式中 $\Delta\omega(\text{old})$——前一次迭代权重 ω 的变换量；

$\Delta\omega(\text{new})$——本次迭代权重更新的变化值，称为动量系数（Momentum-Coefficient），是一个经验值，通常设置为0.6~0.9。

动量项的梯度下降法一个比较通俗易懂的解释是：当前一次权重更新与当前次权重更新方向一致时，当前次迭代的权重更新变换量是本次梯度值与前一次变化量乘以动量系数的和，反之，当前一次权重更新与当前次权重更新方向相反时，本次迭代的权重更新变化量是本次梯度值与前一次变化量乘以动量系数的差。所以，动量项的梯度下降法通过阻止一些异常现象对梯度的改变使得损失函数振荡趋于平稳，从而加快了收敛速度。

2.4.3 反向传播算法的过程

在反向传播算法中，对于监督学习的一般问题，假设训练集为 $D=[(x_1,y_1),(x_2,y_2),\cdots,(x_m,y_m)]$，并且 $x_i\in R^m$ 为输入向量，$y_i\in R^m$ 为输出向量，这里假定利用这 m 个样本训练一个 L 层的前馈神经网络。对于网络模型的初始化，需要随机选择一系列的线性权重系数 W、偏置项 b。接着需要利用前向传播算法进行一系列的计算来得到各隐藏层的输出 a^l 和输出层的输出 a^L：

$$a^L=\sigma(z^l)=\sigma(W^l a^l+b^l) \tag{2-7}$$

式中 W^l——网络模型第 $l-1$ 层与第 l 层之间的连接权重；

b^l——第 l 层节点的偏置项；

z^l——第 l 层的神经元节点未经过损失函数的输出；

σ——网络所使用的激活函数，其应满足可导的要求。

在使用前馈神经网络的反向传播算法之前，需要根据任务的需求来选择一个恰当的损失函数，并用它来计算网络模型预测的输出和训练样本真实结果之间的符合度，常见的损失函数包括均方差损失、0－1 损失及绝对值损失等。为了方便表示，这里采用均方差作为网络模型的损失函数。对于训练集中的每个样本，期望对式（2-8）进行最小化：

$$J(W,b,x,y)=\frac{1}{2}\|a^L-y\|_2^2 \tag{2-8}$$

式中，$a^L\in R$ 并且 $y\in R^n$，而 $\|\cdot\|$ 表示 L_2 范数。

选择好了损失函数，便可以使用梯度下降法求解神经网络每一层参数的梯度。对于网络模型输出层即第 L 层，由式（2-8）可以知道输出层的权重和偏置项参数 W 和 b，满足以下公式：

$$a^L=\sigma(z^L)=\sigma(W^L a^{L-1}+b^L) \tag{2-9}$$

于是损失函数可以改写为

$$J(W,b,x,y)=\frac{1}{2}\|a^L-y\|_2^2=\frac{1}{2}\|\sigma(W^L a^{L-1}+b^L)-y\|_2^2 \tag{2-10}$$

此时输出层的参数 W^L，b^L 的梯度便可以用以下的公式来求解：

$$\frac{\partial J(W,b,x,y)}{\partial W^L}=\frac{\partial J(W,b,x,y)}{\partial z^L}\frac{\partial z^L}{\partial W^L}=(a^L-y)\odot\sigma'(z^L)(a^{L-1})^T \tag{2-11}$$

$$\frac{\partial J(W,b,x,y)}{\partial b^L}=\frac{\partial J(W,b,x,y)}{\partial z^L}\frac{\partial z^L}{\partial b^L}=(a^L-y)\odot\sigma'(z^L) \tag{2-12}$$

式中 $\odot$——哈达玛积，具体地，若维度相同两个向量 $\boldsymbol{A}=(a_1,a_2,\cdots,a_n)^{\mathrm{T}}$ 和 $\boldsymbol{B}=(b_1,b_2,\cdots,b_n)^{\mathrm{T}}$，则 $\boldsymbol{A}\odot\boldsymbol{B}=(a_1b_1,a_2b_2,\cdots,a_nb_n)$。

注意到求解 W^L、b^L 的式（2-9）和式（2-10）中的共同 $\frac{\partial J(W,b,x,y)}{\partial z^L}$，因此可以将其计算出来，并记为

$$\delta^L=\frac{\partial J(W,b,x,y)}{\partial z^L}=(a^L-y)\odot\sigma'(z^L) \tag{2-13}$$

易知 δ^L 便是输出层 z^L 的梯度，接着可以递推出第 l 层未经激活函数处理的神经节点的输出 z^l 的梯度 δ^l，其可以用式（2-14）表示：

$$\begin{aligned}\delta^l&=\frac{\partial J(W,b,x,y)}{\partial z^L}=\frac{\partial J(W,b,x,y)}{\partial z^L}\frac{\partial z^L}{\partial z^{L-1}}\frac{\partial z^{L-1}}{\partial z^{L-2}}\cdots\frac{\partial z^{l+1}}{\partial z^l}\\&=\frac{\partial J(W,b,x,y)}{\partial z^{l+1}}\frac{\partial z^{l+1}}{\partial z^l}=\delta^{l+1}\frac{\partial z^{l+1}}{\partial z^l}\end{aligned} \tag{2-14}$$

可见在使用递推的方法计算 δ^l 时，其关键在于对于 $\frac{\partial z^{l+1}}{\partial z^l}$ 的计算，注意到：

$$z^{l+1}=W^{l+1}a^l+b^{l+1}=W^{l+1}\sigma(z^l)+b^{l+1} \tag{2-15}$$

因此，以下等式成立：

$$\frac{\partial z^{l+1}}{\partial z^l}=(W^{l+1})^T\odot\sigma'(z^l) \tag{2-16}$$

结合式（2-12）可以推导出下列式子：

$$\delta^l=\delta^{l+1}\frac{\partial z^{l+1}}{\partial z^l}=(W^{l+1})^T\delta^{l+1}\odot\sigma'(z^l) \tag{2-17}$$

由此可得到 z^l 的梯度 δ^l 的递推关系式，因此可以方便地计算出第 l 层的参数 W^l，b^l 的梯度，公式如下：

$$\frac{\partial J(W,b,x,y)}{\partial W^l}=\frac{\partial J(W,b,x,y)}{\partial z^l}\frac{\partial z^l}{\partial W^l}=\delta(a^{l-1})^T \tag{2-18}$$

$$\frac{\partial J(W,b,x,y)}{\partial b^l}=\frac{\partial J(W,b,x,y)}{\partial z^l}\frac{\partial z^l}{\partial b^l}=\delta^l \tag{2-19}$$

接着便可以更新各隐藏层和输出层的权重项 W 和 b，当采用小批量（Mini-Batch）反向传播算法时：

$$W^l=W^l-\alpha\delta^l(\alpha^{l-1})^T \tag{2-20}$$

$$b^l=b^l-\alpha\delta^l \tag{2-21}$$

式中 l——迭代步长，即学习率。

由于反向传播算法是沿着优化目标的负梯度方向来对网络模型进行优化更新，因此需要选择一个合适的学习率 l 来对模型参数的变化幅度进行控制，学习率的大小会影响网络模型收敛的速度，当对学习率设定一个较大的值时，网络模型中的参数会比较快地收敛，但在更新的过程中也可能出现波动的现象。当对学

习率设定一个比较小的值时，网络模型中的参数的收敛速度会减慢，需要更多次数的迭代。

综合上述公式，可以将通用前馈神经网络的误差反向算法具体步骤归纳为算法 2-1。

算法 2-1 通用前馈神经网络误差反向传播算法
输入：包含 N 个样本的训练集：$T=[(x_1,y_1),(x_2,y_2),\cdots,(x_n,y_n)]$，学习率 η，学习迭代次数 t。
输出：网络的权值 w^l，$1\leqslant l\leqslant L$，偏置 b^l，$1\leqslant l\leqslant L$。
1. for $j=1$ to t do
2. 对于某个训练样本 x_j，按前向传播至输出层，并获取输出值 Y'
3. 使用 x_j 的真值 y_j 与损失函数计算输出节点 j 的误差梯度
$\delta^l=\delta^{l+1}\frac{\partial z^{l+1}}{\partial z^l}=(W^{l+1})^T\delta^{l+1}\odot\sigma'(z^l)$
4. 更新权重 $W^l=W^l-\alpha\delta^l(\alpha^{l-1})^T$
5. 更新偏置 $b^l=b^l-\alpha\delta^l$
6. end for
7. end for

反向传播算法只是梯度下降法在多层神经网络训练过程中的一个具体应用，图 2-9 是只有一个隐含层的反向传播神经网络。

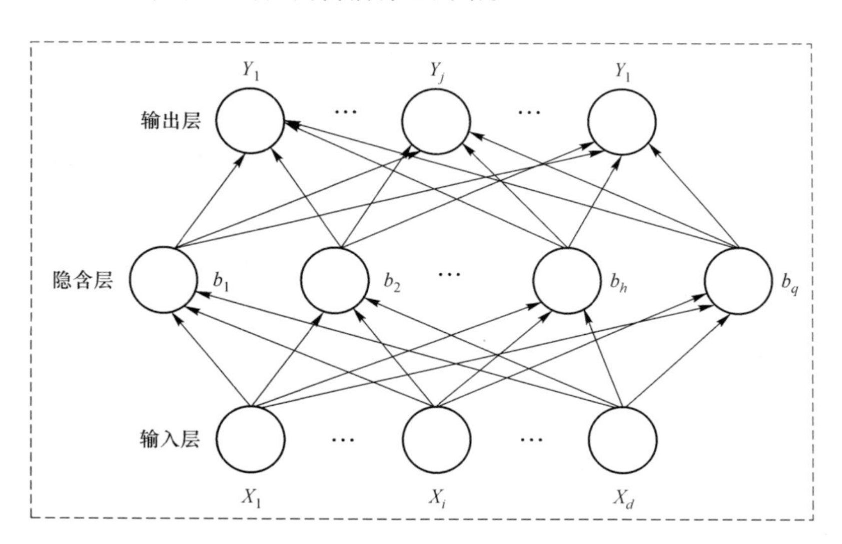

图 2-9 反向传播网络结构示意图

图 2-9 所示的反向传播网络结构拥有一个输入层、一个隐含层和一个输出层。其中输入层、隐含层和输出层神经元的个数为 d 个、q 个和 l 个。假设给定训练集：

$$D = \{(\boldsymbol{x}_1, \boldsymbol{t}_1), (\boldsymbol{x}_2, \boldsymbol{t}_2), \cdots, (\boldsymbol{x}_i, \boldsymbol{t}_i)\}$$

式中 $\boldsymbol{x}_i$——输入向量；

$\boldsymbol{t}_i$——目标输出向量。

输出层第 j 个神经元的阈值用 θ_j 表示，隐含层第 h 个神经元的阈值用 r_n 表示，输入层第 i 个神经元与隐含层第 h 个神经元的权重用表示 r_{hi}，隐含层第 h 个神经元和输出层第 j 个神经元的权重用 v_{hj} 表示。其中，激活函数 f 利用较为常用的 Sigmoid 函数，下面将对常用的激活函数做详细介绍。

2.5 激活函数

激活函数（Activation Functions）对于人工神经网络模型学习、理解非常复杂和非线性的函数来说具有十分重要的作用。激活函数在神经网络中的作用至关重要，从理论上来说神经网络隐藏层具有一定数量的神经元之后可以有效地拟合任意函数，其强大拟合能力的核心之一就是激活函数。神经网络通常采用非线性函数作为激活函数，不同的激活函数的泛化能力不一、表达能力不同，其最后的拟合效果也千差万别。当神经网络模型不采用激活函数或采用线性激活函数，无论线性函数如何组合永远都是线性关系，此时的网络架构只能拟合线性函数，不具备泛化能力。

神经网络中的激活函数通过模拟人脑的工作原理，通过调整权重来优化激活函数对最终结果影响的占比，提升网络的表达能力。常见的激活函数包括 Sigmoid 函数、tanh 函数、ReLU 函数、Softplus 函数。

2.5.1 Sigmoid 系激活函数

Sigmoid 系函数主要包括 Sigmoid 函数和 tanh 函数，它们具有相似的“S”形曲线，是目前神经网络应用最广泛的激活函数。

2.5.1.1 Sigmoid 函数

Sigmoid 函数是一个可以将负无穷到正无穷输入信号映射为 0～1 的函数，且连续可导。Sigmoid 函数及其导函数表达式为

$$\mathrm{Sigmoid}(x) = \frac{1}{1 + \mathrm{e}^{-x}} \tag{2-22}$$

$$\mathrm{Sigmoid}'(x) = \mathrm{Sigmoid}(x)(1 - \mathrm{Sigmoid}(x)) \tag{2-23}$$

Sigmoid 函数图像及导函数图像如图 2-10 所示。

Sigmoid 函数往往作为神经网络的首选激活函数，可见 Sigmoid 函数具有作为激活函数的良好性质。从数学上来看，非线性的 Sigmoid 函数对中央区的信号增益较大，对两侧区的信号增益小，在信号的特征空间映射上，有很好的效果。从

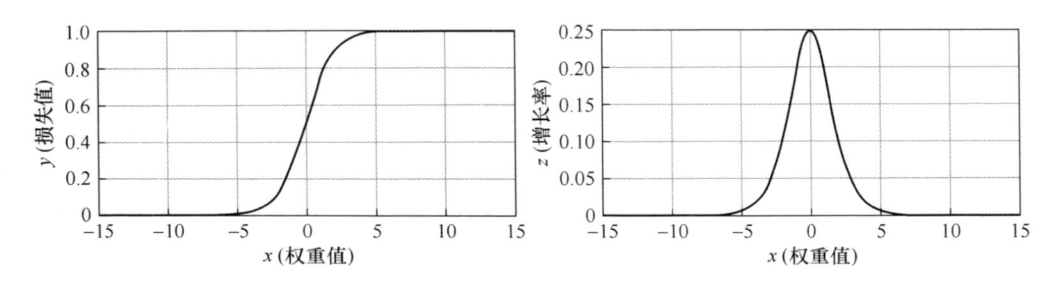

图 2-10　Sigmoid 函数图像及其导函数图像

神经科学上来看，中央区域为神经元的兴奋态，两侧区域为神经元的抑制态。在神经网络学习方面，可以将重点特征推向中央区，将非重点特征推向两侧区。

2.5.1.2　tanh 函数

tanh 函数将输入信号映射到 $-1\sim1$ 之间，并且也连续可导。tanh 函数及其导函数表达式为

$$\tanh(x)=\frac{e^{x}-e^{-x}}{e^{x}+e^{-x}} \tag{2-24}$$

$$\tanh'(x)=1-\tanh^{2}x \tag{2-25}$$

tanh 函数图像及导函数图像如图 2-11 所示。

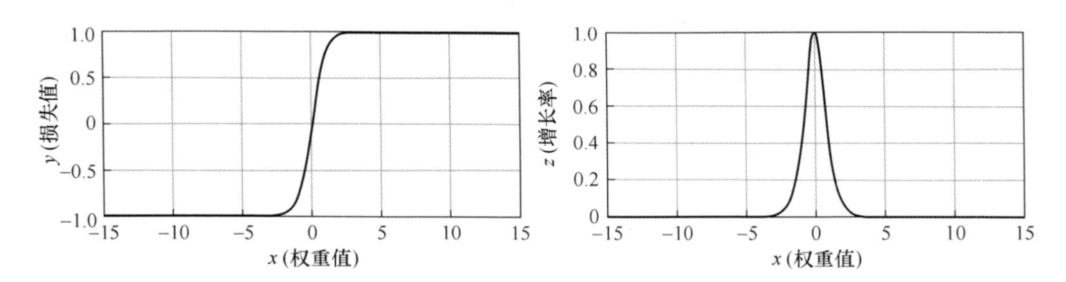

图 2-11　tanh 函数图像及其导函数图像

作为 Sigmoid 系函数之一，tanh 函数与 Sigmoid 函数的性质有很多相似之处，而且 tanh 函数可通过 Sigmoid 函数线性变换得到。因而 Sigmoid 的使用场景几乎都可以用 tanh 函数替换，最大的区别在于 tanh 函数的映射范围在 $-1\sim+1$ 之间，比 Sigmoid 函数的 $0\sim1$ 之间更广。而且其导数范围在 $0\sim1$ 之间，梯度消失的现象没有 Sigmoid 函数严重，因而在深度神经网络中也有一定的应用。

2.5.2　Softplus 激活函数

Softplus 函数是 Sigmoid 函数的原函数（其导函数为 Sigmoid 函数），Softplus

函数表达式为

$$\text{Softplus}(x) = \lg(1 + e^{x}) \tag{2-26}$$

$$\text{Softplus}'(x) = \text{Sigmoid}(x)\frac{1}{1 + e^{-x}} \tag{2-27}$$

Softplus 函数及其导函数的图像如图 2-12 所示。

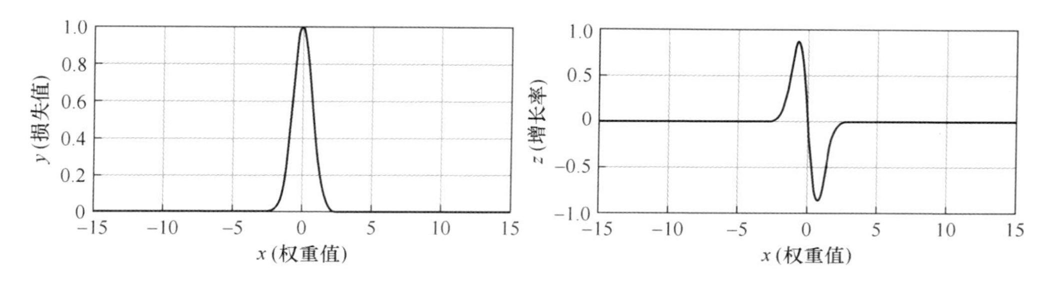

图 2-12 Softplus 函数图像及其导函数图像

假如利用一个指数函数作为激活函数来训练回归问题，无法正常训练，因为后期的梯度太大。因此，加入一个 lg 函数来减缓上升趋势，加上 1 是为了保证 lg 函数的非负性。Softplus 函数的提出有一定偶然的因素，由于激活函数的选取导致模型无法训练下去，因而提出 Softplus 函数作为激活函数来完成模型训练。

2.5.3 ReLU 激活函数

线性整流函数（ReLU 函数）和其导函数的表达式为

$$\text{ReLU}(x) = \begin{cases} 0, & x \leqslant 0 \\ 1, & x > 0 \end{cases} \tag{2-28}$$

$$\text{ReLU}'(x) = \begin{cases} 0, & x \leqslant 0 \\ 1, & x > 0 \end{cases} \tag{2-29}$$

ReLU 函数及其导函数的图像如图 2-13 所示。

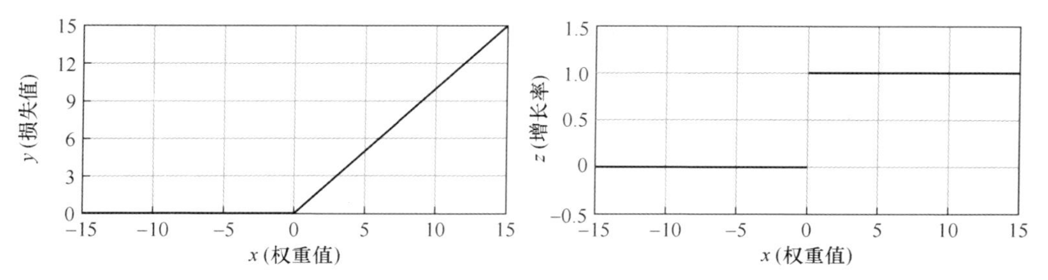

图 2-13 ReLU 函数图像及其导函数图像

ReLU 函数能够让神经网络更容易实现稀疏激活性，在权重经过均匀初始化后，大约 50% 的隐藏单元的输出值是零，并且这个比例很容易地随着稀疏诱导正则化而增加。除了更符合生物学上的研究，稀疏性也导致了数学上的优势。网络中的唯一非线性来自每个神经元激活或不激活的选择路径。对于一个给定的输入，只有一个神经元子集是激活的，而在这个子集的计算是线性的。正是由于这种线性，在神经元激活路径中梯度计算没有像 Sigmoid 激活函数或 tanh 激活函数存在梯度消失的现象。由于激活函数不需要计算指数形式，并且考虑到稀疏性，因此 ReLU 函数作为激活函数的计算代价非常小，是深度学习中使用较为广泛的一个激活函数。

2.5.4 Softmax 激活函数

Softmax 回归模型是 Logistic 回归模型在多分类问题上的推广，适用于多分类问题中，且类别之间互斥的场合。Softmax 将多个神经元的输出，映射到（0，1）区间内，可以看成是当前输出属于各个分类的概率，从而来进行多分类。

2.5.5 其他激活函数

随着对神经网络激活函数的研究，也陆续采用了三角函数、多参数的多项式激活函数、自适应参数的多项式激活函数、分段构造的激活函数等。这些激活函数有一些缺点：

（1）往往需要调节很多的参数；

（2）对具体的问题需要重新构造激活函数；

（3）性能提升有限而没有得到普遍的应用。

但是这些研究也丰富了对激活函数的认识，丰富了激活函数的选择。

2.6 损失函数

损失函数用于量化预测值与实际值的接近程度，有助于优化神经网络的参数。损失函数的主要目标是通过优化神经网络的参数（权重）来最大限度地减少神经网络的损失，然后使用梯度下降法来优化网络权重，以使损失最小化。常见的损失函数分为回归问题类损失函数和分类问题类损失函数。

2.6.1 回归问题的损失函数

2.6.1.1 均方误差损失

均方误差（MSE，Mean Square Error）又称为二次损失，是最常用的回归损失函数。MSE 是目标变量和预测值之间的平方距离之和。

$$\mathrm{MSE} = \frac{\sum_{i=1}^{n}(y_i - y_i^p)^2}{n} \tag{2-30}$$

式中 y_i—— 一次训练 batch 中第 i 个数据的正确值；

y_i^p——神经网络的预测值。

2.6.1.2 平均绝对值误差损失

平均绝对值误差（MAE，Mean Absolute Error）是另一种用于回归模型的损失函数，是表示预测值与观测值之间绝对误差的平均值。因此，它在一组预测中衡量误差的平均大小，而不考虑误差的方向。

$$\mathrm{MAE}(X,h) = \frac{1}{m}\sum_{i=1}^{m} | h(x_i) - y_i | \tag{2-31}$$

MAE 是一种线性分数，所有个体差异在平均值上的权重都相等。比如，10 和 0 之间的绝对值误差是 5 和 10 之间绝对误差的两倍。MAE 很容易理解，因为它就是对残差直接计算平均值，而 MSE 相比 MAE，会对高的差异惩罚更多。

2.6.1.3 Huber 损失函数

Huber 损失函数的表示如式（2-32）所示，其中，当 $\delta \to 0$ 时，Huber 损失会趋向于 MSE；当 $\delta \to \infty$ 时，Huber 损失会趋向于 MAE。

$$L_\delta[y, f(x)] = \begin{cases} \frac{1}{2}[y - f(x)]^2 \\ \delta | y - f(x) | - \frac{1}{2}\delta^2 \end{cases} \tag{2-32}$$

2.6.1.4 Log-Cosh 损失函数

Log-Cosh 是应用于回归任务中的另一种损失函数。Log-Cosh 是预测误差的双曲余弦的对数。

$$L(y, y^p) = \sum_{i=1}^{n} \lg[\cosh(y_i^p - y_i)] \tag{2-33}$$

Log-Cosh 的原理与均方误差相似，但对于出现大误差样本时的稳定性好于平方误差，其具备了 Huber 损失函数的所有优点，且不同于 Huber，它在所有地方都二次可微。但 Log-Cosh 也存在缺陷，当出现大量与实际目标偏离较远的预测值时，它也会遭受梯度消失等问题。

2.6.2 分类问题的损失函数

当针对分类问题时，建立的神经网络需要把数据划分为不同的类别，例如进行地表覆盖分类的时候，需要计算图斑属于地物的类型（概率），该类损失函数的阈值通常为 0 ~ 1。

2.6.2.1 0 ~ 1 Loss 损失函数

0 ~ 1 Loss 是最简单也是最容易直观理解的损失函数。对于二分类问题，如果预测类别与真实类别不同（样本的分类错误），则 $L=1$（L 表示损失函数）；如果预测类别与真实类别相同（样本分类正确），则 $L=0$。0 ~ 1 Loss 的表达式为

$$L(y,s)=\begin{cases}0, & ys\geqslant 0\\ 1, & ys<0\end{cases} \tag{2-34}$$

2.6.2.2 Cross Entropy Loss（交叉熵损失函数）

Cross Entropy Loss 是非常重要的损失函数，也是分类问题应用最多的损失函数之一。二分类问题的交叉熵 Loss 主要有两种形式（标签 y 的定义不同）。

（1）基于输出标签的表示方式为 {0，1}，它的表达式为

$$L=-[y\lg\hat{y}+(1-y)\lg(1-\hat{y})] \tag{2-35}$$

推导过程：从极大似然性的角度出发，预测类别的概率可以写成

$$P(y|x)=\hat{y}^{y}(1-\hat{y})^{1-y} \tag{2-36}$$

当真实样本标签 $y=1$ 时，上式第二项为 1，概率等式转化为

$$P(y=1|x)=\hat{y} \tag{2-37}$$

当真实样本标签 $y=0$ 时，上式第二项为 1，概率等式转化为

$$P(y=0|x)=1-\hat{y} \tag{2-38}$$

在训练神经网络的时候，概率 $P(y|x)$ 越大越好。首先，对 $P(y|x)$ 引入 lg 函数，因为 lg 函数运算不会影响函数本身的单调性。则有：

$$\lg P(y|x)=y\lg\hat{y}+(1-y)\lg(1-\hat{y}) \tag{2-39}$$

（2）基于输出标签的表示方式 {-1，1}，它的表达式为

$$L=\lg(1+e^{-ys}) \tag{2-40}$$

式中，ys 的符号反映预测的准确性，ys 的数值大小也反映了预测的置信程度，所以从概率的角度来看，预测的类别的概率可以写为

$$P(y|x)=g(ys) \tag{2-41}$$

将 lg 函数引入到上式，由 lg 函数的取值可知，若使概率最大需要让负数最小，因此定义相应的损失函数为

$$L=\lg(1+e^{-ys}) \tag{2-42}$$

经过上面两种形式的比较，交叉熵大致是一样的，由于标签的表达方式不同，格式稍微有一点变化。标签用（-1，+1）表示的好处是把 ys 整合在一起，容易作图且具有实际的物理意义。

交叉熵 Loss 的优点是在整个实数域内，Loss 近似线性变化。尤其是当 $ys \ll 0$ 的时候，Loss 更近似线性。这样，模型受异常点的干扰就较小。而且，交叉熵 Loss 连续可导，便于求导计算，是使用最广泛的损失函数之一。

2.6.2.3 Hinge 损失函数

当需要优化网络进行分类的时候，最常用的是 Hinge 损失函数。例如，地表覆盖分类时，0 = 植被和 1 = 非植被，通常称为 0 - 1 分类器。它的表达式是：

$$L = \max(0, 1 - ys) \tag{2-43}$$

显然，只有当 $ys < 1$ 时，Loss 才大于 0；对于 $ys > 1$ 的情况，Loss 始终为 0。Hinge Loss 一般多用于支持向量机（SVM）中，体现了 SVM 距离最大化的思想。当 Loss 大于 0 时，是线性函数，便于梯度下降算法求导。

2.6.2.4 Exponential Loss

Exponential Loss，又称为指数损失函数，其表达式如下：

$$L = \mathrm{e}^{-ys} \tag{2-44}$$

可以对上式进行一个直观的理解，类似于交叉熵 Loss，去掉 lg 和 lg 中的常数 1，并不影响 Loss 的单调性。因此，推导得出了 Exponential Loss 的表达式。Exponential Loss 与交叉熵 Loss 类似，但它是指数下降的，因此梯度较其他 Loss 来说更大一些。

2.6.2.5 Softmax Loss

对于多分类问题，也可以使用 Softmax Loss。神经网络的 Softmax 层，正确类别对应的输出层是：

$$S = \frac{\mathrm{e}^{s}}{\sum_{j=1}^{C} \mathrm{e}^{s}j} \tag{2-45}$$

式中 C——类别个数；

s——正确类别对应的 Softmax 输入；

S——正确类别对应的 Softmax 输出。

当 $s \ll 0$ 时，Softmax 近似线性；当 $s \gg 0$ 时，Softmax 趋向于零。Softmax 同样受异常点的干扰较小，多用于神经网络多分类问题中。

2.7 超 参 数

在神经网络的训练中，超参数是在开始学习过程之前设置的参数，而不是通过训练得到的参数数据。通常情况下，需要对超参数进行优化，给学习机选择一组最优的超参数，以提高学习的性能和效果。选择超参数的重点是确保模型既不欠拟合也不过拟合，同时尽可能快地进行学习。

2.7.1 学习率

学习率是学习过程中最重要的超参数，学习速率代表了神经网络中随时间推移，信息累积的速度。在理想情况下，神经网络训练会以很大的学习速率开始，逐渐减小速度，达到损失值达到收敛的状态。

本章前面已经讲过反向传播和梯度下降来训练神经网络。为了训练神经网络，其中一个需要设置的非常关键的超参数是学习率。为了最小化神经网络的损失函数，这个参数缩放了权重更新的幅度。如果把学习率的大小设置太低，训练的速度和进展会很慢；如果把学习率的大小设置太高，训练过程中会发生过拟合的现象。

2.7.2 迭代次数

神经网络迭代的次数主要指在训练过程中所有训练数据集全部训练的轮数，提前停止表示在每个回合的最后，都要计算验证集上的分类准确率，当准确率不再提升，就终止迭代，最终确定迭代次数（或者称回合数）。另外，提前停止也能够帮助避免过度拟合。停止迭代的条件是分类准确率不在变化。分类准确率在整体趋势下降的时候仍旧会抖动或者震荡，如果在准确度刚开始下降的时候就停止，将会错过最优解，因此，一般情况下，停止迭代的触发条件为分类准确率在一段时间内不再提升。

2.7.3 正则化参数

正则化的目的是改善神经网络在训练过程中的过拟合，降低结构风险，提高模型的泛化能力。在数学上，正则化 λ 系数表示为用于在找到合适的拟合以及维持某些较低的特征权重值之间折中。

L1 正则和 L2 正则是常用的正则化方法，L1 正则可以产生稀疏权值矩阵，即产生一个稀疏模型，可以用于特征选择，同时可以防止过拟合。更小的权重带来更简单的假设。特征集合中一些高阶多项式的未正则化的权重往往会使训练集过拟合。

训练过程中，随着训练集样本的增加，正则化的影响越来越小，过量的特征是导致过拟合的主要原因之一。更大的数据量才是终极的正则化。

2.7.4 小批量数据的大小

选择最好的小批量数据大小也是一个非常艰巨的过程。数据集太小，会影响矩阵库的计算性能；数据集太大，网络不能足够频繁地更新权重。所以，需要选择一个小批量数据折中的值，可以最大优化的学习速度。

2.7.5 动量

动量方法旨在加速学习，特别是处理高曲率、小但一致的梯度，或是带噪声的梯度。动量算法积累了之前梯度衰减值，并且继续沿该方向移动。当更新器陷入僵局的时候，它可以帮助更新器找到通往最小值的路径。动量针对学习率，而学习率针对权重，动量有助于建立更高的模型。

2.7.6 稀疏

从稀疏超参数可以清楚地认识到，对于一些输入，只有几个特征是相关的。例如，假设网络可以对地表覆盖进行识别，那么，这些影像都能通过有限特征被识别出来。但是为了有效地对地表覆盖进行分类，网络必须识别更多的特征，其中许多特征大部分时间并没有出现。影像的特征在深广的神经网络层中出现的情况很少，因为稀疏的特征会限制激活节点的数量，阻碍网络的学习能力。为了解决稀疏性，偏置会迫使神经元激活，并使激活保持在平均范围，以防止网络陷入停滞。

总之，根据机理确定激活函数的种类，之后确定损失函数种类和权重初始化的方法，以及输出层的编码方式；其次根据“宽泛策略”先大致搭建一个简单的结构，确定神经网络的隐含层的数目以及每一个隐藏层中神经元的个数，然后对于剩下的超参数先随机给一个可能的值，在损失函数中先不考虑正则项的存在，调整学习率为一个较为合适的阈值，取阈值的一半作为调整学习率的初始值，最后仔细调整学习率。

2.8 网络参数优化

网络参数的优化过程旨在通过对神经网络中的可变参数进行调整，使得网络输出尽可能地接近期望输出。利用反向传播算法得到神经网络各层参数的梯度之后，可采用基于梯度的参数优化算法更新网络中的参数。深度学习中常用的网络参数更新算法主要有随机梯度下降法（SGD，Stochastic Gradient Descent）、小批量随机梯度下降（Mini-Batch SGD）、Dagradi、AdaDeltal、Adam 等。此类参数更新算法从某一起点出发，每次沿负梯度方向更新网络参数以使网络输出与目标的误差达到最小。优化起点影响收敛的速度与难易程度，常见的参数初始化方法包括随机初始化、高斯分布初始化、Xavier 初始化、He 初始化等。SGD 是目前深度学习算法中应用最为广泛的参数优化方法之一，下面将以 SGD 为例简要介绍神经网络参数优化的过程。

SGD 优化算法需要预先确定神经网络的训练样本集，每个训练样本包含输入数据与对应标签。根据网络的任务目标和待优化参数选择适当的损失函数用于计算网络输出与标签的误差。对神经网络参数进行初始化后，SGD 优化算法首先从训练集中随机选择一个样本，前向传播计算网络的输出以及该输出与标签的损失函数值。之后采用反向传播算法计算损失对神经网络每一层参数的梯度，并以预设学习率的幅度朝梯度反方向更新网络参数。重复上述过程以完成参数优化。算法 2-2 描述了 SGD 的具体计算细节。

利用 SGD 等参数优化算法可以训练深度神经网络，但深度学习与传统的优化算法稍有不同。深度学习是间接的，其定义于测试集上，期望模型在测试集中取得较好的性能度量，然而该问题是不可解的。因此采用训练数据更新网络参数，通过降低损失函数来间接的提高性能。网络模型不仅要求在训练集上输出与目标接近，而且需要在未知的输入上效果好，这也成了深度学习的主要挑战。在网络训练的过程中，模型在测试集上的误差并不总是随着训练误差的下降而下降的。

算法 2-2 随机梯度下降优化算法

输入：训练集 $X=\{X_1,X_2,\cdots,X_n\},X_i=\{x_i,y_i\}$，学习率 α，迭代次数 K。
输出：优化参数 θ。
1. 初始化网络参数 θ，迭代次数 step =0
2. while step <0
3. 随机选择训练样本 X_i
4. 计算模型预测 $\hat{y}_i=f(x_i\mid\theta)$ 与损失函数值 $J(y_i,\hat{y}_i\mid\theta)$
5. 反向传播计算损失对每一层参数梯度 $\nabla\theta=\frac{\partial}{\partial\theta}J(y_i,\hat{y}_i\mid\theta)$
6. 更新网络参数 $\theta=\theta-\alpha\nabla\theta$
7. step = step +1
8. end while

当神经网络模型具有足够的表示能力时，在网络训练初期，模型测试误差随着训练误差一同降低，此时网络处于欠拟合状态尚未得到模型最优参数。随着训练的进行，训练误差继续下降而测试误差却持续上升，模型处于过拟合状态。因此，在网络参数优化过程中，需要选择适当时间点的网络参数以在测试集中取得最好的性能。针对上述参数的选择，可以将训练集中小部分数据作为验证集不参与训练，选择使验证集误差最小的参数来获得更好的模型。

3　卷积神经网络

卷积神经网络的研究开始于20世纪80～90年代，LeNet-5网络是最早出现的比较完备的卷积神经网络，到2012年AlexNet网络的出现，卷积神经网络在ImageNet大规模视觉识别竞赛（ILSVRC，ImageNet Large Scale Visual Recognition Challenge）中被广泛地应用。近年来，卷积神经网络的快速发展被广泛应用到越来越多的领域，在图像的分类、语义分割、语音识别、人脸识别、通用物体运动分析、自然语言处理甚至脑电波分析方面等领域均有突破。

卷积神经网络是一类包含了卷积运算且具有深度结构的前馈神经网络（Feedforward Neural Networks）。相比早期的BP神经网络，卷积神经网络最重要的特点就是具有局部感知与参数共享。局部感知具体而言就是将高层的局部信息综合起来得到全局信息，利用卷积层进行特征的映射，通过从上一层局部卷积核提取局部的特征；参数共享就是在局部连接中，每一个神经元参数都是一样的，同一个卷积核在图像中都是共享的，具体而言就是通过卷积操作提取局部信息，而局部信息的特性和其他部分是一样的，也就意味着这部分学到的特征也可以用到另一部分上，所以对图像上的所有位置，都能使用同样的特征学习。

卷积神经网络包含了一个由卷积层和子采样层构成的特征抽取器。在卷积神经网络的卷积层中，一个神经元只与部分邻层神经元连接。在CNN的一个卷积层中，通常包含若干个特征图（Feature Map），每个特征图由一些矩形排列的神经元组成，同一特征图的神经元共享权值，这里共享的权值就是卷积核。卷积核的大小一般以随机小数矩阵的形式初始化，在网络的训练过程中卷积核将学习得到合理的权值。共享权值（卷积核）带来的直接好处是减少网络各层之间的连接，同时又降低了过拟合的风险。子采样也叫作池化（Pooling），通常有平均池化（Mean Pooling）和最大值池化（Max Pooling）两种形式。池化可以看作一种特殊的卷积过程。卷积和子采样大大简化了模型复杂度，减少了模型的参数。下面详细描述一下卷积神经网络的整体、具体的运算过程以及经典的卷积神经网络。

3.1　整体结构

卷积神经网络的本质是一种输入到输出的映射，它能够学习大量的输入与输出值之间的映射关系，它的计算过程中不需要任何输入与输出之间精确的表达式，只需要用已知的模式对卷积神经网络加以训练，网络就具有输入与输出之间的映射能力。卷积神经网络主要用来识别位移、缩放及其他的扭曲不变性的二维图形。因为CNN的特征提取方式主要通过训练数据来学习图像的特征，所以卷积神经网络在训练的过程中，避免显式的特征提取，隐式地从训练数据中进行学习；此外，同一特征映射面的神经元权值相同，网络可以并行学习，这是卷积神经网络的一个重要的优势。

卷积神经网络的结构主要包括输入层、卷积层、激活层、池化层、全连接层与输出层六个方面。通过将这些层叠加起来，就可以构建一个完整的卷积神经网络。在实际的应用中往往将卷积层与激活层统称为卷积层，所以卷积操作也是要经过激活函数的。具体来说，卷积层与全连接层对输入执行变换操作的时候，不仅仅用到了激活函数，还会用到许多参数，即神经元的权值 w 和偏差 b；而激活层与池化层则是进行一个固定不变的函数操作。卷积层与全连接层中的参数会随着梯度的下降从而进行训练，这样卷积神经网络计算出分类指标就能够与训练集中的每一个图像标签进行吻合了。

卷积神经网络每一层的具体作用：

（1）输入层用于数据的接收输入以及进行相应的数据预处理（数据去均值、归一化、PCA/SVD降维）；

（2）卷积层主要通过不同大小的滤波器获取上一层输出的局部特征，降低参数的数量，防止参数过多而造成了过拟合的现象；

（3）激励层主要是对卷积层的输出结果做一次非线性映射，假设训练过程中不采用激活函数（例如，$f(x)=x$ 为激活函数），这种情况下，每一层的输出都是上一层输入的线性函数；

（4）池化层也称为欠采样和下采样，它的作用是将局部特征中具有相同语义的特征组合起来，用于特征的降维，压缩数据和参数的数量，减少过拟合，同时提高模型的容错率；

（5）CNN最后一般连接一层全连接层或多个全连接层，通过分类器将卷积层提取出来的特征完成分类并输出结果。

在卷积神经网络提取特征的过程中，最关键的是卷积层、池化层与分类器这三个部分，图3-1所示为卷积神经网络的典型架构。

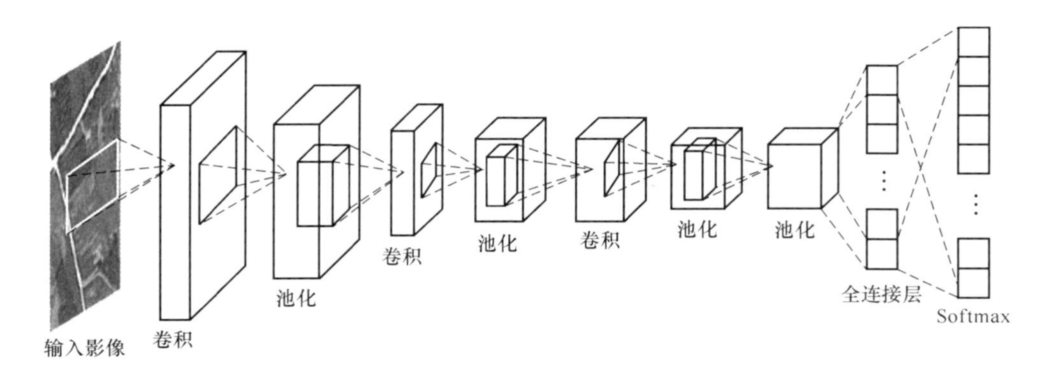

图 3-1 一个典型的 CNN 架构

3.2 输 入 层

卷积神经网络在开始训练之前需要对数据进行预处理操作，主要有以下几个原因：

(1) 输入数据单位不一样，可能会导致卷积神经网络收敛速度较慢，训练时间较长；

(2) 输入尺度较大的数据在分类中的作用可能偏大，而尺度较小的数据在分类中的作用就有可能偏小；

(3) 由于卷积神经网络存在激活函数是有值域限制的，需要将网络训练的目标数据映射到激活函数的值域。

卷积神经网络中常见的预处理方式有三种：

(1) 数据取均值，将输入数据的各个维度中心化到0，所有样本求和求平均值，然后用所有样本减去这个均值样本就是均值；

(2) 数据的归一化，将输入数据的各个维度的幅度归一化到同样的范围，对于每一个特征而言，范围最好是 [-1, 1] 之间；

(3) PCA、SVD 降维/白化，用 PCA、SVD 降维度，去掉特征与特征之间的相关性，特征和特征之间是相互独立的；白化是在 PCA 的基础上，对转换后的数据每一个特征轴上的幅度进行归一化。

输入层主要指的是卷积神经网络加载数据和存储原始数据，以便网络对数据进行处理。在整个网络模型数据输入的过程中，输入的图像一般先转化成矩阵且矩阵的元素对应着各个像素值。图 3-1 中最左侧三维矩阵代表一张输入的图片，三维矩阵的长、宽表示的是图像的大小，而三维矩阵的深度代表了图像的色彩通道（Channel）。比如黑白图片的深度为 1，而在 RGB 色彩模式下，图片的深度为3。因此，卷积神经网络可以以黑白图像进行输入，也可以以彩色的图像进行输入。

3.3 卷 积 层

卷积层（Convolutional Layer）是卷积神经网络中最重要的一部分，与全连接层不同，卷积层中每一个节点的输入只是上一层神经网络中的一小块，这个小块常用的大小有3×3或者5×5。卷积层，卷积神经网络每一层卷积层由若干卷积单元组成，每一个卷积单元的参数都是通过反向传播算法得到。卷积层主要进行的操作是对输入图像提取出不同的特征，第一层卷积可能只能提取一些低级的特征如边缘、线条和角等层级，随着卷积层层数的加深，它提取到的特征就越高级。

对于一张输入图像来说，先将图像转化成矩阵，且矩阵的元素对应像素值。对于一张大小为5×5的图像，使用3×3的感受野进行移动，且移动的步长为1，可以得到大小为3×3的特征图。

另外，在CNN中，有时将卷积层的输入输出数据称为特征图。卷积层的输入数据称为输入特征图（Input Feature Map），输出数据称为输出特征图（Out Feature Map）。下面的小节详细介绍一下卷积的运算、填充操作、卷积的步长、特征图的计算、三维卷积的计算、结合长方体的卷积计算、批处理、参数的共享。

3.3.1 卷积运算

卷积层进行处理就是卷积运算，卷积运算相当于图像处理中的“滤波器运算”，卷积的输入可以是原始数据或由另一个卷积输出的特征映射。在介绍卷积运算之前，看一个简单的具体例子，如图3-2所示。

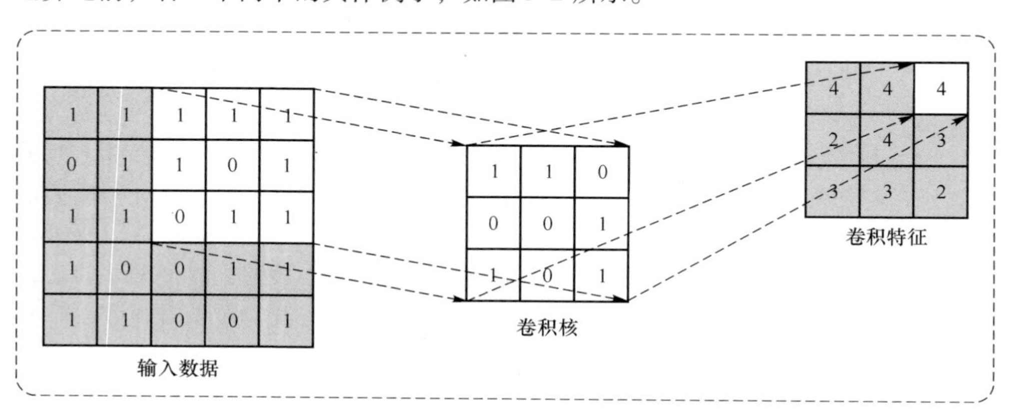

图3-2 卷积运算的例子

在图 3-2 例子中，输入的数据有长、高的形状数据。滤波器在方向上同样也有长、高的维度。假设用（Height，Width）表示数据和滤波器的形状。在上面的例子中，输入的大小为（5，5），滤波器的大小是（3，3），输出的大小为（3，3）。在一些文献中也会用“卷积核”来表示“滤波器”。

现在解释一下图 3-2 卷积运算进行了什么样的运算，图 3-3 中展示了卷积运算的顺序。

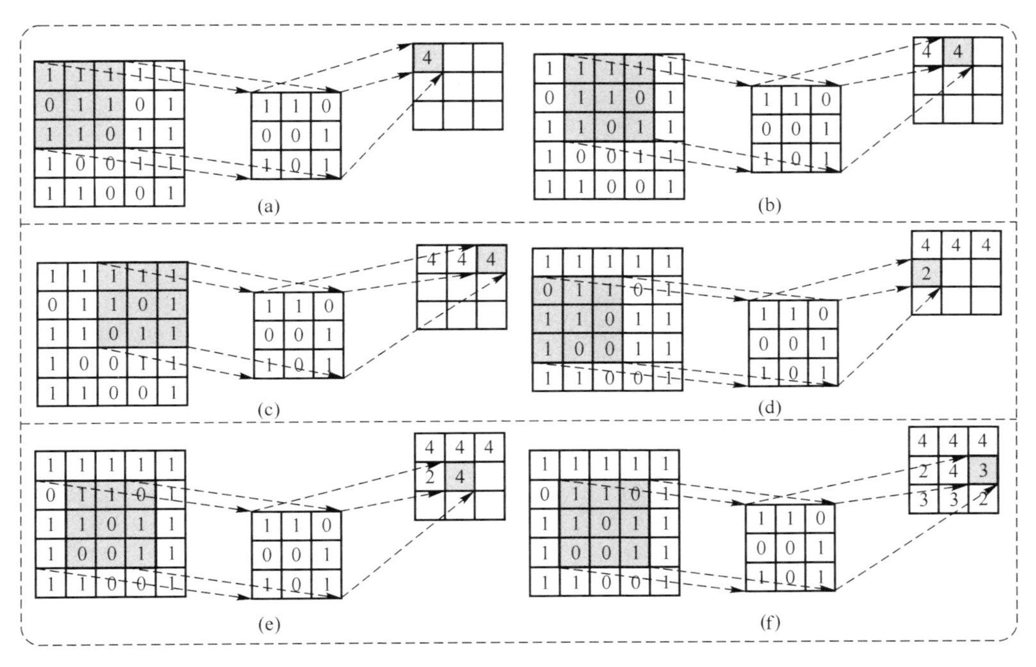

图 3-3 卷积运算的计算顺序

（a）~（f）卷积计算过程 1 ~ 6

对于输入的数据，卷积计算以一定的间隔滑动滤波器，这里所说的滑动窗口指的是图 3-3 中灰色 3×3 部分。图 3-3 中，将滤波器上各个位置元素和输入元素对应相乘，然后再求和。最后，将这个结果保存到输出的对应位置，直到卷积遍历完输入数据，就可以得到卷积运算的结果。

在神经网络中，除了权重参数外，还包含了偏置。CNN 中，滤波器的参数对应之前的权重，且 CNN 也存在偏置。图 3-2 展示了卷积运算应用滤波器的阶段，包含偏置的卷积计算的处理如图 3-4 所示。利用卷积实现了局部连接，然后输出数据里的每个神经元是通过同一个滤波器（共享权重）去卷积图像后再加上同一个偏置（共享偏置）得到的，如果没有用共享权值，那么一个神经元需要对应一个卷积核、一个偏置，而现在是每个神经元对应的是同一个滤波器同一个偏置，参数量大幅下降。

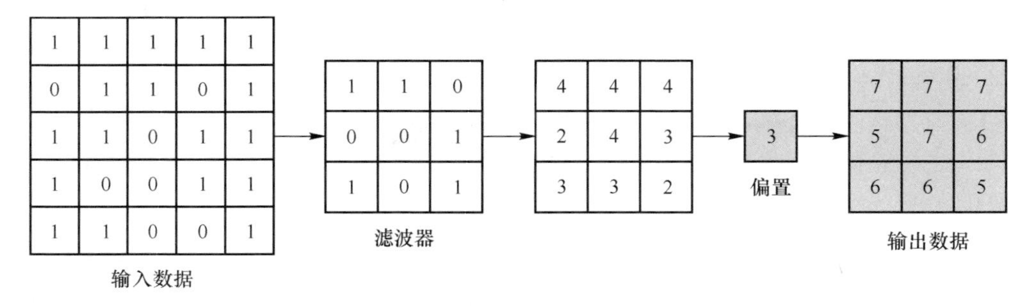

图 3-4　偏置的卷积计算

3.3.2　填充

对输入图像进行卷积操作时，角落或边缘的像素点被使用的次数相对较少。这样在图片识别中会弱化边缘信息。因此，在输入数据的周围填入固定的数据，这称为填充（Padding）操作，当填充的数据为 0 时，称为 Zero-Padding。除了填充能够保留更多有效信息之外，Padding 操作还可以保证在使用卷积计算前后卷的高和宽不变。比如，在图 3-5 中，对大小 5 ×5 的输入图像周围填 0，则输出的特征尺寸为 5 ×5。

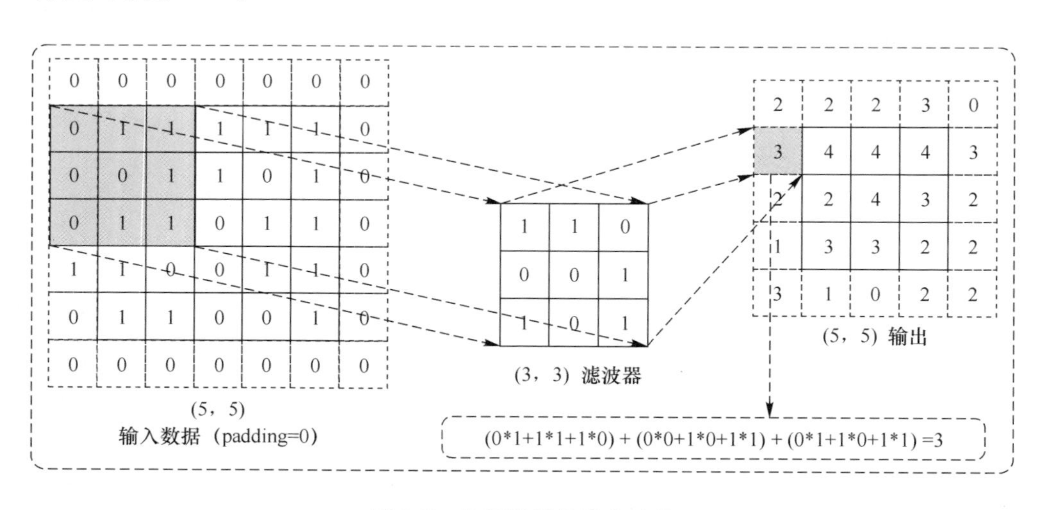

图 3-5　卷积运算的填充过程

在这个例子中，将填充设置为 1，不过填充的值也可以是其他（1、2、3 等）任意整数。假如将图 3-5 填充设置为 2，则输入的数据变为（9，9）；如果设置为 3，则输入的数据变为（11，11）。

使用填充的主要目的是调整输出的大小。比如，对大小的（5，5）的输入数据应用（3，3）的滤波器时，输出数据的大小变为（3，3），相当于输出数据的大小比输入数据的大小缩小了2个元素。这在反复进行多次卷积运算的深度卷积神经网络中会造成特征消失。因为每次进行卷积运算都会缩小空间，那么某一个时刻输出的大小就有可能变成1，导致无法进行卷积运算。为了避免这种情况的发生，就要使用填充。因此，卷积运算就可以在保持空间大小不变的情况下将数据传给下一层。

3.3.3 卷积步长

在卷积的标准定义的基础上，还可以引入卷积核的滑动步长来增加卷积的多样性，这样可以灵活地进行特征的提取。步长（Stride）是指卷积核在滑动的过程中的时间间隔。

滑动步长时，先从输入数据的左上角开始，每次往左滑动一列或者往下滑动一行逐一计算输出，每次滑动的行数和列数就是步长（步幅）。卷积中的步幅是构建卷积神经网络的基本操作。之前的例子中步幅都为1，如果要将步幅设为2，如图3-6所示，用3×3的滤波器卷积这个5×5的图像，此时，滤波器窗口的间隔应设置为2。

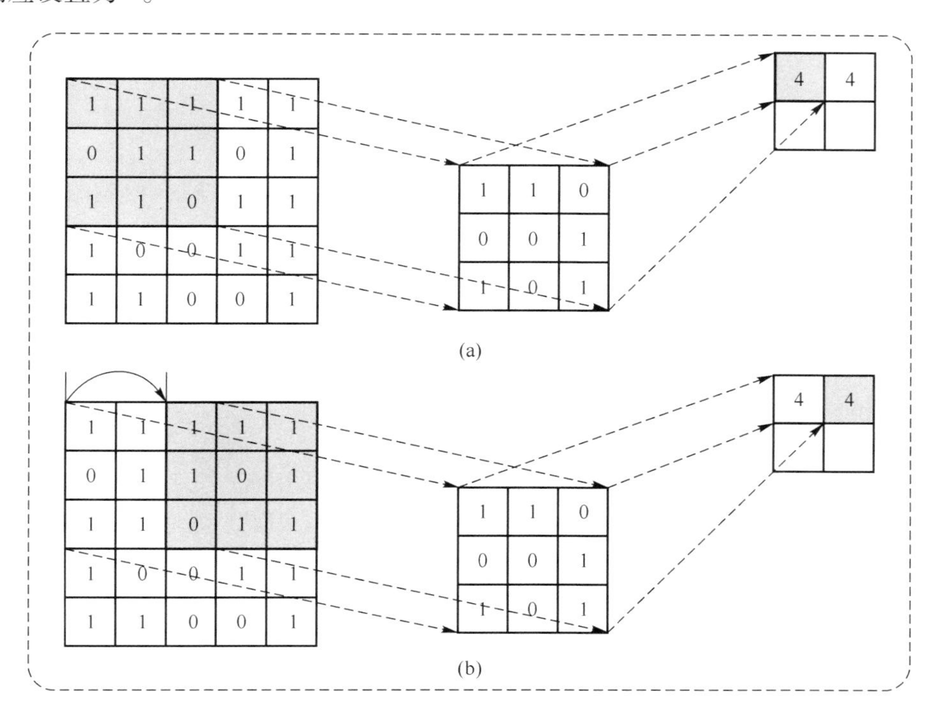

图3-6 步长为2的卷积运算
（a）步幅为1；（b）步幅为2

在图3-6中，对输入数据（5，5）的图像，应用了（3，3）的滤波器，以步幅为2，输出的图像大小变为2。这说明，步长可以指定滤波器的间隔。

综上所述，增大填充后，输出的图像的大小会变大；而增大步幅，输出的图像的大小会变小。那么，如何计算输出的大小？以及对于填充和步长后的图像，如何计算输出图像的大小？接下来，简单介绍一下，如何计算输出的大小。

3.3.4 特征图计算

在卷积神经网络中，针对二维卷积，如果输出 X 的大小为（h_x,ω_x），滤波器 K 的大小为（h_k,ω_k），那么输出 Y（特征图）的大小为（h_y,ω_y），则有计算公式（3-1）：

$$\begin{cases} h_y = h_x - h_k + 1 \\ \omega_y = \omega_x - \omega_k + 1 \end{cases} \tag{3-1}$$

现在，使用这个公式，试着做几个计算。

例3-1 输入大小为（4，4），滤波器的大小为（3，3）：

$$\begin{cases} h_y = 4 - 3 + 1 = 2 \\ \omega_y = 4 - 3 + 1 = 2 \end{cases} \tag{3-2}$$

例3-2 输入大小为（7，7），滤波器的大小为（5，5）：

$$\begin{cases} h_y = 7 - 5 + 1 = 3 \\ \omega_y = 7 - 5 + 1 = 3 \end{cases} \tag{3-3}$$

3.3.4.1 填充的特征图计算

假设在高的两侧共填充了 h_p 行，宽的两侧共填充 ω_p 列，那么相应的输出大小的公式变为

$$\begin{cases} h_y = h_x + h_p - h_k + 1 \\ \omega_y = \omega_x + \omega_p - \omega_k + 1 \end{cases} \tag{3-4}$$

注意：

（1）在卷积神经网络中，通常设置 Padding 的形状为（$h_k - 1$，$\omega_k - 1$），使得输出的大小与输入的大小一样。

（2）如果 h_k 为奇数，则上下两端的 Padding 高度相同；如果 h_k 为偶数，则上下两端的 padding 高度不相同；对于宽度也是一样。因此，滤波器的高度均为奇数。

现在，使用这个公式，试着做几个计算。

例3-3 输入图像的大小为（4，4），共填充 2 行 2 列，滤波器大小为（3，3），则有：

$$\begin{cases} h_y = 4 + 2 - 3 + 1 = 4 \\ \omega_y = 4 + 2 - 3 + 1 = 4 \end{cases} \tag{3-5}$$

例 3-4 输入图像的大小为（7，7），共填充了 4 行 4 列，滤波器的大小为（3，3），则有：

$$\begin{cases} h_y = 7 + 4 - 3 + 1 = 9 \\ \omega_y = 7 + 4 - 3 + 1 = 9 \end{cases} \tag{3-6}$$

3.3.4.2 步幅的特征图计算

假设竖直方向的步幅为 h_s，横向的步幅 ω_s，那么相应的输出大小的公式变为：

$$\begin{cases} h_y = \dfrac{h_x + h_p - h_k}{h_s} + 1 \\ \omega_y = \dfrac{h_x + h_p - h_k}{h_s} + 1 \end{cases} \tag{3-7}$$

现在，使用这个公式，试着做几个计算。

例 3-5 输入的大小为（5，5），共填充 2 行 2 列，高上的步幅为 2，宽上的步幅为 2，滤波器大小为（3，3），则有：

$$\begin{cases} h_y = \dfrac{5 + 2 - 3}{2} + 1 = 3 \\ \omega_y = \dfrac{5 + 2 - 3}{2} + 1 = 3 \end{cases} \tag{3-8}$$

例 3-6 输入的大小为（32，32），共填充 3 行 3 列，高上的步幅为 4，宽上的步幅为 4，滤波器大小为（3，3），则有：

$$\begin{cases} h_y = \dfrac{32 + 3 - 3}{4} + 1 = 9 \\ \omega_y = \dfrac{32 + 3 - 3}{4} + 1 = 9 \end{cases} \tag{3-9}$$

这里特别需要注意的是：虽然只要代入值就可以计算输出的大小，但是所设置值的大小必须被式（3-3）整除。当输出的大小无法整除的时候，需要采取相应的处理操作。

3.3.5 三维卷积的计算

上文对卷积操作进行了详细的解释，但是仅仅针对二维数据图像，即对通道数为 1 的图像（灰度图）进行了卷积，对于三维或者更高维度图像卷积并没有那么简单。

如果输入的图像是三维数据（6，6，3），除了高、宽的方向之外，还需要处理通道的方向，这里的 3 指的是三个颜色的通道，也可以理解为 3 个 6×6 的图像数据的堆叠。但是如果要对此图像进行卷积的话，同时也需要换成三维的滤波器（3，3，3）。这里，按照二维卷积的相同顺序，看一下加上通道方向的三维数据进行卷积的例子，如图 3-7 所示。

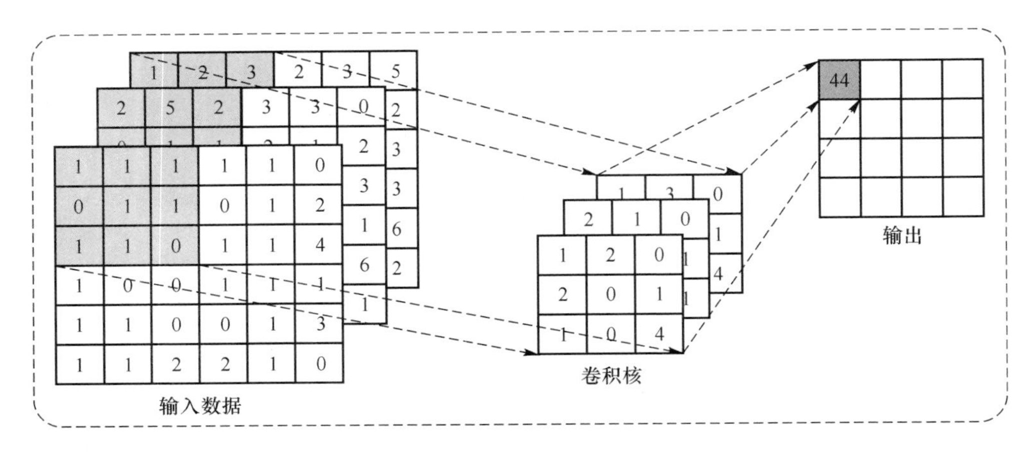

图 3-7 三维数据卷积运算

为了计算这个卷积操作的输出，首先把这个（3，3，3）的滤波器放在输入数据最左上角的位置，这个（3，3，3）的过滤器有 27 个参数，然后乘以相应输入数据三个通道中的像素数据。即滤波器的前 9 个数乘以输入数据第一层的数据，滤波器中间的 9 个数乘以输入数据第二层的数据，滤波器最后的 9 个数乘以输入数据第三层的数据，然后把这些数据都加起来，就得到了输出像素的第一个元素值。

注意：在三维数据的卷积计算中，输入数据和滤波器的通道数要设置为相同的值。在这个例子中，输入数据和滤波器的通道数一致，都是 3。滤波器大小可以设置为任意值（但是，每一个通道的滤波器的大小要完全相同）。在图 3-7 三维数据卷积运算中滤波器的大小为（3，3），也可以设为（1，1）、（2，2）、（5，5）等任意大小值。再次强调，通道数只能设定为和输入数据的通道数相同的值。

但是，单单使用一个滤波器，在实际图像的处理中，很难将复杂的图像特征进行充分的提取。所以，在卷积神经网络特征的提取过程中，滤波器远不止一个，下面介绍一下两个滤波器对输入数据进行卷积。

在图 3-8 中，使用两个滤波器对输入数据进行卷积操作。在第一个滤波器进行卷积得到一个 4 ×4 的输出数据，然后在第二个滤波器进行卷积又得到一个 4 ×4 的输出数据，将这个输出数据放到第一个输出后面，形成一个 4 ×4 ×2 的输出数据，这里的 2 代表的是滤波器的个数。

3.3.6 结合长方体考虑

将数据和滤波器结合长方体的方块考虑，三维卷积神经网络运算则很容易被

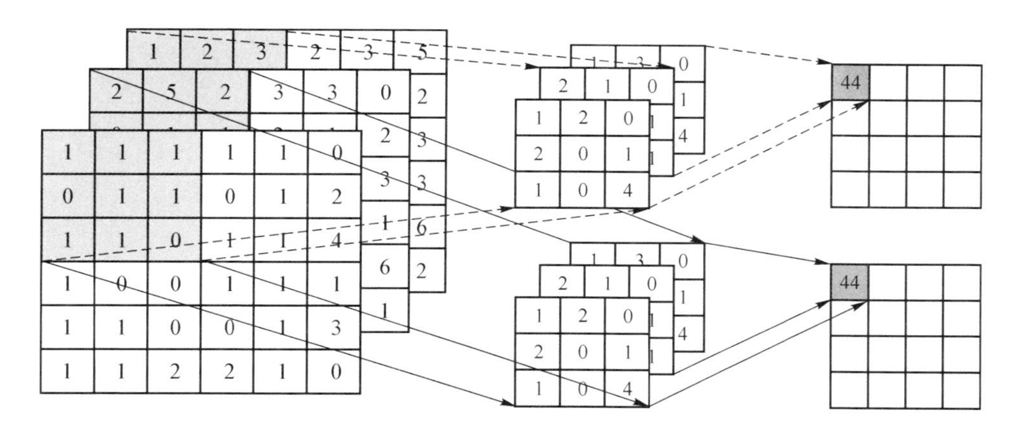

图 3-8 两个滤波器的三维卷积运算

理解。把三维数据的表示表示为多维数据（Channel，Height，Width）。例如（C，H，W）表示的是通道数为 C、高度为 H、宽度为 W 的三维数据。滤波器也是同样的表达，按（Channel，Height，Width）表示。例如（C，FH，FW）表示的是通道数为 C、滤波器高度为 FH（Fliter Height）、滤波器的宽度为 FW（Fliter Width）。结合长方体三维卷积运算如图 3-9 所示。

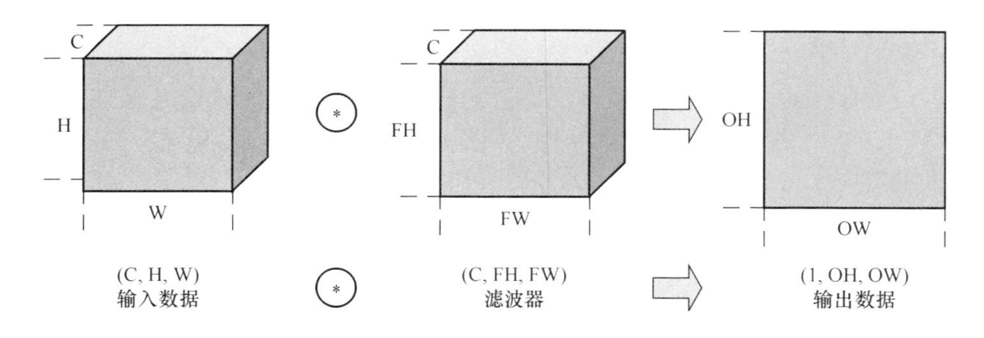

图 3-9 结合长方体三维卷积运算

在图 3-9 结合长方体三维卷积运算中，输出数据是 1 张特征图。所谓的 1 张特征图，指的是通道数为 1 的特征图。那么，如果要在通道方向上也拥有多个卷积运算的输出，就需要考虑用到 2 个滤波器或者多个滤波器。用图表示的话，如图 3-10 所示。

在图 3-10 中，通过应用 FN 个滤波器，输出特征图也生成了 FN 个。如果将这 FN 个特征图汇集在一起，就得到了形状为（FN，OH，OW）的方块。将这个方块传递给下一层，就是 CNN 的处理流。例如，通道数为 3、大小为 5 ×5 的滤波有 16 个时，可以写成（16，3，5，5）。

在三维的卷积运算中也存在着偏置。如图 3-10 所示，每个通道只有一个偏置，这里偏置的形状是（FN，1，1），它与滤波器相加时，要对滤波器的输出结果（FN，OH，OW）按通道加上相同的偏置值。

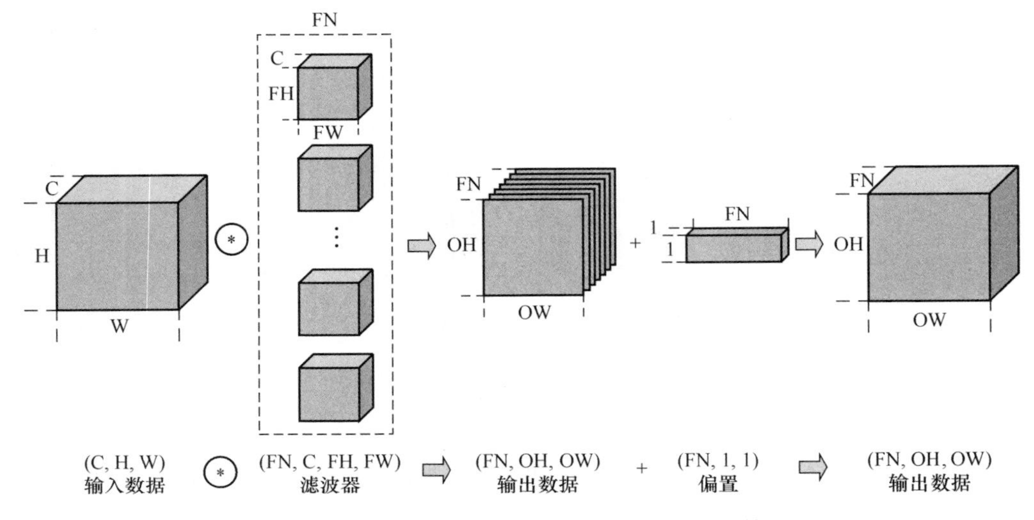

图 3-10　多个滤波器结合长方体三维卷积运算

3.3.7　批处理

神经网络的处理中进行了将输入数据打包的批处理。之前的全连接神经网络的实现也对应了批处理，通过批处理，能够实现处理的高效化和学习时对 Mini-Batch 的对应。

在卷积神经网络中，也同样可以应用批处理。为此，需要将在各层间传递的数据保存为四维数据，即（Batch_Num，Channel，Height，Width）。比如，将图 3-11 中的处理改成对 N 个数据批量处理时，在各个数据的开头添加了批量的维度，数据作为四维图形状在各层间传递。这里需要注意的是，网络间传递的是四维数据，对 N 个数据进行了卷积运算。批处理将 N 次的处理汇总到 1 次进行。

3.3.8　参数的共享

在卷积层使用参数共享可以有效地减少参数的个数，因为有相同的滤波器能够检测出不同位置的相同特征，所以能够进行相应的卷积计算。比如，一个卷积的输出是 $6\times6\times32$，那么神经元的个数就是 $6\times6\times400=14400$，如果宽口大小是 3×3，而输入的数据体深度是 10，那么每一个神经元就有 $3\times3\times100=900$ 个参数，结合起来就有 $14400\times900=12960000$ 个参数，单单一层卷积就有这么多参数，这样运算速度显然是特别慢的。

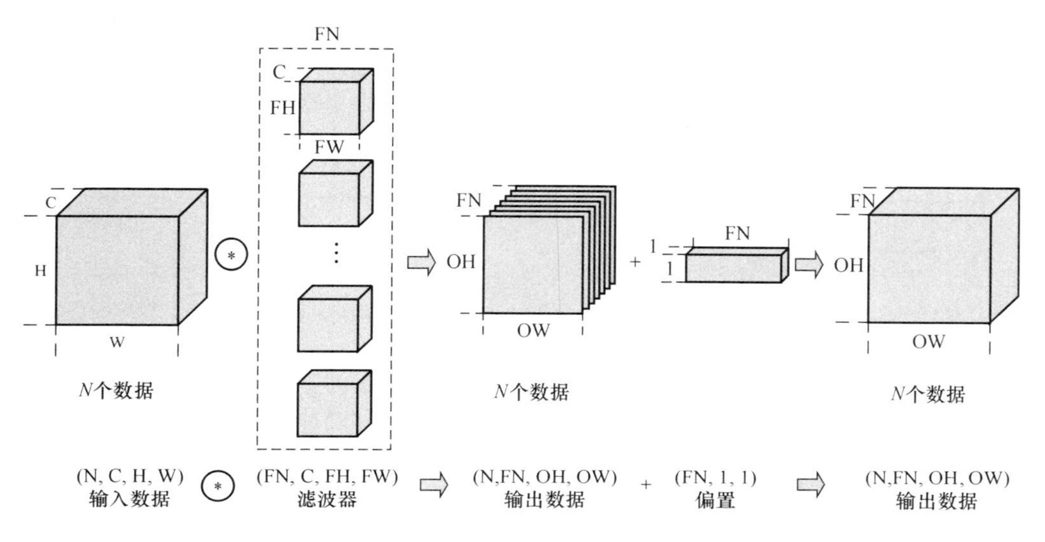

图 3-11 卷积运算追加偏置项

一个滤波器检测出一个空间位置（x_1，y_1）处的特征，那么也能够有效地测出（x_2，y_2）位置的特征，所以可以用相同的滤波器来检测相同的特征，基于这个假设能够有效地减少参数个数。比如上面这个例子中，一共有 32 个滤波器，这使得输出体的厚度是 32，每一个滤波器的参数为 $3 \times 3 \times 100 = 900$，总共参数就有 $32 \times 900 = 28800$ 个，极大减少了参数的个数。

3.4 池 化 层

池化层一般与卷积层组合使用，池化层对卷积层输出的特征图按一定的规则进行筛选，提取特征图的显著特征并简化特征图的复杂程度。池化的过程就是以一定大小的池化窗口与池化步长计算特征图，每次计算按池化规则输出池化结果。池化操作不仅在保留主要特征的同时降低了模型的参数量和计算量，具有防止过拟合的作用。而且，它还有一个非常好的性质，即能使得采样后的特征对输入的微小平移有近似不变性。目前常用的池化规则一般为最大值池化或平均值池化，即矩阵之间的运算规律不一样，并且不经过反向传播的修改。

3.4.1 最大值池化

池化是缩小高、宽方向上运算。例如图 3-12，是最大池化的计算方法，不同的是每一个区域不再是相乘的计算，而是选取图像的最大值作为对应区域的值，例如图 3-12（a）中选取区域上最大的值 9。

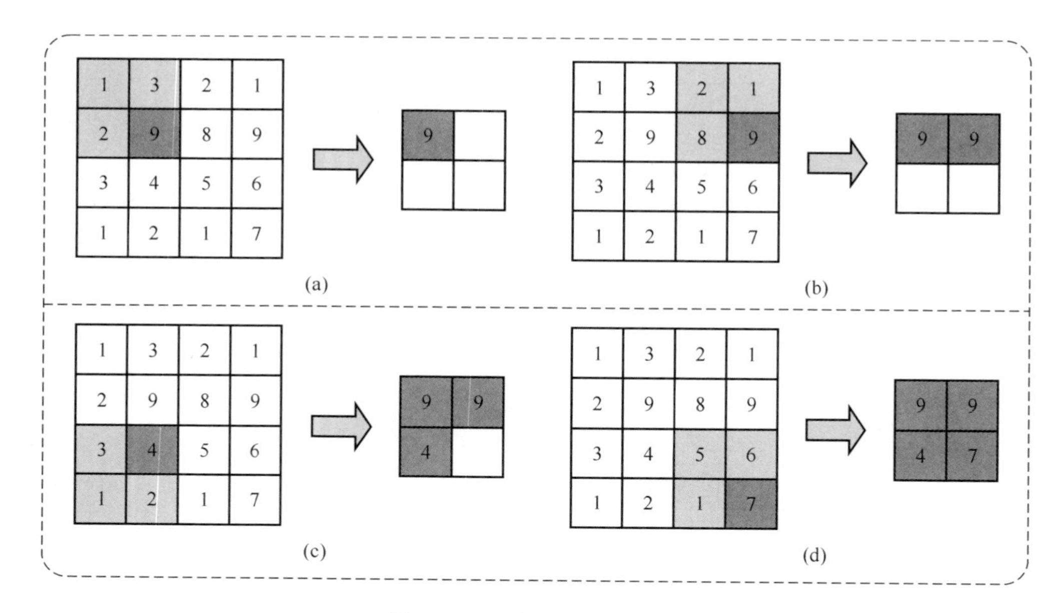

图 3-12 最大池化计算过程
（a）~（d）最大池化计算过程 1 ~ 4

图 3-12 最大池化层的处理过程是按步幅为 2、2 ×2 的滤波器进行的。2 ×2 表示的是目标区域的大小，最大池化是获取最大值的运算。从图中可以看出，从 2 ×2 的区域取出最大的元数，此外这个例子将步幅设置为 2，所以滤波器 2 ×2 的窗口的移动间隔为 2 个元素。值得注意的是，通常来说，在设置池化窗口的时候，池化窗口大小会和步幅设定为相同的值。比如，3 ×3 的宽口的步幅会设为 3，5 ×5 的宽口的步幅会设为 5。

3.4.2 平均值池化

平均值池化的计算方法：计算图像区域的平均值作为该区域即每一个区域不是取最大值，而是取平均值（可以不是整数），如图 3-13 所示。平均池化不常用，但是深度很深的神经网络，可以用平均池化来分解规模。

3.4.3 池化的特性

池化层的特性主要包括三个方面。第一，特征不变性。池化操作是模型更加关注是否存在某些特征，而不是特征具体的位置。其中不变形性包括平移不变性、旋转不变性和尺度不变性。平移不变性是指输出结果对输入对小量平移基本保持不变，例如输入为（1，5，3），最大池化将会取 5，如果将输入右移位得到

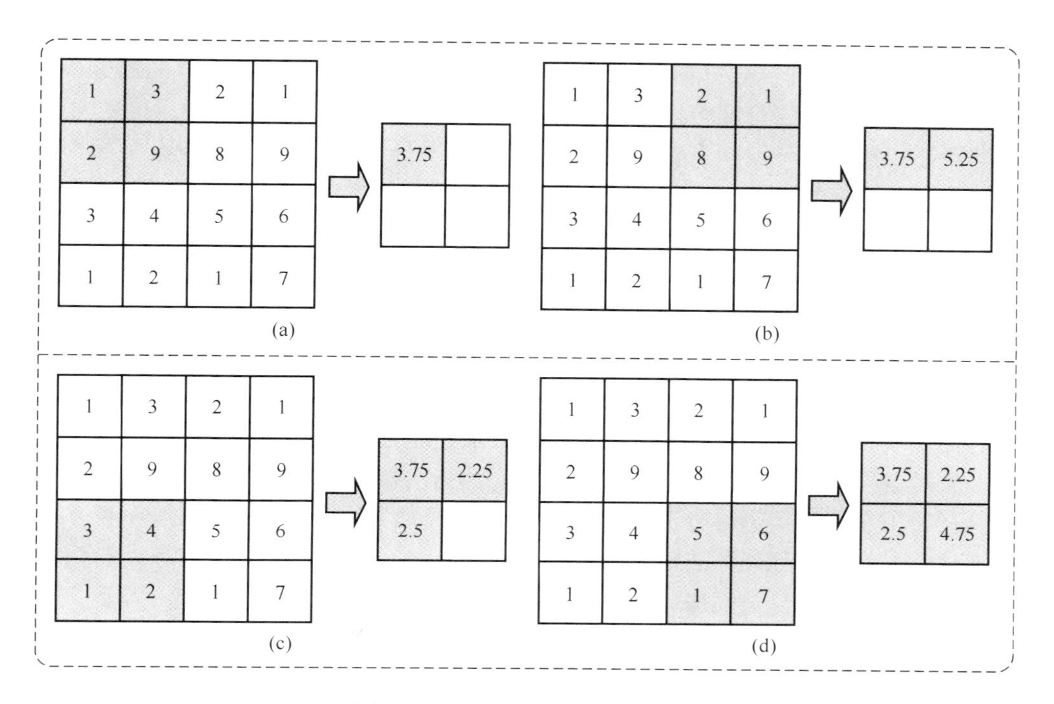

图 3-13 平均池化层的计算过程
（a）~（d）平均池化计算过程 1 ~4

（0，1，5），输出的结果仍将为 5。对伸缩的不变形，如果原先的神经元在最大池化操作后输出 5，那么经过伸缩（尺度变换）后，最大池化操作在该神经元上很大概率的输出仍是 5。第二，特征降维下采样。池化相当于在空间范围内做了维度约减，从而使模型可以抽取更加广范围的特征。同时减小了下一层的输入大小，进而减少计算量和参数个数。第三，在一定程度上防止过拟合，更方便优化。

卷积神经网络通过池化、局部感知与权值共享等结构降低了多维数据在特征提取和训练建模过程中的复杂度，并且将区域信息进行抽象。抽象后的区域信息使卷积神经网络具有较强的平移不变性、扭曲不变性与旋转不变性。这些特性能够使分类模型可以通过训练数据来识别不同形态的地表覆盖分类图斑，有效提高地表覆盖分类精度。

3.5 全连接层

全连接层（FC，Fully Connected Layer），是指输入的每一个神经元都与输出的每一个神经元相连接。一般情况下，卷积神经网络的最后都会连接一个或多个全连接层。假设卷积层、池化层等操作是将原始数据映射“隐层特征空间”，那么全连接层则起到将学到的“分布式特征表示”映射到样本标记空间的作用。即全连接层将二维的特征转化为一维向量，与输出层进行全连接，全连接层主要用于特征的投影和分类，在整个 CNN 中可起到“分类器”的作用。全连接层与传统的神经网络的连接方式相同，即两层任意神经元之间进行两两相连。因此，在全连接层的前面往往需要对特征图进行降采样处理，降低特征维度，以减少全连接层与输出层之间的参数。

经过多次卷积层和池化层的处理后，在 CNN 的最后一般由 1 ~ 2 个全连接层来给出最后的分类结果。经过几次卷积和池化操作，可以认为图像中的信息已经被抽象成了信息含量更高的特征。可以将卷积和池化看成自动图像提取的过程，在特征提取完成后，仍然需要使用全连接层来完成分类任务。

分类器一般位于卷积神经网络的最末端，其主要作用为根据特征输出预测分类。在通用卷积神经网络分类算法中，Logistic 是常用基础算法。Logistic 函数是从统计学引入的二分类算法，适用于简单的二分类问题。但地表覆盖分类卷积神经网络需要解决多分类问题，二分类 Logistic 函数无法满足多分类应用需要。因此在处理地表覆盖分类问题时，使用 Softmax 多分类器计算地表分类结果。Softmax 多分类器是 Logistic 算法在多分类问题上的推广，目的是将多分类的问题转化为概率问题，能够有效解决多分类问题。对于一个包含 K 个分类的地表覆盖分类，其每个分类的计算输出可以组成 K 维向量 α，Softmax 函数形式如下：

$$Z(\boldsymbol{\alpha}_j) = \frac{\mathrm{e}^{\boldsymbol{\alpha}_j}}{\sum_{k=1}^{K} \mathrm{e}^{\boldsymbol{\alpha}_k}} \tag{3-10}$$

向量 $\boldsymbol{\alpha}$ 经过 Softmax 函数变换后，所有的输出都被约束在［0，1］范围内，模型的输出结果 $Z(\boldsymbol{\alpha}_j)$ 相当于一个概率向量，其中输出值最大的节点就是卷积神经网络的预测分类。

3.6 经典卷积神经网络

大多数图像分类算法都是在 ImageNet 数据集上训练的，该数据集由 120 万张的图像组成，涵盖 1000 个类别，该数据集也可以称作改变人工智能和世界的数据集。构建优良数据集的工作是 AI 研究的核心，数据和算法一样至关重要。接下来，简单介绍几种经典的适用于图像分类卷积神经网络的结构及参数，比如 LeNet5（1998）、AlexNet（2012）、GoogleNet（2014）、VGGNet（2014）及 ResNet（2015）等。

3.6.1 LeNet

LeNet5 在 1998 年被提出来，这个网络虽然很小，但是它包含了深度学习的基本模块：卷积层，池化层，全连接层。是其他深度学习模型的基础，这里对 LeNet5 进行深入分析。同时，加深对卷积层和池化层的理解，LeNet 网络结构参数见表 3-1。

表 3-1 LeNet 网络结构参数

Layer（type）	Output Shape	Param
Conv2d_1 （Conv2D）	（None，6，24，24）	156
Max_poling2d_1 （MaxPooling2）	（None，6，24，24）	0
Conv2d_2 （Conv2D）	（None，6，24，24）	2416
Max_poling2d_1 （MaxPooling2）	（None，6，24，24）	0
Flatten_1 （Flatten）	（None，6，24，24）	0
Dense_1 （Dnese）	（None，6，24，24）	30840
Dense_2 （Dnese）	（None，6，24，24）	10164
Dense_3 （Dnese）	（None，6，24，24）	850

总参数量：44，426
可训练参数：44，426
不可训练参数：0

LeNet 网络模型分为卷积层块和全连接层块两个部分。卷积层块里的基本单位是卷积层加上最大池化层，卷积层用来识别图像里的空间模式，如线条和物体局部，最大池化层则用来降低卷积层对位置的敏感性。卷积层块由两个这样的基本单位重复堆叠构成。在卷积层块中，每个卷积层都使用 5 ×5 的窗口，并在输出上使用 Sigmoid 激活函数。第一个卷积层输出通道数为 6，第二个卷积层输出通道数则增加到 16。这是因为第二个卷积层比第一个卷积层输入的高、宽比之前小一些，所以增加输出通道使两个卷积层的参数尺寸类似。卷积层块的两个最大池化层窗口形状均为 2 ×2，且步幅为 2。由于池化窗口与步幅形状相同，池化窗口在输入上每次滑动所覆盖的区域互不重叠。卷积层块的输出形状为（批量大小，通道，高，宽）。当卷积层块的输出传入全连接层块时，全连接层块会将小批量中每个样本变平（Flatten）。全连接层的输入形状将变成二维，其中第一维是小批量中的样本，第二维是每个样本变平后的向量表示，且向量长度为通道、高和宽的乘积。全连接层块含 3 个全连接层。它们的输出个数分别是 120、84 和 10，其中 10 为输出的类别个数。

3.6.2 AlexNet 网络

AlexNet 是 2012 年 ImageNet 竞赛冠军获得者 Hinton 设计出来的。AlexNet 使用了 8 层卷积神经网络，并以很大的优势赢得了 ImageNet 2012 图像识别挑战赛。它首次证明了学习到的特征可以超越手工设计的特征，从而在计算机视觉上取得了巨大的成就。图 3-14 为 AlexNet 网络结构图。

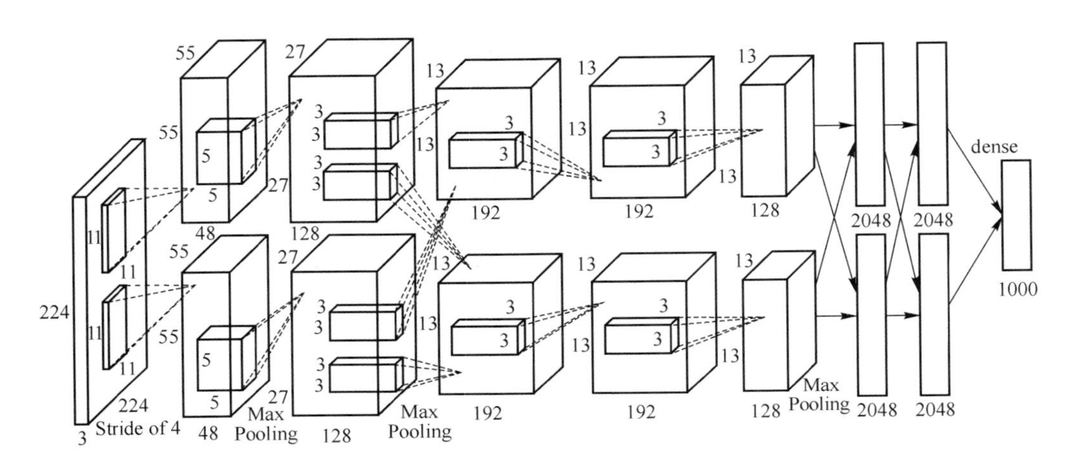

图 3-14 AlexNet 网络结构图

AlexNet 与 LeNet 的设计理念非常相似，但也有显著的区别。

（1）与相对较小的 LeNet 相比，AlexNet 包含 8 层变换，其中有 5 层卷积和 2 层全连接隐藏层，以及 1 个全连接输出层。下面详细描述这些层的设计，AlexNet 第一层中的卷积窗口形状是 11 ×11。因为 ImageNet 中绝大多数图像的高和宽均比 MNIST 图像的高和宽大 10 倍以上，ImageNet 图像的物体占用更多的像素，所以需要更大的卷积窗口来捕获物体。第二层中的卷积窗口形状减小到 5 ×5，之后卷积窗口形状采用 3 ×3。此外，第一、第二和第五个卷积层之后都使用了窗口形状为 3 ×3、步幅为 2 的最大池化层。而且，AlexNet 使用的卷积通道数也大于 LeNet 中的卷积通道数的数十倍。紧接着最后一个卷积层的是两个输出个数为 4096 的全连接层。这两个巨大的全连接层模型参数近 1GB，由于早期显存的限制，最早的 AlexNet 使用双数据流的设计使一个 GPU 只需要处理一半模型。近几年，计算性能得到了快速的发展，因此通常我们不再需要这样的特别设计了。

（2）AlexNet 将 Sigmoid 激活函数改成了更加简单的 ReLU 激活函数。一方面，ReLU 激活函数的计算更加方便，例如它并没有 Sigmoid 激活函数中的求幂运算；另一方面，ReLU 激活函数在不同的参数初始化方法下使模型更容易训练。因为当 Sigmoid 激活函数输出趋向于 0 或 1 时，这些区域的梯度几乎为 0，从而造成反向传播无法继续更新部分模型参数；而 ReLU 激活函数在正区间的梯度恒为1。因此，若模型的参数初始化不当，Sigmoid 函数可能存在正区间得到梯度几乎为0，从而无法令模型得到有效的训练。

（3） AlexNet 通过丢弃法来控制全连接层的模型复杂度。而 LeNet 并没有使用丢弃法。

（4） AlexNet 引入了大量的图像增广，如翻转、裁剪和颜色变化，从而进一步扩大数据集来缓解过拟合。

3.6.3 VGGNet 网络

VGG 网络是在 ILSVRC 2014 上的相关工作，主要工作是证明了增加网络的深度能够在一定程度上影响网络最终的性能。VGG 有两种结构，分别是 VGG16 和 VGG19，两者并没有本质上的区别，只是网络深度不一样。VGG16 相比 AlexNet 的一个改进是采用连续的几个 3×3 的卷积核代替 AlexNet 中的较大卷积核（11×11，7×7，5×5）。对于给定的感受野（与输出有关的输入图片的局部大小），采用堆积的小卷积核是优于采用大的卷积核，因为多层非线性层可以增加网络深度来保证学习更复杂的模式，而且代价还比较小（参数更少）。简单来说，在 VGG 中，使用了3个3×3卷积核来代替7×7卷积核，使用了2个3×3卷积核来代替5×5卷积核，这样做的主要目的是在保证具有相同感知野的条件下，提升了网络的深度，在一定程度上提升了神经网络的效果。

比如，3个步长为1的3×3卷积核的叠加作用可看成一个大小为7的感受野（其实就表示3个3×3连续卷积相当于一个7×7卷积），其参数总量为 $3\times(9\times C^2)$，如果直接使用7×7卷积核，其参数总量为 $49\times C^2$，这里 C 指的是输入和输出的通道数。很明显，$27\times C^2$ 小于 $49\times C^2$，即减少了参数；而且3×3卷积核有利于更好地保持图像性质。VGG 的网络结构见表3-2。

VGG16 包含了16个隐藏层(13个卷积层和3个全连接层)，见表3-2中的D列；VGG19 包含了19个隐藏层(16个卷积层和3个全连接层)，见表3-2中的E列；VGG 网络的结构非常一致，从头到尾全部使用的是3×3的卷积和2×2的 Max Pooling。

VGG 网络有一定的优缺点。

（1） 优点：1） VGGNet 的结构非常简洁，整个网络都使用了同样大小的卷积核尺寸（3×3）和最大池化尺寸（2×2）；2） 几个小滤波器（3×3）卷积层的组合比一个大滤波器（5×5 或 7×7）卷积层好；3） 验证了通过不断加深网络结构可以提升性能。

（2） 缺点：VGG 耗费更多计算资源，并且使用了更多的参数，导致更多的内存占用（140MB）。其中绝大多数的参数都是来自第一个全连接层。VGG 有3个全连接层。

表 3-2 VGG 网络结构参数

<table>
<tr><th colspan="6">VGG 网络参数</th></tr>
<tr><th>A</th><th>A</th><th>B</th><th>C</th><th>D</th><th>E</th></tr>
<tr><td>权重值（11）</td><td>权重值（11）</td><td>权重值（13）</td><td>权重值（16）</td><td>权重值（16）</td><td>权重值（19）</td></tr>
<tr><td colspan="6">图像输入（224×224）</td></tr>
<tr><td>卷积 3-64</td><td>卷积 3-64
LEN</td><td>卷积 3-64
卷积 3-64</td><td>卷积 3-64
卷积 3-64</td><td>卷积 3-64
卷积 3-64</td><td>卷积 3-64
卷积 3-64</td></tr>
<tr><td colspan="6">最大池化层</td></tr>
<tr><td>卷积 3-128</td><td>卷积 3-128</td><td>卷积 3-128
卷积 3-128</td><td>卷积 3-128
卷积 3-128</td><td>卷积 3-128
卷积 3-128</td><td>卷积 3-128
卷积 3-128</td></tr>
<tr><td colspan="6">最大池化层</td></tr>
<tr><td>卷积 3-256
卷积 3-256</td><td>卷积 3-256
卷积 3-256</td><td>卷积 3-256
卷积 3-256</td><td>卷积 3-256
卷积 3-256
卷积 1-256</td><td>卷积 3-256
卷积 3-256
卷积 3-256</td><td>卷积 3-256
卷积 3-256
卷积 3-256
卷积 3-256</td></tr>
<tr><td colspan="6">最大池化层</td></tr>
<tr><td>卷积 3-512
卷积 3-512</td><td>卷积 3-512
卷积 3-512</td><td>卷积 3-512
卷积 3-512</td><td>卷积 3-512
卷积 3-512
卷积 1-512</td><td>卷积 3-512
卷积 3-512
卷积 3-512</td><td>卷积 3-512
卷积 3-512
卷积 3-512
卷积 3-512</td></tr>
<tr><td colspan="6">最大池化层</td></tr>
<tr><td>卷积 3-512
卷积 3-512</td><td>卷积 3-512
卷积 3-512</td><td>卷积 3-512
卷积 3-512</td><td>卷积 3-512
卷积 3-512
卷积 1-512</td><td>卷积 3-512
卷积 3-512
卷积 3-512</td><td>卷积 3-512
卷积 3-512
卷积 3-512
卷积 3-512</td></tr>
<tr><td colspan="6">最大池化层</td></tr>
<tr><td colspan="6">全连接层（4096）</td></tr>
<tr><td colspan="6">全连接层（4096）</td></tr>
<tr><td colspan="6">全连接层（1000）</td></tr>
<tr><td colspan="6">分类器</td></tr>
</table>

3.6.4 NiN 网络

卷积层的输入和输出通常是四维数组（样本，通道，高，宽）而全连接层的输入和输出则通常是二维数组（样本，特征）。如果想在全连接层后再接上卷积层，则需要将全连接层的输出变换为四维。它可以看成全连接层，其中空间维度（高和宽）上的每个元素相当于样本，通道相当于特征。因此，NiN 使用 1×1 卷积层来替代全连接层，从而使空间信息能够自然传递到后面的层中去。

图 3-15 对比了 NiN 同 AlexNet 和 VGG 等网络在结构上的主要区别，其中图 3-15（a）为 AlexNet 和 VGG 等网络的结构，图 3-15（b）为 NiN 网络结构图。

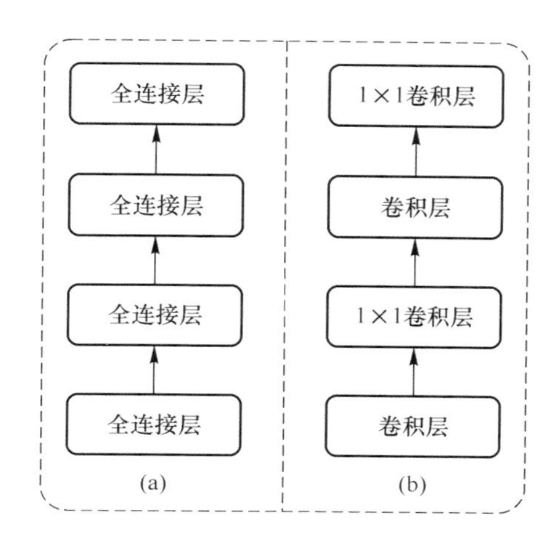

图 3-15 两种网络局部结构图

NiN 是在 AlexNet 问世不久后提出的，它们的卷积层设定有类似之处。NiN 使用卷积窗口形状分别为 11×11、5×5 和 3×3 的卷积层，相应的输出通道数也与 AlexNet 中的一致。每个 NiN 块紧紧接一个步幅为 2、窗口形状为 3×3 的最大池化层，见表 3-3。

表 3-3 NiN 网络结构参数

类 型	输出大小	参数值
Conv2d_4（Conv2D）	（None，96，54，54）	11712
Max_poling2d_3（MaxPooling2）	（None，96，26，26）	0
Conv2d_5（Conv2D）	（None，256，22，22）	614656
Max_poling2d_4（MaxPooling2）	（None，256，10，10）	0
Conv2d_6（Conv2D）	（None，384，8，8）	885120
Max_poling2d_5（MaxPooling2）	（None，384，3，3）	0
Conv2d_7（Conv2D）	（None，10，1，1）	34570
Conv2d_8（Conv2D）	（None，10，1，1）	110
Conv2d_9（Conv2D）	（None，10，1，1）	110
Flatten_1（Flatten）	（None，10）	0

总参数量：1546278
可训练参数：1456278
不可训练参数：0

除使用 NiN 块以外，NiN 设计与 AlexNet 显著不同：NiN 去掉了 AlexNet 最后的 3 个全连接层，取而代之地，NiN 使用了输出通道数等于标签类别数的 NiN 块，然后使用全局平均池化层对每个通道中所有元素求平均，再直接用于分类。这里的全局平均池化层是窗口形状等于输入空间维形状的平均池化层。NiN 这个设计的好处是可以显著减小模型参数尺寸，从而缓解过拟合。然而，该设计有时会造成获得有效模型训练时间的增加。

3.6.5 GoogLeNet 网络

在 2014 年的 ImageNet 图像识别挑战赛中，一个名叫 GoogLeNet 的网络结构大放异彩。它虽然在名字上与 LeNet 相似，但在网络结构上已经很难看到 LeNet 的结构。GoogLeNet 吸收了 NiN 中网络串联网络的思想，并在此基础上做了很大改进。

GoogLeNet 中的基础卷积模块称为 Inception 模块，与上一节介绍的 NiN 块相比，这个基础块在结构上更加复杂，如图 3-16 所示。

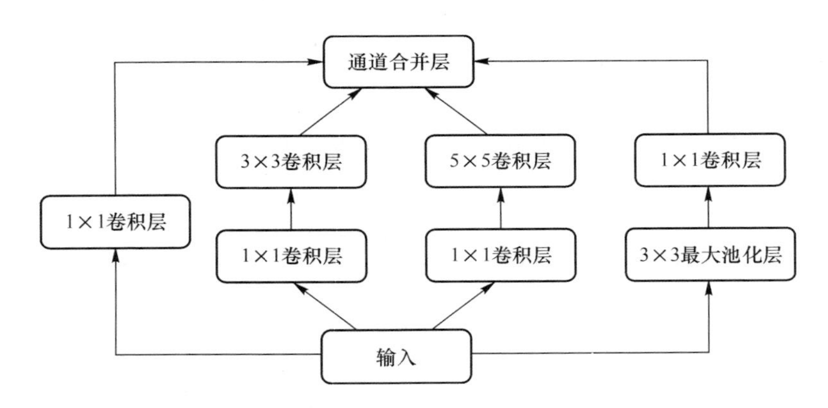

图 3-16 Inception 块的结构

Inception 块中有 4 条并行的线路。前 3 条线路使用窗口大小分别是 1 ×1、3 ×3 和 5 ×5 的卷积层来抽取不同空间尺寸下的信息，其中中间 2 个线路会对输入先做 1 ×1 卷积来减少输入通道数，以降低模型复杂度。第四条线路则使用 3 × 3 最大池化层，后接 1 ×1 卷积层来改变通道数。4 条线路都使用了合适的填充来使输入与输出的高和宽一致。最后，将每条线路的输出在通道维度上连接，并输入接下来的层中去。

GoogLeNet 跟 VGG 一样，在主体卷积部分中使用 5 个模块（Block），每个模块之间使用步幅为 2 的 3 ×3 最大池化层来减小输出高宽。

第一模块使用一个 64 通道的 7 ×7 卷积层。

第二模块使用 2 个卷积层：首先是 64 通道的 1 ×1 卷积层，然后是将通道增大 3 倍的 3×3 卷积层。它对应 Inception 块中的第二条线路。

第三模块串联 2 个完整的 Inception 块。第一个 Inception 块的输出通道数为 64+128+32+32=256，其中 4 条线路的输出通道数比例为 64：128：32：32=2：4：1：1。其中第二、第三条线路先分别将输入通道数减小至 96/192=1/2 和 16/192=1/12 后，再接上第二层卷积层。第二个 Inception 块输出通道数增至 128+192+96+64=480，每条线路的输出通道数之比为 128：192：96：64=4：6：3：2。其中第二、第三条线路先分别将输入通道数减小至 128/256=1/2 和 32/256=1/8。

第四模块更加复杂。它串联了 5 个 Inception 块，其输出通道数分别是 192+208+48+64=512、160+224+64+64=512、28+256+64+64=412、112+288+64+64=528、256+320+128+128=832。这些线路的通道数分配和第三模块中的类似，首先含 3×3 卷积层的第二条线路输出最多通道，其次是仅含 1×1 卷积层的第一条线路，之后是含 5×5 卷积层的第三条线路和含 3×3 最大池化层的第四条线路。其中第二、第三条线路都会先按比例减少通道数。这些比例在各个 Inception 块中都略有不同。

第五模块有输出通道数为 256+320+128+128=832 和 384+384+128+128=1024 的两个 Inception 块。其中每条线路的通道数的分配思路和第三、第四模块中的一致，只是在具体数值上有所不同。值得注意的是，第五模块的后面紧跟输出层，该模块同 NiN 使用了全局平均来将每个通道的高和宽变成 1。最后将输出变成二维数组后接上一个输出个数为标签类别数的全连接层。GoogLeNet 模型的计算复杂，而且不如 VGG 那样便于修改通道数。

3.6.6 ResNet 网络

深度残差网络（ResNet，Deep Residual Network）的提出是 CNN 发展史上的一件里程碑事件。从经验来看，网络的深度对模型的性能至关重要，当增加网络层数后，网络可以进行更加复杂的特征模式的提取，所以当模型更深时理论上可以取得更好的结果，在深度学习中，网络层数增多一般会伴着下面几个问题：

（1）计算资源消耗；

（2）模型容易拟合；

（3）梯度消失、梯度爆炸问题的产生。

从信息论的角度讲，由于 DPI（数据处理不等式）的存在，在前向传输的过程中，随着层数的加深，Feature Map 包含的图像信息会逐层减少，而 ResNet 直接映射的加入，保证了 $l+1$ 的网络一定比 l 层包含更多的图像信息。基于这种使用直接映射来连接网络不同的层直接的思想，残差网络应运产生。

对于一个堆积层结构，当输入为 x 时其学习到的特征记为 $\boldsymbol{H}(x)$，希望其可

以学习到残差 $\boldsymbol{F}(x)=\boldsymbol{H}(x)-x$，这样其实原始的学习特征是 $\boldsymbol{H}(x)=\boldsymbol{F}(x)+x$。之所以这样是因为残差学习相比原始特征直接学习更容易。当残差为 0 时，此时，堆积层只做了恒等映射，至少网络性能不会下降，实际上残差不会为0，这也会使得堆积层在输入特征基础上学习到新的特征，从而拥有更好的性能。残差学习的结构如图 3-17 所示。

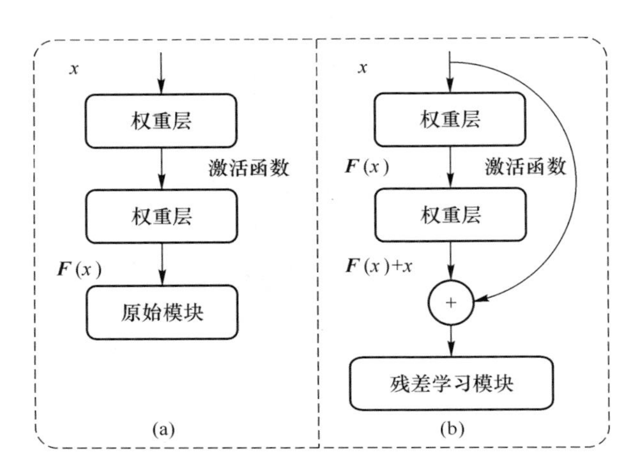

图 3-17　残差学习结构图

图 3-17（a）的 Original Block 需要调整其内部参数，使得输入的 x 经过卷积操作后最终输出的 $\boldsymbol{F}(x)$ 等于 x，即实现了恒等映射 $\boldsymbol{F}(x)=x$，等号左边是 Block 的输出，右边是 Block 的输入。但是这种结构的卷积网络很难调整其参数完美地实现 $\boldsymbol{F}(x)=x$。再看图 3-17（b）的 Res Block，引入了 Shortcut 结构，整个 Block 的输出变成了 $\boldsymbol{F}(x)+x$，Block 的输入还是 x。此时网络需要调整其内部参数使得 $\boldsymbol{F}(x)+x=x$，直接令其内部的所有参数为 0，使得 $\boldsymbol{F}(x)=0$，$\boldsymbol{F}(x)+x=x$ 就变成了 $0+x=x$，等号左边是 Block 的输出，右边是 Block 的输入。输出等于输入，即完美地完成了恒等映射。

实际情况中，同等映射函数的优化可能并没有那么简单，但是对于残差学习，求解器根据输入的同等映射，也会更容易发现扰动，总之比直接学习一个同等映射函数要容易得多。根据实验，可以发现学习到的残差函数通常响应值比较小，同等映射（Shortcut）提供了合理的前提条件。

通过 Shortcut 同等映射：

$$y=\boldsymbol{F}(x,\boldsymbol{W}_i)+x \tag{3-11}$$

$$\boldsymbol{F}=\boldsymbol{W}_2\sigma(\boldsymbol{W},x) \tag{3-12}$$

$\boldsymbol{F}(x)$ 与 x 相加就是逐元素相加，但是如果两者维度不同，需要给 x 执行一个线性映射来匹配维度：

$$y = \boldsymbol{F}(x, \boldsymbol{W}_i) + \boldsymbol{W}_\delta x \tag{3-13}$$

用来学习残差的网络层数应当大于1，否则退化为线性。用卷积层进行残差学习，以上的公式表示为了简化，都是基于全连接层的，实际上当然可以用于卷积层。加法随之变为对应 Channel 间的两个 Feature Map 逐元素相加。

为了探索更深的网络。考虑到时间花费，将原来的 Building Block（残差学习结构）改为瓶颈结构，首端和末端的 1×1 卷积用来削减和恢复维度，相比于原本结构，只有中间 3×3 成为瓶颈部分。这两种结构的时间复杂度相似。此时投影法映射带来的参数成为不可忽略的部分（以为输入维度的增大），所以需要使用零填充的同等映射，替换原本的残差学习结构，或者可以增加网络结构的参数，从而增加网络的深度，最终生成 ResNet-50、ResNet-101 和 ResNet-152。随着深度增加，因为解决了退化问题，性能不断提升。最后，在 Cifar-10 上尝试了 1202 层的网络，结果在训练误差上与一个较浅的 110 层相近，但是测试误差要比 110 层大 1.5%。被认为是采用了太深的网络，发生了过拟合。

4 地表覆盖分类基本原理与方法

在20世纪70年代，科研人员开始利用计算机进行卫星遥感图像的解译研究，其主要方法就是遥感图像目视解译，它依赖于图像解译人员的解译经验与水平。20世纪80年代，主要是利用统计模式识别方法进行遥感图像的计算机分类，这种方法的特点是根据图像中地物的光谱特征对影像中的地物进行分类。20世纪90年代以来，涌现出了大量的遥感图像分类方法，如人工智能分类法、遥感与GIS结合法、面向对象的分类等，这些分类方法在地表覆盖分类上都取得较好的效果。

地表覆盖分类的计算机分类，是自动分类、识别技术在地表覆盖分类领域中的具体应用。具体而言，就是利用计算机技术来模拟人类的识别功能，对地球表面及其环境在遥感图像上的信息进行属性的自动判别和分类，以达到提取所需地物信息的目的。与高分辨卫星影像目视解译的技术相比较，它们最终的目的是一样的，都是对影像进行分类，但是采用的手段不一样，目视解译是直接利用人类对自然的识别智能，而计算机分类技术是利用计算机技术来模拟人工对影像的分类。地表覆盖的分类主要识别的对象是高分辨率卫星影像以及各种变换之后的特征图像，识别、分类的目的是方便地物分类、国土资源调查、环境的监测、自然灾害监测。

目前，地表覆盖分类的自动识别与分类主要有统计模式、句法模式。统计模式需要从识别的对象中，提取一组反映模式属性的特征，并且将特征定义在一个特征的空间，进而利用决策的原理对特征空间进行划分，从而区分具有不同特征的模式，达到地表覆盖分类的目的。遥感图像模式的特征主要表现为光谱特征和纹理特征两类。基于光谱特征的统计分类方法是遥感应用中比较常用的方法；而基于纹理特征统计的方法主要作为一个辅助手段使用，目前还不能单纯通过这种方法来解决高分辨率卫星分类的问题。随着计算机的计算能力、计算速度快速地发展，句法模式识别出现了。句法模式识别也称结构方法或语言学方法，把被识别的样本按其结构组合成一定的语句，然后用句法模式识别法确定其属于哪一个类别。句法模式识别在地表覆盖分类中得到了广泛的应用，特别适用于通过卷积神经网络对地表覆盖的地物进行快速分类。

总的来说，地表覆盖分类处理的方式主要包含两个阶段：利用人工目视的方法进行手动判别的阶段和利用计算机进行自动识别处理的阶段。第一阶段是人工目视手动判别阶段，主要是专业人士利用自己掌握的技术与知识，对多种非遥感数据的资源信息进行综合理解与分析，进而对遥感影像的具体信息进行判断与解译。因为受人为因素的影响较大，这种方法的效率和灵活性都比较差，通用性也不高；第二阶段是计算机自动识别处理阶段，主要是利用计算机对影像信息的不同特征进行智能分类提取，并且综合利用多种不同的分类算法对地物信息进行分类，分类速度比人工手动的方法要快很多，且受到人为因素的影响较小，具有一定的普遍适用性。第二阶段主要包括统计模式、句法模式。基于统计模式地表覆盖分类方法主要有监督分类法与非监督分类法，两者的区别是在对影像进行分类前是否具有训练样本，因为每种分类算法的原理不同，所以最终的分类精度也有一些差别；基于句法模式的地表覆盖分类方法主要有人工神经网络分类、卷积神经网络两种智能分类算法，但随着目前发展趋势，地表覆盖分类大多数采用更加智能、便捷的分类方法，例如 FCN、SegNet、U-Net 等语义分割模型。地表覆盖分类方法具体概括为目视解译、计算机分类两大类，如图 4-1 所示。

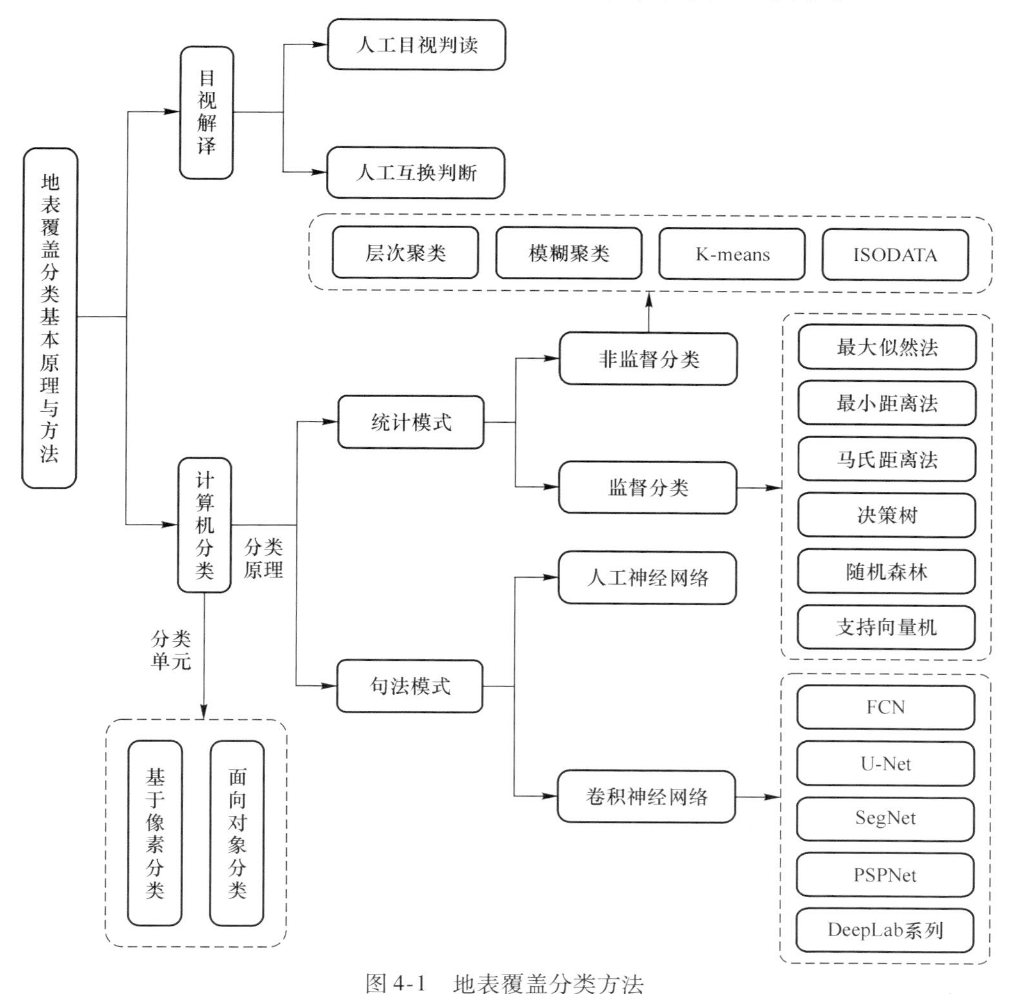

图 4-1　地表覆盖分类方法

4.1 目 视 解 译

目视解译（Visual Interpretation）是高分辨率卫星影像解译的一种，又称为目视判读或目视判译。它指专业人员通过直接观察或借助辅助读仪器在影像上获取特定目标地物信息的过程。目视解译是凭借人的眼睛或者借助光学仪器，依靠解译者的知识、经验和掌握的相关资料，通过大脑分析、推理、判断，提取地表覆盖上有用的信息，来获取土地利用/覆盖的分类。影像目视解译的方法主要有人工目视判读法和人机互换判断法两种。

4.1.1 人工目视判读法

地表覆盖的人工目视判读法——判读者通过直接观察或借助判读器（放大镜、立体镜、密度分割仪和色彩合成仪器等）研究地物在高分辨卫星影像上反映各种影像的特征（如形状、大小、色彩、阴影、图形结构等），并且通过地物间的相互关系推理分析，识别所需地物的过程。

地表覆盖人工目视判读方法是根据遥感影像目视判读标志和判断经验，识别目标地物的办法与技巧。常用的人工目视解译的主要有直接判读法、对比分析法、信息复合法、综合推理法和地理相关分析法。

（1）直接判读法。直接判读法是根据地表覆盖目视判读直接标志，直接确定目标地物的属性与范围的一种方法。例如影像中水体呈现灰色与黑色，根据色调可以从影像上直接判读出水体，又根据水体的形状可以判断出水体是河流或者湖泊。

（2）对比分析法。对比分析法又包括同类地物对比分析法、空间对比分析法、时相动态分析法。

1）同类地物对比分析法是在同一景高分辨卫星卫星影像上，由已知的地物推出未知的地物的方法；

2）空间对比分析法是根据判读的区域的特点，判断另一熟悉的高分辨卫星影像区域特征类似的影像，将两个影像互相对比分析，由已知的影像为依据判断未知影像的一种方法；

3）时相动态分析法是利用同一地区不同时间成像的遥感影像加以对比分析，了解同一目标地物动态变化的一种判读方法。

（3）信息复合法。信息复合法是利用透明专题图、透明地形图与遥感图像重合，根据专题图、地形图提供的多种辅助信息，识别地表覆盖上的目标地物的方法。

（4）综合推理法。综合推理法是综合考虑地表覆盖多种的判读特征，结合生活常识，分析、推断某种目标地物的方法。

（5）地理相关分析法。地理相关分析法根据地理环境中各种地理要素之间的相互依存，相互制约的关系，借助专业知识，分析专业知识，分析推断某种地理要素性质、类型、状况与分布的方法。

4.1.2 人机互换判断法

地表覆盖分类人机互换影像判断是以高分辨率卫星影像为基本信息源，在相应的软硬件工作环境下实现全数字方法的目视解译。该方法既不同于传统的遥感影像人工目视解译，又不同于计算机的自动分类。人机互换判断方法主要有屏幕目视判读、分区自动分类、辅助波段分类、动态变化判读、人机混合判断和多组分工判断。

（1）屏幕目视判断。屏幕的目视判断是在计算机环境内模拟或者复现传统的人工目视解译的方法，且可以在计算机下进行人工目视解译判读，判读的结果又可以在计算机中，这种方法往往比其他方法取得较好的分类结果。

（2）分区自动分类。由于遥感图像的地物光谱特征复杂，经常会出现同物异谱和异物同谱、山体阴影影像明显及不同区域、不同季节图像本身的特征差异较大等现象。因此，采用同一分类标准对图像进行分类会导致最终的分类精度不佳。采用图像的判读区、利用分类管理器等方法实现了遥感图像的分区自动分类。通过分类管理器定义不同的工作区，可以将各个分区的统计特征区分开来，为按不同分类标准进行分类提供了前提条件。在各分区内，同一地物的训练样本统计特征可以不同，但在同一区域内的图像上，属于同种地物的所有像元基本具有相同的统计特征，并且不同地物的特征空间互不相交。

（3）辅助波段分类。引入非遥感的数据作为辅助波段和遥感波段数据一起进行分类，如利用地物随高程或其他因素而分异的规律，作为遥感数据的补充，有助于综合分析，可以提高最终分类的精度。

（4）动态变化判读。动态变化判读方法是利用不同时相的遥感图像数据进行动态变化探测和对已有专题地图进行更新的一种局部图像判读方法，应用中所用到的方法可概括为：

1）以原有数字化的专题矢量数据为背景数据，将处理后的图像叠加；

2）利用不同时相的卫星影像，通过影像融合技术突出各类地物的特征信息，从中提取和分析变化信息，主要采用的方法有主成分分析法、影像相减法、变化矢量法、分类结果比较法等；

3）利用遥感、GIS 与 GPS 相结合的方法。

（5）人机混合判断。人机混合判断方法是判读者和计算机共同来完成整个遥感图像判读任务的一种混合判读方法。对主体地物进行监督分类，把它们从其他地物中提取出来，而对其他不适合自动分类的地物，仍用屏幕目视判读的方法完成。最后将两种判读方法得到的结果结合起来，就可以得到较理想的判读结果。

（6）多组分工判断。对于要求在较短时间内完成的大型遥感图像判读任务，人们所面临的是巨大的遥感数据量及其判读工作量。因此，往往需要有数十人乃至数百人参加，组成人海战术，同时还要占用大量软、硬件资源才能见效。在此种情况下，将为数众多的遥感图像保存在具有大容量存储空间的服务器上，使判读者可以通过网络方式与服务器连接，分别在各自的客户机上对服务器上分配给自己的遥感图像进行判读。

随着计算机技术的快速发展，地表覆盖分类的技术也越来越成熟。地表覆盖自动识别与分类的最终目的是让计算机识别感兴趣的区域，并将识别的结果输出、识别其分类的精度。地表覆盖分类主要分为统计模式和句法模式两大类。其中统计模式主要包括了监督分类与非监督分类，句法模式主要包括了人工神经网络、卷积神经网络分类算法。接下来介绍一下计算机在地表覆盖分类中常用的方法。

4.2　监督分类

监督分类，又称为训练分类法，用被确认类别的样本像元去识别其他未知类别像元的过程。它就是在分类之前通过目视判读和野外调查，对遥感图像上某些样区中影像地物的类别属性有了先验知识，对每一种类别选取一定数量的训练样本，计算机计算每种训练样区的统计或其他信息，同时用这些种子类别对判决函数进行训练，使其符合于对各种子类别分类的要求，随后用训练好的判决函数去对其他待分数据进行分类。使每个像元和训练样本做比较，按不同的规则将其划分到和其最相似的样本类，以此完成对整个图像的分类，监督分类流程如图 4-2 所示。

在进行监督分类之前，需要先选择训练样本再根据不同地物的训练样本，建立与其对应的判别函数，最后进行地物分类。对监督分类法来说影像分类最终结果的精度如何主要取决于选择的训练样本的质量。对于研究区域内训练样本的选择，必须充分考虑不同地物的光谱特征，并且训练样本在研究区域内的分布要均匀，这样才能对训练样本的精度有所保证。另外，在对训练样本进行选择的同时，对判别函数的建立，也要充分考虑选取的样本是否能够提供必要的信息，同时，选择的训练样本的个数也有一定的要求，即必须综合考虑所要使用的分类算法，各类典型地物的面积及地物的空间分布等。

为了能够尽量地去除偶然误差对分类结果带来的影响，每类地物所对应的样本点的选取，都要满足一定的数量要求。如果图像有 N 个波段，那么样本点的选

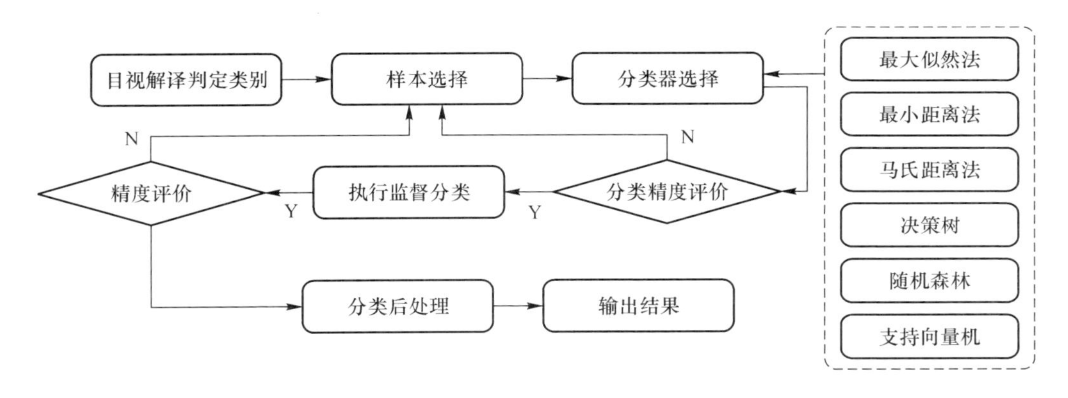

图 4-2 监督分类流程图

取一般都不能少于 10N 个。其次，训练样本的选取要均衡地分布在研究区域内，避免集中在局部进行选取，因为对于相同的地物，处于不同位置时，会受到周边环境的影响，其光谱特性往往会出现较大的差异，所以在研究区域内选择样本点时，要减少这种误差的影响。最后，在对训练样本进行选择时，应当尽量选择具有代表意义，即对于选中的训练样本来说，其所具有的统计特征量与该类别地物所具有的统计特征量能相匹配。

训练样本的选择常用的方法有野外实地调查确认、根据土地利用专题图确认以及通过遥感影像选取感兴趣区域。为了使选取的感兴趣区域能够达到理想的要求，可以在完成训练样本的选取后，对选取的训练样本进行精度评价，常用的方法有：直方图法、方差法及协方差法等。

监督分类算法是目前在研究与应用中广泛使用的算法，常用的算法主要包括最大似然分类（Maximum Likelihood Classification）、最小距离分类（Minimum Distance Classification）、决策树分类（Decision Tree）、随机森林算法（Random Forest）和支持向量机算法（SVM，Support Vector Machine）。下面详细介绍一下这些算法的基本原理。

4.2.1 最大似然分类

最大似然分类法是将卫星遥感多波段数据的分布当作多维正态分布，然后构造影像的判别函数。它分类的思想是：在各类的已知像元的数据在平面或空间中构成一定的点群，每类一维数据在数轴上形成一个正态分布，多维数据就构成一个多维正态分布，有了各类的多维分布模型，对于任何一个未知类别的数据向量，都可反过来求它属于各类的概率。最后通过比较概率的大小，对比哪一类的概率大，便将该数据向量或这个像元归类，具体可表示为以下表达式：

$$p(x/G_k)=\frac{1}{(2\pi)^{m/2}\left|S_k^{-1}\right|^{1/2}}\exp\left[\left(-\frac{1}{2}(X-\mu_k)\right)^{\mathrm{T}}S_k^{-1}(X-\mu_k)\right] \tag{4-1}$$

式中 m——波段数；

$p(x/G_k)$——第 k 类的 m 维正态分布密度函数，可以看出在第 k 类中 m 维随机变量 x 出现各种可能值的概率大小。像元的 m 维数据向量可表示为

$$\boldsymbol{X}=[x_1,x_2,x_3\cdots x_n]^{\mathrm{T}} \tag{4-2}$$

$\boldsymbol{\mu}_k$——第 k 类中每个波段的均值 $\mu_{kj}=\bar{x}_{kj}$所构成的均值向量：

$$\boldsymbol{\mu}_k=[\mu_{k1},\mu_{k2},\cdots,\mu_{km}]^{\mathrm{T}}=[\bar{X}_{k1},\bar{X}_{k2},\cdots,\bar{X}_{km}]^{\mathrm{T}} \tag{4-3}$$

$\boldsymbol{S}_k^{-1}$——矩阵 $\boldsymbol{S}_k$ 的逆矩阵。$|\boldsymbol{S}_k^{-1}|$是矩阵 $\boldsymbol{S}_k^{-1}$ 的行列式。$\boldsymbol{S}_k$ 是第 k 类 m 个波段值的协方差矩阵，如下式：

$$\boldsymbol{S}_k=\frac{1}{n_k-1}\boldsymbol{W}_k \tag{4-4}$$

式中 n_k——第 k 类的像元数；

$\boldsymbol{W}_k$——第 k 类的类内离差矩阵，如下式：

$$\boldsymbol{W}_k=\begin{bmatrix}\omega_{k_{11}} & \omega_{k_{12}} & \omega_{k_{13}} & \omega_{k_{14}} & \cdots & \omega_{k_{1m}}\\ \omega_{k_{21}} & \omega_{k_{22}} & \omega_{k_{23}} & \omega_{k_{24}} & \cdots & \omega_{k_{2m}}\\ \omega_{k_{31}} & \omega_{k_{32}} & \omega_{k_{33}} & \omega_{k_{34}} & \cdots & \omega_{k_{3m}}\\ \vdots & \vdots & \vdots & \vdots & \vdots & \vdots\\ \omega_{k_{m1}} & \omega_{k_{m2}} & \omega_{k_{m3}} & \omega_{k_{m4}} & \cdots & \omega_{k_{mm}}\end{bmatrix} \tag{4-5}$$

式中 $\omega_{k_{11}}$，$\omega_{k_{22}}$，$\omega_{k_{33}}$，…，$\omega_{k_{mm}}$——第 k 类的类内方差；

$\omega_{k_{12}}$，…，$\omega_{k_{1m}}$，$\omega_{k_{21}}$，…，$\omega_{k_{m1}}$——第 k 类的类内协方差。

有了 g 个概率密度函数，对任何一个已知的 m 维数据向量都可反过来计算它属于 g 个类中第 k 类的概率，根据概率公式，即贝叶斯公式：

$$p(G_k/x)=\frac{p(G_k)p(x/G_k)}{\boldsymbol{p}(\boldsymbol{x})} \tag{4-6}$$

式中 $p(G_k/x)$ ——任何一个 m 维数据向量在第 k 类的概率；

$p(x/G_k)$ ——第 k 类的 m 维正态分布密度函数；

$\boldsymbol{p}(\boldsymbol{x})$——在所考虑的全部数据中出现该数据向量 $\boldsymbol{x}$ 的概率；

$p(G_k)$——第 k 类在所考虑的全部数据中出现的概率，或第 k 类在 g 个类中出现的概率，称为先验概率，g 个类的先验概率的总和等于 1。

对于任何一个 m 维数据向量 $\boldsymbol{x}$，都可用式（4-3）分别计算它们属于各类的概率，然后比较所得各概率的大小，从而把该数据向量 $\boldsymbol{x}$（即该像元）判归概率值最大的那一类。

式（4-6）中 $\boldsymbol{p}(\boldsymbol{x})$ 只考虑全体影像数据而不考虑影像的类别，因而与类别

无关，所以判别归类时可以不考虑它，只需比较式中的分子 $p(G_k)p(x/G_k)$ 大小就可以了。简化后得

$$p(G_k/k)=p(G_k)p(x/G_k) \tag{4-7}$$

为了计算简便取对数：

$$\ln\hat{P}\left(\frac{G_k}{x}\right)=\ln P(G_k)+\ln P(x/G_k) \tag{4-8}$$

即

$$\ln\hat{P}\left(\frac{G_k}{x}\right)=\ln P(G_k)+\ln\frac{|\boldsymbol{S}_k^{-1}|^{\frac{1}{2}}}{(2\pi)^{\frac{m}{2}}}-\frac{1}{2}x'\boldsymbol{S}_k^{-1}x+x'\boldsymbol{S}_k^{-1}\mu_k-\frac{1}{2}\mu_k'\boldsymbol{S}_k^{-1}\mu_k \tag{4-9}$$

假定所有各类的协方差矩阵都相等，即 $\boldsymbol{S}_1=\boldsymbol{S}_1=\cdots=\boldsymbol{S}_k$，则可用所有各类的协方差矩阵 $\boldsymbol{S}$ 来代替各个 $\boldsymbol{S}_k$：

$$f_k=\ln P(G_k)+x\boldsymbol{S}^{\frac{1}{\mu_k}}-\frac{1}{2}\mu_k\boldsymbol{S}^{\frac{1}{\mu_k}} \tag{4-10}$$

从上式可以看出，随着 $p(G_k/k)$ 的逐渐增大，f_k 也会跟着逐渐增大。由于概率是建立在统计意义上的，当使用概率判决函数进行分类判别时，不可避免地出现错分现象。

4.2.2 最小距离法

最小距离分类是指求出未知类别向量到要识别各类别代表向量中心点的距离，将未知类别向量归属于距离最小一类的一种图像分类方法。它是分类器里面最基本的一种分类方法，通过求出未知类别向量 $\boldsymbol{X}$ 到事先已知的各类别（如 A、B、C 等）中心向量的距离 D，然后将待分类的向量 $\boldsymbol{X}$ 归结为这些距离中最小的那一类的分类方法。

距离判断函数不像概率判别函数那样注重集群分布的统计性质，而是偏重于几何位置。但它也可以从概率判别函数出发，判别函数的类型可以由非线性判别转化为线性。距离判别规则是按照最小距离判别的原则进行的。其判别的规则如下：在一个 n 维空间中，最小距离分类法首先计算每一个已知类别（用向量表示为 $<\boldsymbol{X}_{A1},\boldsymbol{X}_{A2},\cdots,\boldsymbol{X}_{An}>$）的各个维度的均值，形成一个均值 μ_A（用向量表示为 $<\mu_{A1},\mu_{A2},\cdots,\mu_{An}>$）。A 为类别的名称，$\boldsymbol{X}_A$ 是类别 A 的样本特征集合，$\boldsymbol{X}_{A1}$ 是类别 A 的第 1 维特征集合，μ_{A1} 是第 1 维特征集合的均值，n 为总的特征维数。同理，计算另一个类别，$\boldsymbol{X}_B$ 用向量表示为 $<\boldsymbol{X}_{B1},\boldsymbol{X}_{B2},\cdots,\boldsymbol{X}_{Bn}>$，形成一个均值 μ_B，用向量表示为 $<\mu_{B1},\mu_{B2},\cdots,\mu_{Bn}>$。那么对于一个待分类的样本特征向量 $\boldsymbol{x}$（用向量表示为 $<\boldsymbol{x}_1,\boldsymbol{x}_2,\cdots,\boldsymbol{x}_n>$），只需要分别计算 $\boldsymbol{X}_A$ 到 $\boldsymbol{X}_B$ 的距离 $d(x,\mu_A)$ 和 $d(x,\mu_B)$。

地表覆盖分类中最小距离分类法常用的方法有欧式距离法、马氏距离法和计程距离法。

（1）欧氏距离是最易于理解的一种距离计算方法，源自欧氏空间中两点间的距离公式，假设有两个点 $x=(x_1,x_2,\cdots,x_n)$ 与 $y=(y_1,y_2,\cdots,y_n)$，那么 x、y 两点的距离公式可以表示为以下公式：

$$d(x,y)=\sqrt{(x_1-y_1)^2+(x_2-y_2)^2+\cdots+(x_n-y_n)^2} \tag{4-11}$$

二维平面上两点 $x(x_1,y_1)$ 与 $y(x_2,y_2)$ 间的欧式距离：

$$d(x,y)=\sqrt{(x_1-x_2)^2+(y_1-y_2)^2} \tag{4-12}$$

三维平面上两点 $x(x_1,y_1,z_1)$ 与 $y(x_2,y_2,z_2)$ 间的欧式距离：

$$d(x,y)=\sqrt{(x_1-x_2)^2+(y_1-y_2)^2+(z_1-z_2)^2} \tag{4-13}$$

两个 n 维向量 $\boldsymbol{a}(\boldsymbol{x}_{11},\boldsymbol{x}_{12},\cdots,\boldsymbol{x}_{1n})$ 与 $\boldsymbol{b}(\boldsymbol{x}_{21},\boldsymbol{x}_{22},\cdots,\boldsymbol{x}_{2n})$ 间的欧式距离：

$$d(x,y)=\sqrt{\sum_{k=1}^{n}(x_1-x_2)^2} \tag{4-14}$$

（2）马氏距离法是由马哈拉诺比斯提出的，表示数据的协方差距离。它是一种有效的计算两个未知样本集的相似度的方法，它考虑到各种特性之间的联系。对于一个均值 $\boldsymbol{\mu}=(\mu_1,\mu_2,\cdots,\mu_n)^{\mathrm{T}}$，协方差矩阵为 $\boldsymbol{S}$ 的多变量 $x=(x_1,x_2,\cdots,x_n)^{\mathrm{T}}$。

（3）计程距离法。计程距离判别函数是欧式距离的进一步的简化，主要的目的是为了避免开方的计算，从而用 X 到集群中心 M_i 在多维空间中距离的绝对值之总和表示，即：

$$d(x,y)=\sum_{j=1}^{m}|X-M_{ij}| \tag{4-15}$$

由于计程距离法计算简单的特点，在分类实践中得以经常使用。

欧式距离、马氏距离及经过等效变换后空间中的欧式距离可以直观形象地用图4-3表示，图4-3（c）中1点到2点的距离及1点到3点的距离，如果不考虑数据的分布，就直接计算欧式距离，那就是到3点的距离更近，但是实际的应用中还需要考虑数据的分布情况，如数据呈椭圆形分布，3点在椭圆形外部，1、2两点在椭圆的内部，因此，2点的实际距离更加接近1点，马氏距离除以协方差矩阵，实际上图4-3（b）变成了图4-3（d）。

4.2.3 决策树分类算法

决策树分类算法是在已知各种情况发生概率的基础上，通过构建决策树来求取净现值的期望值大于等于零的概率，并用其评价项目风险，判断其可行性的决策分析方法，是直观运用概率分析的一种图解法。由于这种决策分支画成的图形很像一棵树的枝干，故称决策树。在机器学习中，决策树是一个预测模型，它代

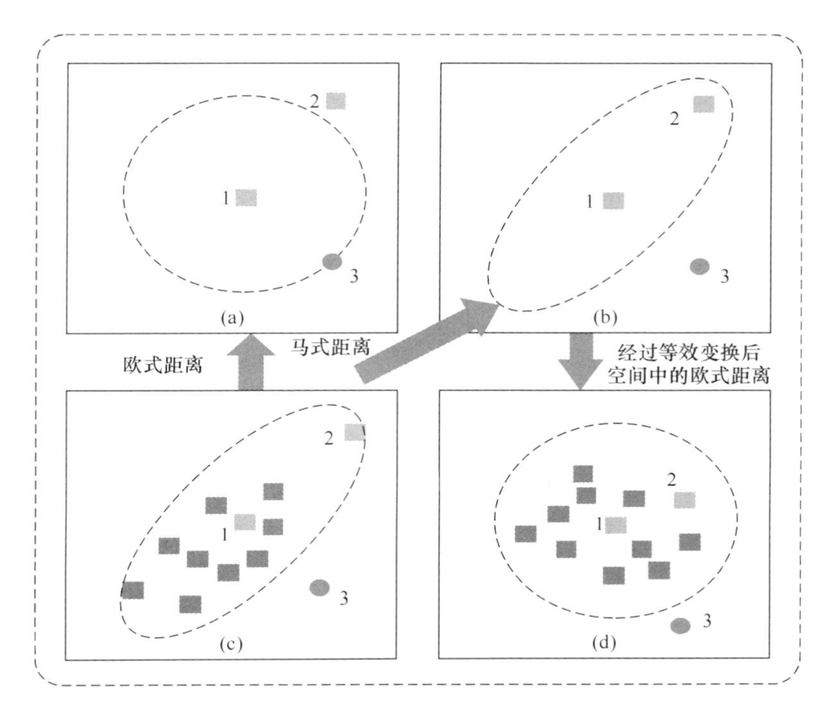

图 4-3 欧式距离、马氏距离之间的关系

（a）经过欧式距离变换；（b）经过马氏距离变换；

（c）原始数据；（d）经过等效变换后空间中的欧式距离变换

表的是对象属性与对象值之间的一种映射关系。决策树是一种树形结构，其中每个内部节点表示一个属性上的测试，每个分支代表一个测试输出，每个叶节点代表一种类别。

决策树的结构如图 4-4 所示。其中方块代表决策节点，从决策节点中引出的分枝是方案分枝，每条分枝代表一个方案，分枝数就是可能的相当方案数，圆圈代表方案的节点，从方案节点中引出的概率分枝，每条概率分枝上标明了自然状态及其发生的概率。概率分枝数量反映了该方案面对的可能状态数。末端的三角形是结果节点，且带有各方案在相应状态下的结果值。

根据决策树的发展顺序可以将决策树分类算法分为分类树和回归树两大类。其中分类树算法包括 ID3 算法、C4.5 算法；回归树算法包括 CART 算法。

（1）ID3 算法以信息论为基础，以信息熵和信息增益度为衡量标准，从而实现对数据的归纳分类。信息增益度是两个信息量之间的差值，其中一个信息量是需确定 T 的一个元素的信息量，另一个信息量是在已得到的属性 X 的值后需确定的 T 一个元素的信息量。ID3 算法的本质是不停地选择当前未被选中的特征信

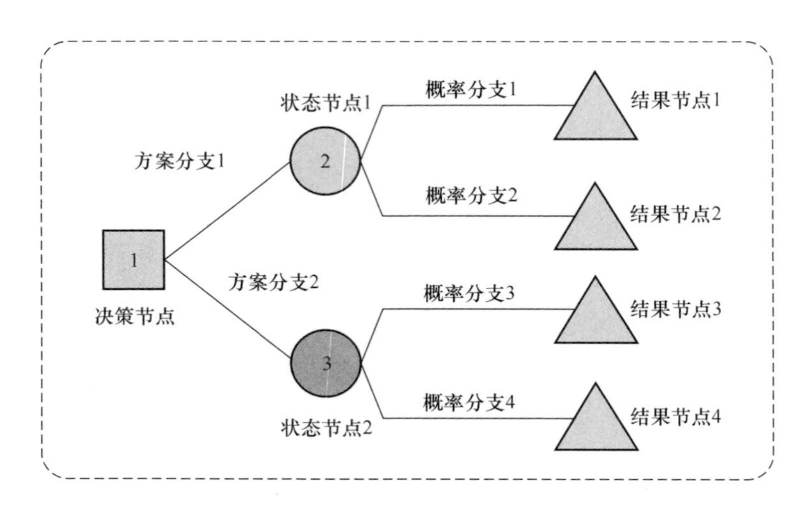

图 4-4　决策树结构图

息，最为重要的特征作为划分样本空间的依据，当信息增益达不到阈值或没有可用的样本时，决策树的递归过程就结束了。

（2）C4.5 算法是 ID3 算法的一个扩展，C4.5 的目标是通过学习，找到一个从属性值到类别的映射关系，并且这个映射能用于对新的类别未知的实体进行分类。C4.5 算法采用信息增益率作为选择分支属性的标准，克服了 ID3 算法中信息增益选择属性时偏向选择取值多的属性的不足，并能够完成对连续属性离散化处理，还能够对不完整数据进行处理。C4.5 算法属于基于信息论的方法，它是以信息论为基础，以信息熵和信息增益度为衡量标准，从而实现对数据的归纳分类。

（3）CART 算法是在给定输入随机变量 X 条件下输出随机变量 Y 的条件概率分布的学习方法。CART 构建决策树用的是二叉树结构，在每个叶节点上预测的是概率分布，也就是在输入给定的条件下输出条件概率分布。决策树的生成是训练数据集生成决策树，生成的决策树要尽量大；决策树剪枝是用验证集对已生成的树进行剪枝并选择最优子树，这时用损失函数最小作为剪枝的标准。

4.2.4　随机森林分类算法

随机森林是使用多棵决策树进行训练与分类预测的算法。它分类的思想是随机选择若干特征向量构成若干决策树，当一个样本输入时每棵决策树均给出一个分类预测结果，最后随机森林对预测结果进行统计，按一定的算法决定整个随机森林的输出结果。从直观角度来解释，每棵决策树都是一个分类器，那么对于一个输入样本，N 棵树会有 N 个分类结果。而随机森林集成了所有的分类投票结果，将投票次数最多的类别指定为最终的输出，随机森林算法的过程如图 4-5 所示。

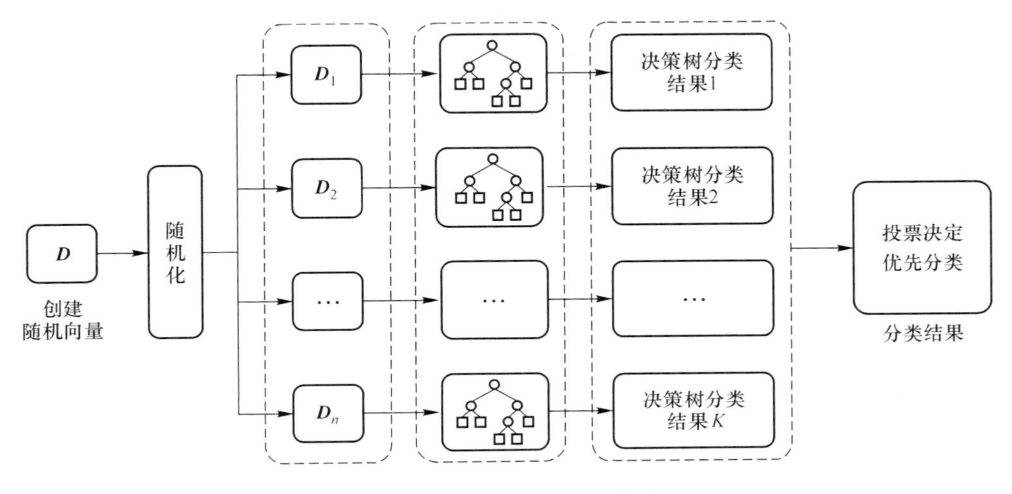

图 4-5　随机森林算法示意图

随机森林算法的生成主要分为 3 个步骤。

（1）从容量为 N 的原始训练样本数据中采取放回抽样的方法随机抽取自助样本集，重复 k（树的数目值为 k）次形成一个新的训练值 $\boldsymbol{N}$，生成一棵分类树。

（2）每个自助样本集生长为单棵分类树，自助样本集是单棵分类树的全部训练数据。假设有 $\boldsymbol{M}$ 个输入特征，则在树的每个节点处 $\boldsymbol{M}$ 个特征中随机挑选 $\boldsymbol{X}$ 个特征，按照节点不纯度最小的原则从 $\boldsymbol{X}$ 个特征中挑选出一个特征进行分支生长，然后再分别递归调用上述过程构造各个分支，直到这棵树能准确分类，训练集都被训练过，整个森林的生长过程中 $\boldsymbol{X}$ 将保持恒定。

（3）分类树为了达到低偏差和高差异要充分生长，使每一个节点的不纯度达到最小，不进行通常的剪枝操作。

随机森林是现在研究较多的一种数据挖掘算法，由于其良好的性能表现，在工作中也获得了广泛的应用。对于大部分的数据，它的分类效果比较好，能处理高维特征，不容易产生过拟合，模型训练速度比较快，对数据集的适应能力强，既能处理离散型数据，也能处理连续型数据，数据集无须规范化，特别是在地表覆盖分类领域有广泛的应用，在城市用地分类、植被分类中均取得了较好的研究成果。

4.2.5　支持向量机分类算法

支持向量机是一种常用的高效机器学习方法，其实质是用给定的训练样本，运用统计方法尽可能拟合目标函数并形成分类。它是通过寻求建立一个超平面，以该平面作为决策曲面将样本分割为两类，并且使这两类间的特征距离最大。SVM 是一种浅层学习与分类方法，输入信号经过相对有限的几层线性或者非线性处理完成学习与拟合。在当前阶段，SVM 用于遥感领域仍主要集中于多光谱及高光谱遥感影像的直接分类及信息提取。对于遥感影像，即使不同地物类别的光谱特征差异较小，SVM 算法依然可以通过样本完成分类，其特性非常适合地表覆盖分类任务。

支持向量机分类算法的基本思想是：定义一个最优线性平面，并把找最优线性超平面的算法归结为求解一个凸规划问题。通过非线性映射 φ，把样本空间映射到一个高维乃至于无穷维的特征空间，使在特征空间中可以应用线性学习机的方法解决样本空间中的高度非线性分类和回归等问题。简单地说，就是把特征进行升维和线性化，升维也会带来计算的复杂化。这里自然发生的两个问题是如何求得非线性映射 φ 和解决算法的复杂性。SVM 方法巧妙地解决了这两个难题：由于应用了核函数的展开定理，所以不需要非线性映射的显式表达式；由于在高维特征空间中应用线性学习机的方法，所以与线性模型相比几乎不增加计算的复杂性。另外，SVM 是一种有坚实理论基础的新颖的小样本学习方法。它基本上不涉及概率测度的定义及大数定律等，因此不同于现有的统计方法。从本质上看，它避开了从归纳到演绎的传统过程，实现了高效地从训练样本到预报样本的转导推理，简化了通常的分类和回归等问题。SVM 的最终决策函数只由少数的支持向量所确定，计算的复杂性取决于支持向量的数目，而不是样本空间的维数。

SVM 方法是对只占样本集少数的支持向量样本加权。当预测因子与预测对象有着复杂非线性关系时，基于关键样本的方法可能优于基于因子的加权。少数支持向量决定了最终结果，可以有效地剔除大量冗余样本，证明该方法简单有效，而且具有较好的鲁棒性。

支持向量机分类算法中用于的超平面形式的决策曲面方程定义为

$$\boldsymbol{w}^T x_i + b = 0 \tag{4-16}$$

在这里假设将采集到的样本数据表示为 (x_i, d_i)，其中 x_i 表示数据的样本集，d_i 表示数据的类别，那么有：

$$\begin{cases} \boldsymbol{w}^T x_i + b \geqslant 0, \ d_i = +1 \\ \boldsymbol{w}^T x_i + b < 0, \ d_i = -1 \end{cases} \tag{4-17}$$

图 4-6 中，把距离最近的点称为支持向量点，支持向量机的名字也因此而来，由图可以看出，支持向量点 x 到线距离 r 小于等于任意样本点 x_1 到线距离 $\frac{\boldsymbol{w}^T x_i + b}{\|\boldsymbol{w}\|}$，则有：

$$\begin{cases} w_r^T x_i + b_r \geqslant +1, \ d_i = +1 \\ w_r^T x_i + b_r < -1, \ d_i = -1 \end{cases} \tag{4-18}$$

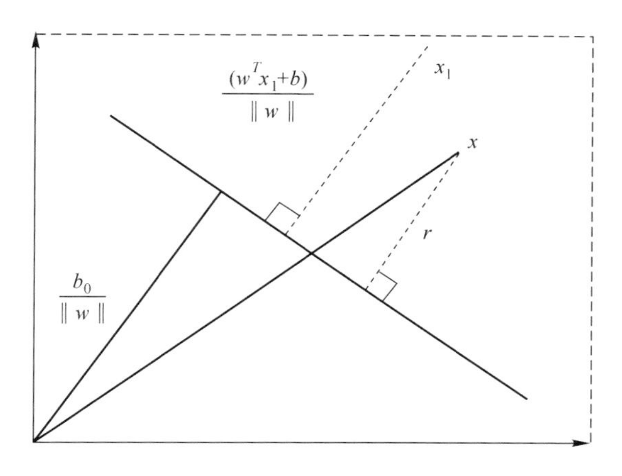

图 4-6 SVM 算法的原理结构图

从参考点到直线的距离中，可以发现几何间隔就是高维空间中点到超平面的距离，能真正反映点到超平面的距离。

综上所述，监督分类算法在分类前必须采集与制作大量的训练样本，并且训练样本的质量直接影响地表覆盖分类的精度。地表覆盖分类除了监督分类算法以外，还有另一种常用的分类算法——非监督分类，接下来详细介绍一下遥感分类中非监督分类算法。

4.3 非监督分类算法

非监督分类的前提是假定遥感影像上的同类物体在同样条件下具有相同的光谱信息特征，该方法不必对影像地物获取先验知识，仅依靠影像上不同类地物光谱信息（或纹理信息）进行特征提取，再统计特征的差别来达到分类的目的，最后对已分出的各个类别的实际属性进行确认。目前主要采用聚类分析方法，聚类是把一组像素按照相似性归成若干类别，其目的是使得属于同一类别的像素之间的距离尽可能地小，而不同类别上的像素间的距离尽可能地大。

监督分类和非监督分类的根本区别点在于是否利用训练场地来获取先验类别知识，监督分类根据训练场地提供的样本选择特征参数，建立判别函数，对待分类点进行分类。因此，训练场地的选择是监督分类的关键。由于训练场地要求有代表性，训练样本的选择要考虑到地物光谱特征，样本数目要能满足分类的要求，而有时这些还不易做到，故这是监督分类的不足之处。相比之下，非监督分类不需要更多的先验知识，它根据地物的光谱统计特性进行分类。因此，非监督分类方法简单，且分类具有一定的精度，非监督分类的流程如图 4-7 所示。

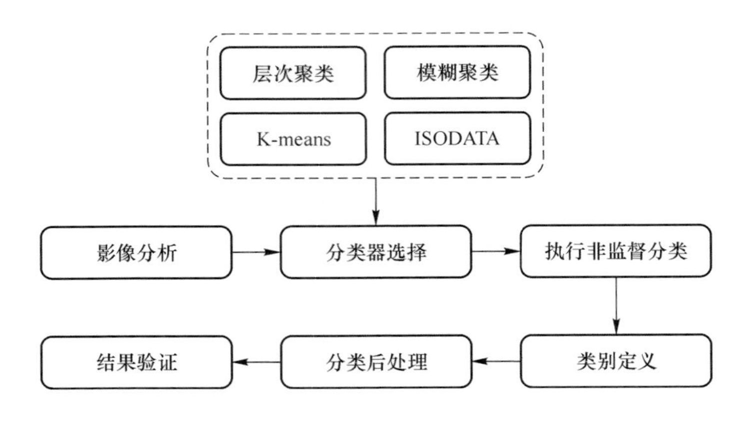

图 4-7　非监督分类流程图

在地表覆盖分类中非监督分类算法主要包括层次聚类(Hierarchical Clustering)、模糊聚类（FCM，Fuzzy C-means Algorithm)、K 均值聚类算法(K-means）和迭代自组织数据分析算法(ISODATA)等。下面详细介绍一下这些算法的基本原理。

4.3.1　层次聚类

层次聚类是聚类算法的一种，通过计算不同类别数据点间的相似度来创建一棵有层次的嵌套树。在聚类树中，不同类别的原始数据是树的最低层，树的顶层是一个聚类的的根节点。创建聚类树有自下而上凝聚法和自上而下的分裂法。层次聚类算法尽管简单，但经常会遇到合并或分裂点选择的困难。这样的决定是非常关键的，因为一旦一组对象被合并或者分裂，下一步的处理将在新生成的簇上进行。已做的处理不能被撤销，聚类之间也不能交换对象。如果在某一步没有很好地选择合并或分裂的决定，可能会导致低质量的聚类结果。而且，这种聚类法不具有很好的可扩展性，不适合处理大的数据集，因为合并或分裂的决定需要检查和估算大量的对象或簇。下面介绍凝聚法和分裂法。

4.3.1.1　凝聚法

凝聚法的层级聚类是一种自下而上的策略。它从每一个对象形成自己簇开始，并且随着迭代的进行把每一个簇合并成越来越大的簇，直到所有的对象都在一个簇中，或者满足某个终止条件。单个簇成为层次结构的根在合并步骤，它找出两个最接近的簇，并且把它们合并起来，形成一个新的簇。因为每次的迭代合并成两个簇，其中每个簇至少包括一个对象，因此凝聚方法最多需要进行 n 次迭代，凝聚的层次聚类算法过程如图 4-8 所示。

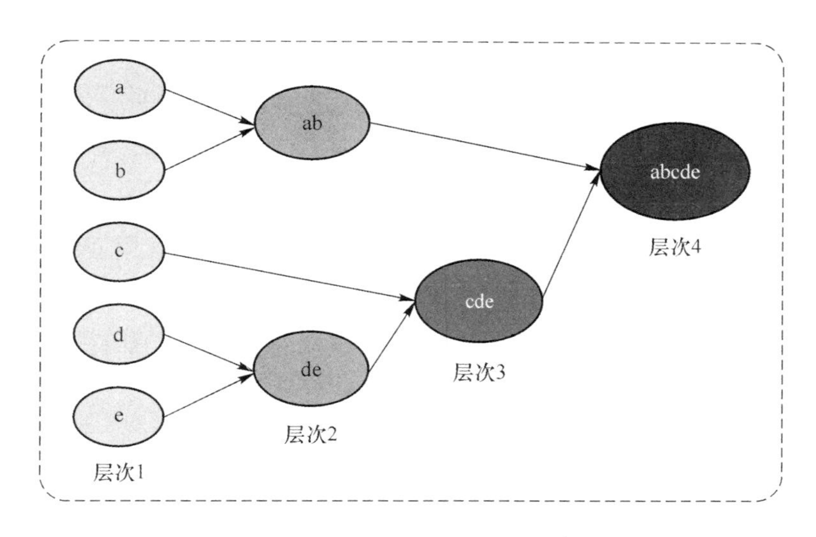

图 4-8 凝聚层次聚类算法过程

4.3.1.2 分裂法

分裂层次法与凝聚的层次法相反，采用的是自上而下的策略。它把所有的对象置于一个簇中开始，这里的簇是层次结构的根。然后，它把根上的簇划分为多个较小的簇，并且递归这些簇，划分成更小的簇，在划分的过程中，直到最底层簇都充分凝聚或者包含一个对象，或者簇内的对象都充分相似，分裂的层次聚类法过程如图 4-9 所示。

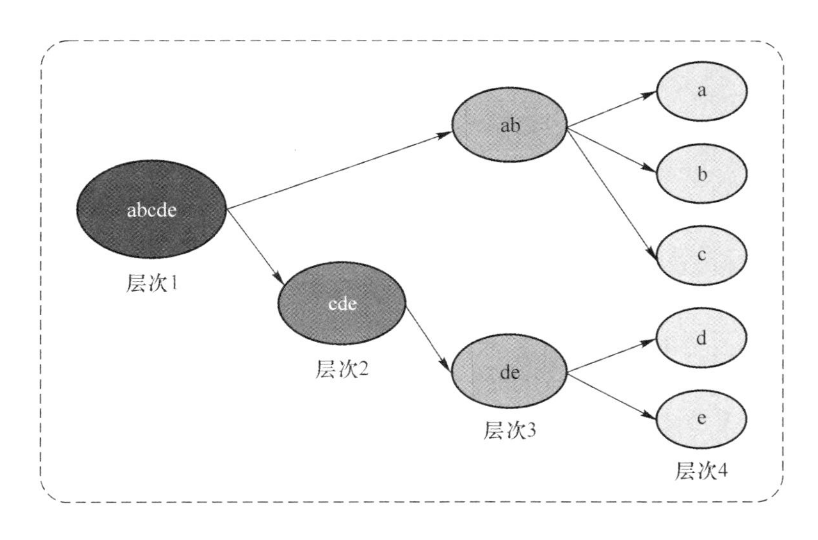

图 4-9 分裂层次聚类算法过程

4.3.2　模糊聚类

模糊聚类算法主要思想是：基于事物的表现有时不是绝对的，而是存在着一个不确定的模糊因素，并以“软划分”的方式实现特征聚类。由于遥感数据的不确定性的存在及遥感图像分类中存在的模糊性，往往“硬”分类的结果并不能使人信服，因此，“软”分类更具合理之处并更有效地提高图像分类的精度。

模糊聚类算法是通过优化模糊目标函数 $J(U,V)$ 并求其最小值而得到每个样本对聚类中心的隶属度，从而决定样本点的归属来实现的。目标函数 $J(U,V)$ 是各个样本与其所有类均值的误差的平方和，可由式（4-19）表示：

$$J(U,V) = \sum_{k=1}^{n} \sum_{i=1}^{c} u_{ik}^{m} d_{ik}^{2} \tag{4-19}$$

式中　d_{ik}——某一像素点到一聚类中心的欧氏距离，$d_{ik}^2 = \|x_k - v_i\|^2 = (x_k - v_i)^T (x_k - v_i)$；

m——模糊参数；

X——数据集，$X = \{x_1, x_2, \cdots, x_n\}$，$x_k \in R^p$；

R^p——p 维空间；

μ——数据项数；

c——类别，隶属度矩阵为 $\boldsymbol{U} = [u_{ik}]_{c \times n}$。

4.3.3　K 均值聚类算法

K 均值聚类算法是一种传统的聚类算法，不需要任何训练样本，直接利用影像数据迭代聚类完成分类。K-means 聚类的准则是使每一聚类中多模式点到该类别的中心距离的平方和最小。一般先按某些原则选择一些代表点作为聚类的核心，然后把其余的待分点按某种方法分到各类中去，完成初始分类。初始分类完成后，重新计算各聚类中心，完成第一次迭代。然后修改聚类中心以便进行下一次迭代。这种修改有两种方案，即逐点修改和逐批修改。逐点修改聚类中心就是一个像元样本按照某种原则属于某一组类后，重新计算这个组类的均值，并且以新的均值作为聚类中心点进行下一次像元的聚类。逐批修改类中心就是在全部像元样本按某一组的类中心分类之后，再计算修改各类的均值，作为下一次分类的聚类中心点，算法流程如图 4-10 所示。

K-means 算法是非监督的聚类算法，它实现起来比较简单，聚类效果也不错，因此应用很广泛。它的思想非常简单，对于给定的样本集，按照样本之间的距离大小，将样本集划分为 k 个簇。让每一个簇内的点尽量紧密的连在一起，而让每一个簇间的距离尽量可能远一点。

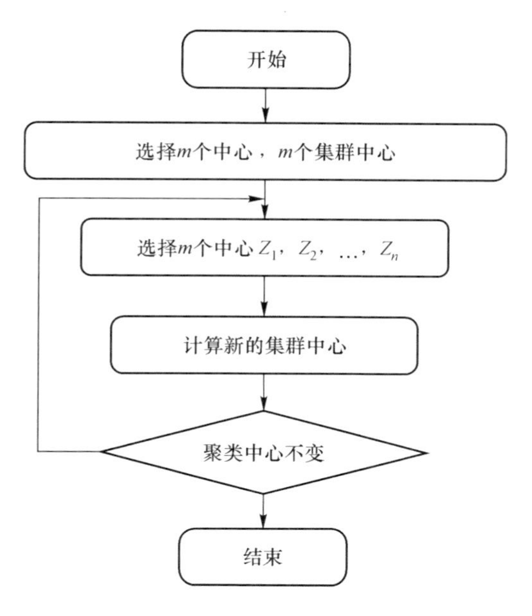

图 4-10 K-means 分类算法流程图

如果用数据表达式，则有簇划分为 $\boldsymbol{C}_1,\boldsymbol{C}_2,\boldsymbol{C}_3,\cdots,\boldsymbol{C}_k$，则目标最小化平方误差为 E，如式（4-20）所示：

$$E = \sum_{i=1}^{k} \sum_{x \in \boldsymbol{C}_i} \| x - \boldsymbol{u}_i \|_2^2 \tag{4-20}$$

式中 $\boldsymbol{u}_i$——簇 $\boldsymbol{C}_i$ 的均值向量，也可称为质心，它的表达式为

$$\boldsymbol{u}_i = \frac{1}{\boldsymbol{C}_i} \sum_{x \in \boldsymbol{C}_i} x \tag{4-21}$$

如果想直接求上式的最小值并不容易，这是一个非常困难的问题，因此只能采用启发式的迭代方法。K-means 采用的启发式方式很简单，用图 4-11 就可以形象地描述。

图 4-11（a）表达了初始的数据集，假设 $k=2$。在图 4-11（b）中，随机选择了两个 k 类所对应的类别质心，即图中的白色质心和黑色质心，然后分别求样本中所有的点到这两个质心的距离，并标记每个样本的类别为与该样本距离最小的质心的类别，如图 4-11（c）所示，经过计算样本和白色质心、黑色质心的距离，得到了所有样本点的第一轮迭代后的类别。此时对当前标记为白色和黑色的点分别求其新的质心，如图 4-11（d）所示，新的白色质心和黑色质心的位置已经发生了变动。图 4-11（e）和图 4-11（f）重复了在图 4-11（c）和图 4-11（d）的过程，即将所有的点类别标记为距离最近的质心的类别并求新的质心，

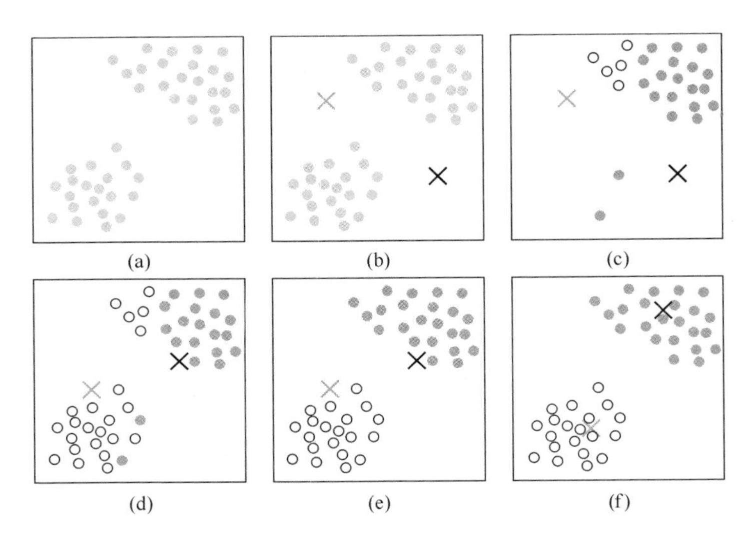

图 4-11　K-means 启发方式图

最终得到的两个类别如图 4-11（f）所示。在实际 K-mean 算法中，一般会多次运行图 4-11（c）和图 4-11（d），才能达到最终的比较优的类别。

当然 K-means 算法有大量的变体，上面仅仅对最传统的 K-means 算法做了讲解，K-means 的优化变体方法包括初始化优化 K-means ++ 、距离计算优化 elkan K-means 算法及大数据情况下的优化 Mini Batch K-means 算法。

4.3.4　ISODATA 分类算法

迭代自组织数据分析算法（ISODATA，Iterative Self Organizing Data Analysis Techniques Algorithm），是目前应用较为广泛的非监督学习聚类算法，该算法在 K-means 算法基础上引入了“合并和分裂”的操作机制。每一次迭代，算法将标准差与控制分裂的参数做比较，决定是否进行分裂操作，将距离的大小与控制合并的参数做比较，决定是否进行合并操作，不断进行迭代自组织，直到所有参数满足要求，并且类内平方距离和最小可以使聚类结果更加接近实际的情况。ISODATA 算法是个循环过程，算法流程如图 4-12 所示。

由图 4-12 可以看出，ISODATA 算法的基本思路如下。

（1）选择某些初始值。可选不同的参数指标，也可在迭代过程中进行修改，将 N 个模式样本按指标分配到各个聚类中心中去。

（2）计算各类中诸样本的距离指标函数。

（3）按给定的要求，将前一次获得的聚类集进行分裂和合并处理，从而获得新的聚类中心。

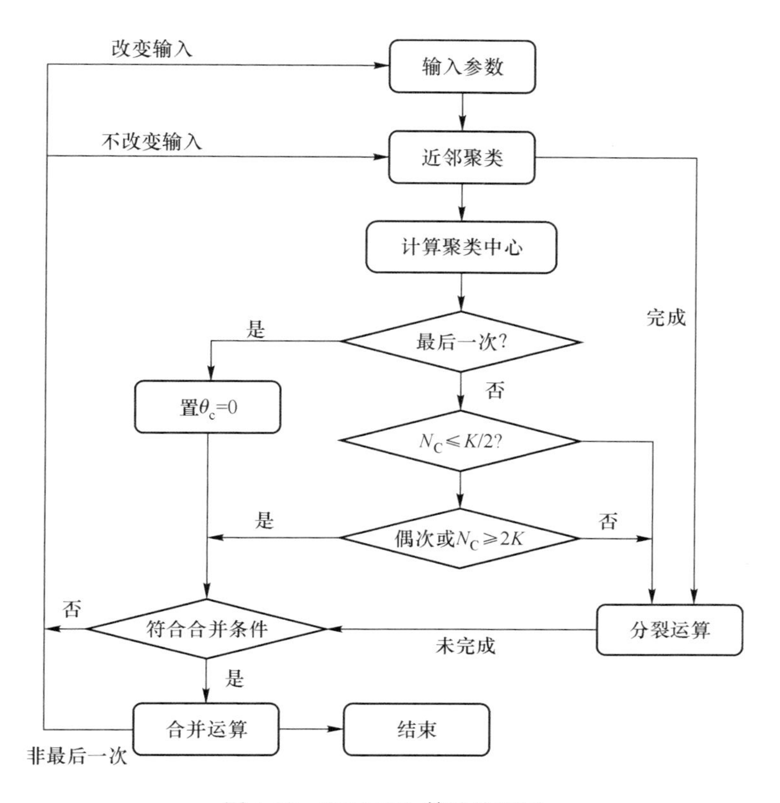

图 4-12 ISODATA 算法流程图

（4）重新进行迭代运算，计算各项指标，判断聚类结果是否符合要求。经过多次迭代后，若分类的结果收敛，则运算结束。

通过以上 ISODATA 算法基本思路的分析，可以将 ISODATA 算法的步骤分为 14 步，首先给出下列控制参数：k 表示最终期望获得的类别数目；θ_N 表示在一个类中期望样本能够具有的最小数量；θ_s 是一个参数，表示类的分散程度；θ_c 也是一个参数，表示类间距；L 代表每次同意进行合并操作的类，对其进行对数变换；I 为允许迭代的次数。具体内容如下。

第 1 步：对 N_c 个类的初始中心 $\{Z_i, i=1,2,3,\cdots,N_c\}$ 进行选取。

第 2 步：把全部样本 X 按照下面的方法分到 N_c 个类的某一类中去，即对 $i \neq j, i=1,2,3,\cdots,N_c$ 来说，若 $\|X-Z_j\| < \|X-Z_i\|$，则 $X \in S_j$，并且 S_j 是以 Z_j 为中心的类。

第 3 步：当 S_j 类中的样本数 $N_j < \theta_N$，那么去除 S_j 类，$N_c = N_c - 1$，回到第 3 步。

第 4 步：按下列式子进行重新计算各类中心。

$$Z_j = \frac{1}{N_j}\sum_{X \in S_j} X,\ j = 1,2,3,\cdots,N_c \tag{4-22}$$

第5步：计算 S_j 类中的平均距离。

$$\overline{D_j} = \frac{1}{N_j}\|X - Z_j\|,\ j = 1,2,3,\cdots,N_c \tag{4-23}$$

第6步：令每一个样本都离开它们与之对应的聚类中心，并且计算它们的平均距离。

$$\overline{D_j} = \frac{1}{N}\sum_{j=1}^{N} N_i\overline{D_j} \tag{4-24}$$

式中　N——样本总数。

第7步：当迭代次数大于1时，则跳到第11步，否则跳到第8步。对各类之间的最短距离进行检测，作为能否合并的标准，判断依据为：(1) 若 $N_c \leqslant \frac{K}{2}$，则跳到第8步，对每类中各分量的标准差进行检查；(2) 若迭代的总次数为偶数次，或 $N_c > \frac{K}{2}$，则跳到第11步，再一次对各类之间的最短距离进行检查，推断其能否做合并操作。

第8步：计算每类中各分量的标准差 δ_{ij}。

$$\delta_{ij} = \sqrt{\frac{1}{N}\sum_{X \in S_j}(X_{ik} - Z_{ij})^2} \tag{4-25}$$

式中　i——样本 X 的维数，$i = 1,2,3,\cdots,n$；

j——类别数，$j = 1,2,\cdots,N_c$；

k——S_j 类中的样本数，$k = 1,2,\cdots,N_j$；

X_k——第 k 个样本的第 i 个分量；

Z_{ij}——第 j 个聚类中心 Z_{ij} 的第 i 个分量。

第9步：对每个聚类 S_j，找出标准差最大的分量。

$$\delta_{jmax} = max(\delta_{1j},\delta_{2j},\cdots,\delta_{nj}),\ j = 1,2,3,\cdots,N_c \tag{4-26}$$

第10步：条件1或者条件2只要有一个能够成立，就对 S_j 进行分裂操作，最后变成两个聚类。重新分裂而成的两个类相对应的中心分别为 Z_j^+ 和 Z_j^-，使 $N_c = N_c + 1$，最后跳到第3步，对样本进行重新分配。其中：条件1为 $\delta_{jmax} > \theta_s$，$\overline{D_j} > \overline{D}$ 且 $N_j > 2(\theta_N + 1)$；条件2为 $\delta_{jmax} > \theta_s$。

$$\begin{cases} Z_j^+ = Z_j + \gamma_j \\ Z_j^- = Z_j - \gamma_j \end{cases} \tag{4-27}$$

式中　γ_j——一个常数，$\gamma_j = k\delta_{jmax}$，且 $0 < k \leqslant 1$。

第11步：每一个聚类的中心之间都存在一定距离，对其进行计算。

$$D_{ij} = \|Z_i - Z_j\| \tag{4-28}$$

式中，$i=1, 2, 3, \cdots, N_c-1$；$j=i+1, \cdots, N_c$。

第12步：对 D_{ij} 和 θ_c 的值进行比较，把小于 θ_c 的 D_{ij} 排列成从小到大的顺序。

$$D_{i_1j_1} < D_{i_2j_2} < \cdots < D_{i_Lj_L} \tag{4-29}$$

第13步：依据 $l=1, 2, 3, \cdots, L$ 的排序，将与 $D_{i_1j_1}$ 相关的两个聚类中心 Z_{i_1} 和 Z_{i_2} 合并到一起，形成一个新的聚类中心 Z_l^*，并且能够使 $N_c=N_c-1$。

$$Z_l^* = \frac{1}{N_{i_1}N_{j_1}}(N_{i_1}Z_{i_1} + N_{i_{j1}}Z_{i_1}) \tag{4-30}$$

在对与 $D_{i_1j_1}$ 相关的 Z_{i_1} 和 Z_{i_2} 这两个聚类中心进行合并处理时，假设此中起码有一个聚类中心早已被合并过，那么跳过这一项，接着处理后面的合并操作。

第14步：如果迭代的总次数大于 I，或者在进行迭代处理过程中，其参数在限差范围以内有所变化，那么迭代过程结束，否则跳到第4步继续进行迭代操作。

ISODATA 算法与 K-means 算法有以下两点不同：

（1）它不是调整一个样本的类别便计算一次各样本的均值，而是在每次把所有样本的类别都调整完毕之后才重新计算一次各样本的均值，前者称为逐个样本修正法，后者称为成批样本修正法；

（2）ISODATA 算法不仅可以通过调整样本所属类别完成样本的聚类分析，而且可以自动地进行类别的“合并”和“分裂”，从而得到类数比较合理的聚类效果。

4.4 人工神经网络

人工神经网络系统（ANN，Artificial Neural Network）是由大量处理单元（神经元）相互连接的网络结构，是人脑的某种抽象、简化和模拟。ANN 的信息处理是由神经元之间的相互作用来实现的，知识和信息的存储表现为网络结构分布式的物理联系，网络的学习和决策过程决定于各神经元连接权值的动态变化过程。由于 ANN 神经元通常采用非线性的作用函数，其动态运行则构成了一个非线性动力学系统，具有不可预测性、不可逆性、多吸引子等特点，从而可模拟大规模自适应非线性复杂系统。

ANN 是以对信息的分布存储和并行处理为基础，具有自组织、自学习的功能，在许多方面更接近人对信息的处理方法，具有模拟人的形象思维的能力，反映了人脑功能的若干基本特性，是人脑的某种抽象、简化和模拟。

遥感影像主要通过像元亮度值的差异或其空间梯度变化来表示不同地物间的差异。像元间的亮度差异反映了地物的光谱信息的差异，而空间变化的差异则反映了地物的空间信息，这是遥感影像分类的物理依据。目前，人工神经网络主要应用于遥感影像的分类、专题信息提取等领域，根据遥感影像中地物间的光谱特征差异及空间梯度变化，遥感影像分类大致可以分为波谱域分类和空间域分类。

（1）波谱域分类。波谱域分类是指通过对遥感影像地物光谱信息的分析，将像元划分为不同的类别，所选用的特征反映地物的光谱信息。以前向网络为例，输入层的结点数目等于参与的空间数据波段数（若辅助数据参与，则相当于增加了影像的波段）；输出层等于欲分类的类别数。

（2）空间域分类。空间域分类是通过对空间信息的分析，提取影像中的结构信息，因此所选用的特征能反映空间结构信息，可以通过以像元为中心的窗口区域来表示，在前向网络结构中，输入层的结点数目等于窗口包含的像元个数，输出层等于分类的结构类别数。

4.5 卷积神经网络

随机计算机技术快速地发展，深度学习也得到了快速地发展，尤其是卷积神经网络。卷积神经网络主要由卷积层、池化层、激活层、批标准化层、丢弃层、全连接层和输出层等模块组成。其中卷积层通过一系列卷积运算来提取输入图像特征并生成特征图矩阵，然后使用池化层对特征图进行降维，使用批标准化层或丢弃层来防止网络模型过拟合，最后使用全连接层和输出层来输出分类或预测结果。CNN 最显著的特点是它的多层结构能够自动学习特征，并且可以学习到多个层次的特征，较浅的卷积层感知域较小，学习到局部区域的特征信息；较深的卷积层具有较大的感知域，能够学习到更加抽象的特征信息。这些抽象的特征信息对物体的大小、位置和方向等灵敏度更低，从而有助于识别性能的提高。

卷积神经网络在地表覆盖分类中也出现了许多优秀的模型，例如 FCN 网络模型、U-Net 网络模型、SegNet 网络模型、PSPNet 网络模型、DeepLab 网络模型，下面对它们进行详细的介绍。

4.5.1 FCN 网络模型

全卷积神经网络（FCN，Fully Convolutional Network）采用卷积神经网络实现了从图像像素到像素类别的变换。与前面介绍的卷积神经网络有所不同，FCN 通过转置卷积层（矩阵的转置操作，通过矩阵乘法运算）将中间层特征的高和宽变换回输入图像的尺寸，从而使预测的结果与输入图像在空间维度上相对应，给定空间维的位置，通道维的输出即为该位置对应像素的类别预测，同时保留了原始输入图像中的空间信息，最后在上采样的特征图进行逐像素分类，对逐个像素计算 Softmax 分类的损失，相当于每一个像素对应一个训练样本，图 4-13 是用于语义分割所采用的全卷积神经结构图。

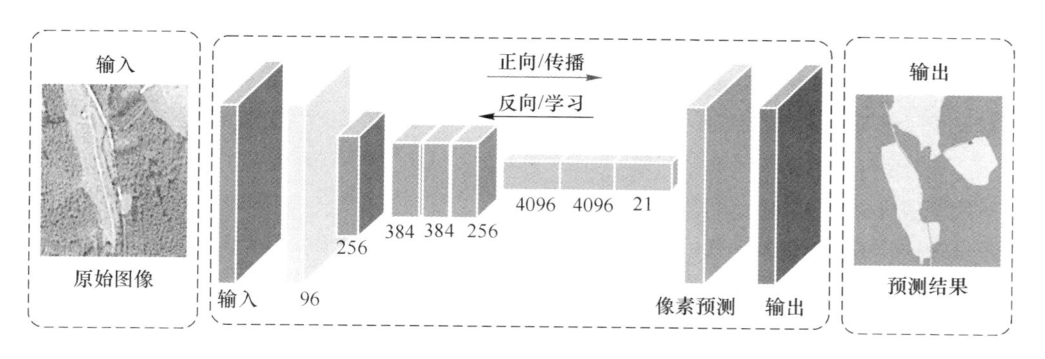

图 4-13 全卷积神经网络结构图

扫码看彩图

传统基于 CNN 的遥感图像的语义分割方法，为了对一个像素分类，使用了像素周围的一个图像块作为 CNN 的输入，并且进行训练和预测。这种方法训练图像语义分割模型具有明显的缺陷。

(1) 网络模型存储开销很大，例如对每个像素使用的图像块的大小为 15 × 15，然后开始不断滑动窗口，每次滑动的窗口给 CNN 进行判别分类，则存储空间根据滑动窗口的次数和大小都急剧增大。

(2) 网络模型计算效率低下，相邻的像素块重复出现，针对每个像素逐个计算卷积，计算方式很大程度是重复的，导致网络效率低下。

(3) 像素块大小限制了感知块的大小，通常像素块大小比整幅图像要小很多，只能提取出一些局部的特征，从而导致分类的性能受限制。

简单地说，FCN 与 CNN 的区域是把 CNN 的最后的全连接层转换成卷积层，输出的是一张带有颜色的 Label 图像。全卷积神经网络主要采用了编码层－解码层（Encoder-Decoder）结构，经过多次卷积和池化之后，得到的图像越来越小，分辨率越来越低，为了从这个分辨率低的粗略图像恢复到原图的分辨率，FCN 使用了上采样。例如，经过 5 次卷积和池化以后，图像的分辨率依次缩小了 2 倍、4 倍、8 倍、16 倍、32 倍。对于最后一层的输出图像，需要进行 32 倍的上采样，以得到原图一样的大小。这个上采样是通过反卷积实现，对第 5 层的输出反卷积到原图大小，得到的结果还是不够精确，一些细节无法恢复，于是 FCN 网络将第 4 层的输出和第 3 层的输出也依次反卷积，分别需要 16 倍和 8 倍上采样，结果的精度就大大提升了，这就是全卷积神经网络的具体运算过程。

4.5.2 U-Net 网络模型

U-Net 网络是基于于全卷积神经网络的一种变形，主要结构类似于英文字母 U，因而得名 U-Net，网络结构如图 4-14 所示。整个神经网络结构主要由搜索路径（Contracting Path）和扩展路径（Expanding Path）两部分组成。搜索路径主要是用来捕获图像中的上下文信息（Context Information），而相对称的扩展路径则是对分割出来的影像进行精确定位。U-Net 诞生的一个主要前提是，深度学习的结构需要大量的 Sample 和计算资源，U-Net 网络是基于 FCN 的改进，主要是修改了 VGG-16 网络得到的语义分割网络，并且利用数据增强对一些较少的数据进行训练，这样可以大大提升图像语义分割的精度。

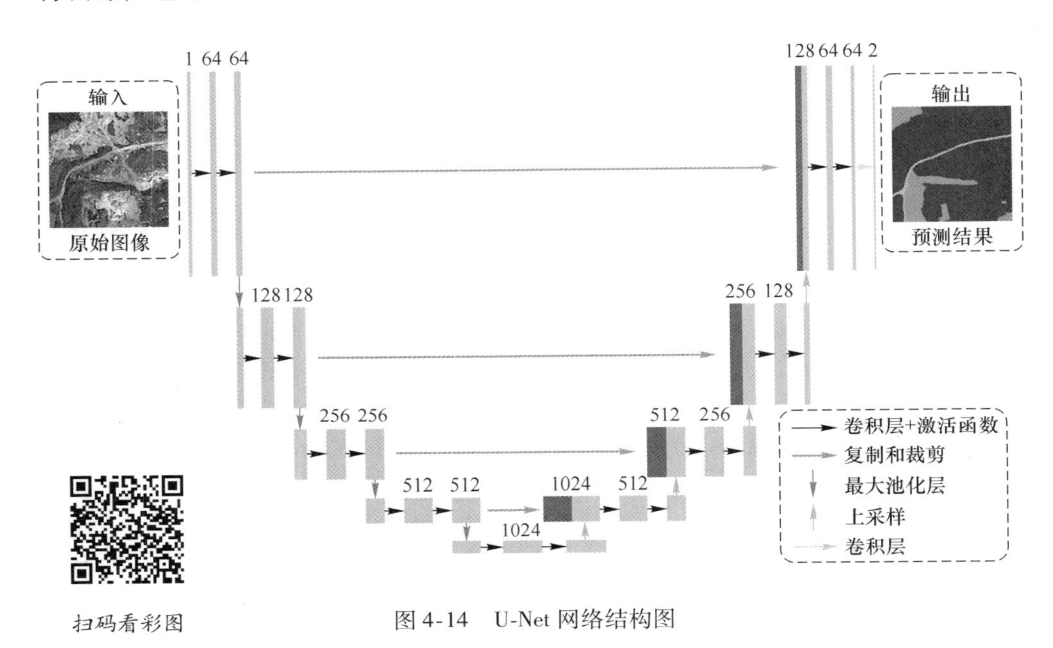

图 4-14　U-Net 网络结构图

U-Net 网络结构不是简单地进行编码层 - 解码层，收缩路径上提出来的局部像素特征会在上采样（Upsampling）过程中与新的特征图（Feature Map）进行结合，就是结合局部信息和全局信息，通过信息整合提高像素点类别的预测的准确性，以最大限度保留前面下采样（Downsampling）过程中一些重要的特征信息。为了提高网络结构能够更有效地运行，结构中没有全连接层，可以有效减少参数的数量，且 U 型网络结构可以有效地保留图像中的所有信息。

收缩路径上采用两个 3×3 卷积层、2×2 的最大池化层（步长为 2），并且每一个卷积层后面采用 Relu 激活函数对原始图像进行下采样操作。除此之外，每一次下采样操作都会增加一次通道数。其中，经过两次卷积之后是步长为 2 的 Max Pooling，输出的大小为$\frac{1}{2}(H, W)$，如图 4-15 所示，且经过 5 次这种操作，最后一次没有 Max Pooling，直接将得到的 Feature Map 送入扩展路径。

在扩展路径的上采样过程中，每一步都有一个 2×2 卷积层和两个 3×3 卷积层，激活函数同样采用 Relu，且每一步的上采样都会加入收缩路径对应的特征图，最后经过裁剪操作使影像保持相同形状的 Shape。其中上采样的计算过程常用的方式有两种：FCN 中的反卷积、插值，Bilinear 双线性插值是综合表现较好且应用较多的插值方式。在网络的最后一层是 1×1 卷积层，通过这一操作可以将 64 通道的特征向量转换为所需要的分类结果的数量。

这里值得注意的是，FCN 中深层和浅层信息融合是通过对应放入像素相加的方式，而 U-Net 网络是通过拼接的方式。在实际的应用中，Feature Map 的维度并没有发生变化，但是每个维度都包含了很多特征，对于普通的分类任务不需要从 Feature Map 复原到原始分辨率的任务来说，这是一种非常高效的选择。拼接的网络大大保留了更多图像的维度、位置信息，这可以有效地让后面的卷积层可以在浅层与深层特征进行选择，对图像的语义分割能够有效地提高精度。

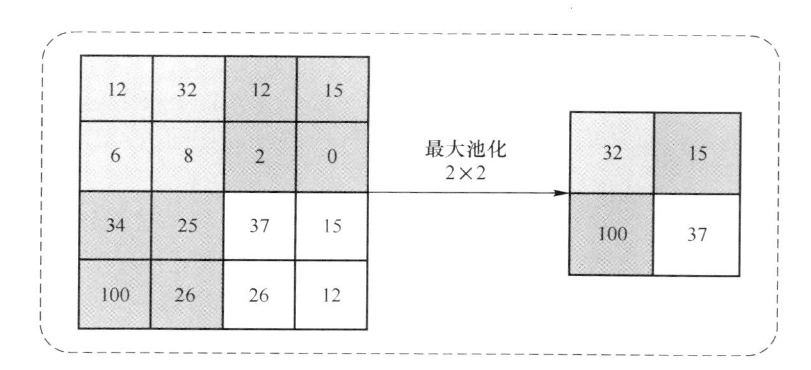

图 4-15 U-Net 的 Max Pooling 过程

扫码看彩图

总的来说，U-Net 网络是基于搜索路径和扩展路径组成，通过拼接的方式实现特征融合，结构简单明确且非常稳定，如果遥感数据集数不足的情况下，选择 U-Net 网络训练模型可以有效地提高影像的分割精度。

4.5.3 SegNet 网络模型

SegNet 网络和 FCN 网络的结构比较相像，都是将分类网络的一部分作为编码层，去掉全连接层，然后在后面增加解码器。它们之间最大的区别就是 SegNet 网络把 Softmax 分类器放在了网络模型的最后，对每一个像素输出一个类别的概率，且在池化操作的同时记录了最大池化的结果。在解码器上采样时，按照之前记录的像素值，去索引图像的像素，从而获得更好的图像精度分类，SegNet 网络的结构如图 4-16 所示。

在图 4-16 中，左边部分是卷积特征提取，通过 Pooling 增大感受野，同时减小图片的尺寸，这一过程称为 Encoder；右边部分由是反卷积与 Upsampling 组成，通过反卷积使得图像分类后的特征重现，Upsampling 还原到图像原始的尺寸，这

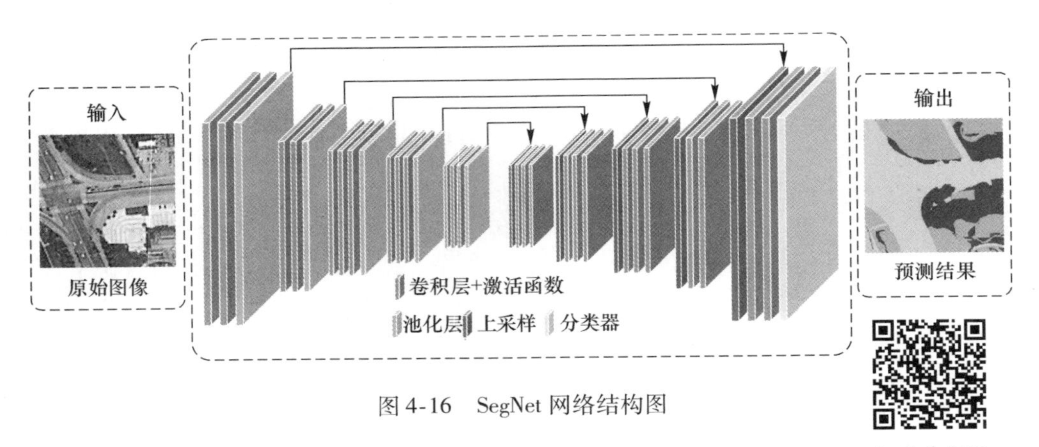

图 4-16　SegNet 网络结构图

扫码看彩图

一过程称为 Decoder，最后通过 Softmax 分类器进行像素的分类，输出不同分类的最大值，得到最终的分割图。下面对 SegNet 网络的解码层、编码层进一步分析。

4.5.3.1　Encoder

SegNet 网络在 Encoder 过程中，首先通过卷积提取特征，卷积层采用 Same 卷积，卷积后保持图像原始尺寸；不过不同的是卷积层增大了 Upsampling 的图像，而且丰富了图像的信息。在 Pooling 过程丢失的信息可以通过 Decoder 学习得到，SegNet 中的卷积与传统的 CNN 卷积并没有太大的区别，Max-Pooling 过程如图 4-17 所示。

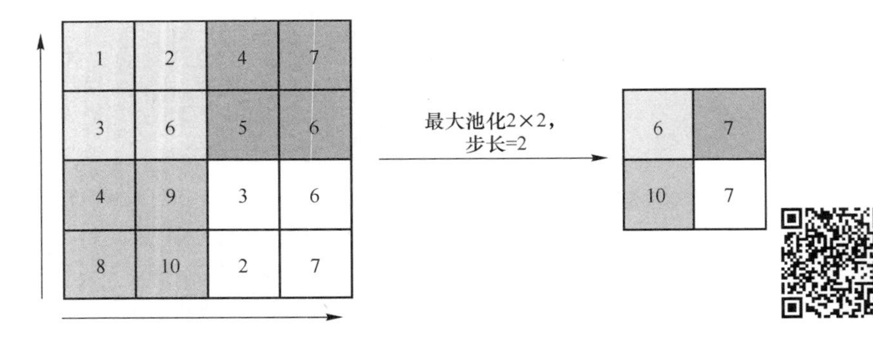

图 4-17　SegNet 的 Max Pooling 过程

扫码看彩图

4.5.3.2　Decoder

SegNet 网络在 Decoder 的过程中，Pooling 在卷积神经网络中使得图片的尺寸缩小为原来的一半，通常有最大池化操作和平均池化操作。经过卷积的池化操作得到的输入图像的 Feature Maps 后，使用记录下来的最大池化索引对其进行上采样操作，如图 4-18 所示。

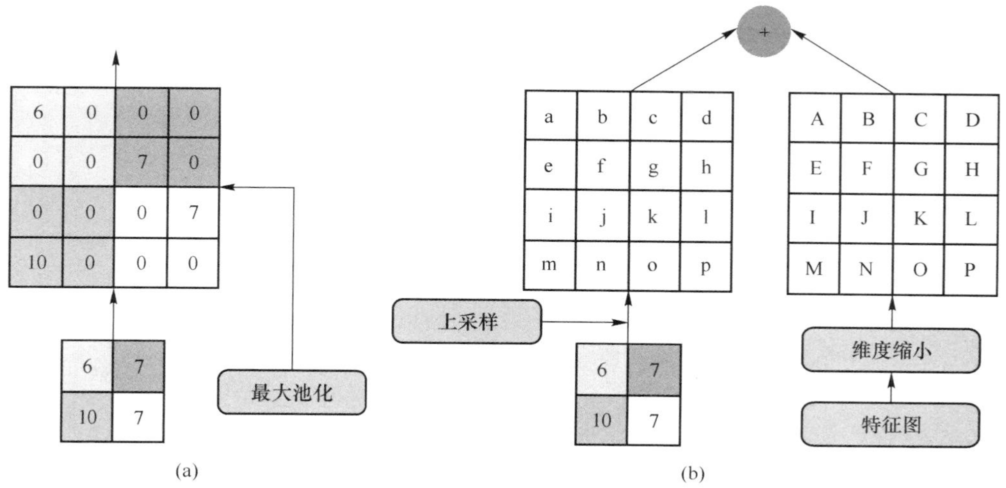

(a) (b)

图4-18 SegNet 网络上采样（a）和 FCN 网络上采样（b）

扫码看彩图

SegNet 网络以及 FCN 网络上采样过程的主要作用是产生稀疏的 Feature Maps，紧接着进行卷积操作产生密集的 Feature Maps。这里值得注意的是，Encoder 中第一层对应 Decoder 最后一层的卷积，与原图像 RGB 的 3 通道不一样，该层会产生一个通道为 K 的通道特征图，然后将其送入 Softmax 分类器中，做像素的分类处理。

4.5.4 PSPNet 网络模型

前面介绍的 FCN、Unet、SegNet 网络模型的分类精度并不理想，没有充分的上下文关系。且大多数先进的场景解析框架都是基于 FCN 网络模型设计的，但是 FCN 存在着几个关键的问题：上下文关系匹配对理解复杂场景非常重要，FCN 缺乏依据上下文推断的能力；许多标签之间存在关联，可以通过标签之间的关系弥补；模型可能忽略小目标，而大的目标可能超过 FCN 的范围，从而导致不连续的预测。为了提高不明显物体的分割效果，应注重小面积的物体。

针对上面的问题，具有层次全局优先级的 PSPNet 网络模型可以有效地解决这一问题，它包含了不同子域之间的不同尺度信息的模块。该模块融合了 4 种不同的金字塔尺度特征，第一行的融合表示的是最粗糙的特征，后面三行表示的是不同尺度的池化特征。为了保证全局特征的权重，如果金字塔共有 N 个级别，则在每个级别后使用 1×1 的卷积将对应级别通道降为原本的$\frac{1}{N}$。再通过双线性插值获得未池化前的大小，最后 CONCAT 到一起，PSPNet 网络结构如图 4-19 所示。

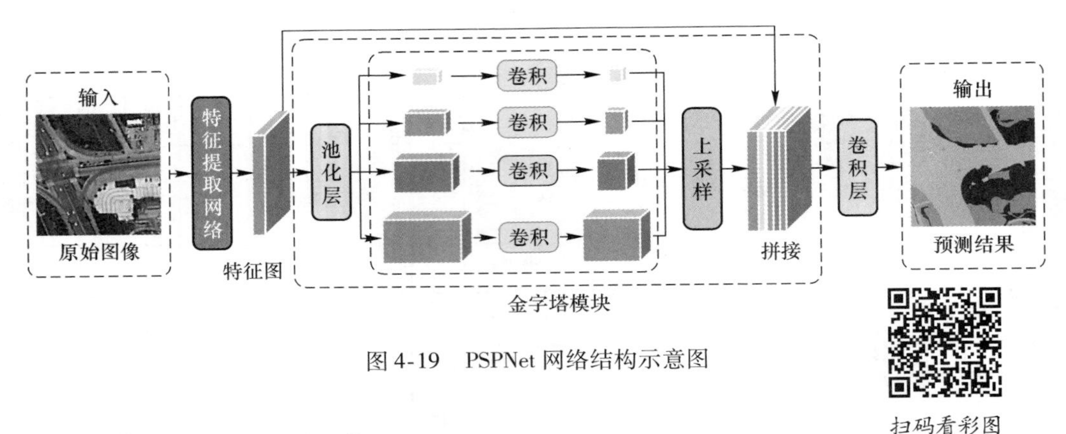

图 4-19 PSPNet 网络结构示意图

4.5.5 DeepLab 系列网络

DeepLab 系列网络的提出，使得遥感图像语义分割分类的精度得到了巨大的提升，它一共有 4 个版本，分别是 DeepLab V1、DeepLab V2、DeepLab V3、DeepLab V3+。其中 DeepLab V1 网络是结合了深度卷积神经网络（DCNNs）和概率图模型（DenseCRFs）两种方法；DeepLab V2 网络在 DeepLab V1 基础上进行了优化；DeepLab V3 网络采用了多种捕获多尺度信息的方式；DeepLab V3+ 网络引入可任意控制编码器提取特征的分辨率，通过空洞卷积平衡精度和耗时，下面分别对四个版本的 DeepLab 进行介绍。

4.5.5.1 DeepLab V1

DeepLab 主要结合了深度卷积神经网络和概率模型的方法，在实验中发现 DCNNS 做语义分割时精准度不够的问题，根本原因是 DCNNS 的高级特征的平移不变性，即高层次特征映射，根源于重复的池化和下采样。针对信号下采样或池化降低分辨率的问题，采用空洞卷积代替原来的标准卷积，可在保持计算量的同时增大感受野。而分类器获取以对象为中心的决策是需要空间变换的不变性，限制了 DCNNS 的定位精度。因此，DeepLab 采用了完全连接的条件随机场（CRF）提高模型获取特征细节的能力。除了空洞卷积和 CRF 之外，DeepLab V1 还采用了多尺度特征，即结合 U-Net 和 FPN 的思想，在输入图像和前四个最大池化层的输出上附加了两层的 MLP，第一层是 128 个 3×3 卷积，第二层是 128 个 1×1 卷积。最终输出的特征与主干网的最后一层特征图融合，特征图增加为 $5\times128=640$ 个通道。实验结果表明，多尺度有助于提升预测结果，但效果不如 CRF 明显。

4.5.5.2 DeepLab V2

DeepLab V2 是相对于 DeepLab V1 基础上的优化。虽然 DeepLab V1 在三个方向努力解决，但是问题依然存在：特征分辨率的降低、物体存在多尺度、DCNNS 的平移不变性。因为 DCNNS 连续池化和下采样造成分辨率降低，所以 DeepLab

V2 在最后几个最大池化层中去除了下采样，取而代之的是使用空洞卷积，以更高的采样密度计算特征映射。DeepLab V2 受到空间金字塔池（SPP，Spatial Pyramid Pooling）的启发，提出了一个类似的结构，在给定的输入上以不同采样率的空洞卷积并行采样，相当于以多个比例捕捉图像的上下文，称为（ASPP，Atrous Spatial Pyramid Pooling）模块。DCNNS 的分类不变性影响空间精度。DeepLab V2 是采样全连接的 CRF 增强模型捕捉细节的能力。

4.5.5.3 DeepLab V3

DeepLab V3 的创新点主要是改进了 ASPP 模块及提出了串联结构，捕获多尺度特征信息的方式主要包含了图像金字塔、编码－解码、金字塔卷积和空间金字塔池化四种方式，具体内容如图 4-20 所示。

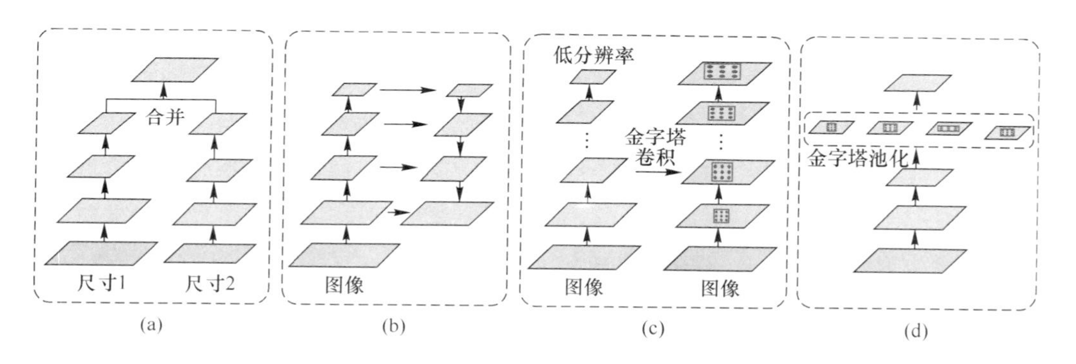

图 4-20 几种常见的捕获多尺度信息的方法

（a）图像金字塔；（b）编码－解码；（c）金字塔卷积；（d）空间金字塔池化

（1）图像金字塔。输入图像进行尺度变换得到不同分辨率 Input，然后将所有尺度的图像放入 CNN 中得到不同尺度的分割结果，最后将不同分辨率的分割结果融合得到原始分辨率的分割结果。

（2）编码－解码。利用 Encoder 阶段的多尺度特征，应用到 Decoder 阶段上恢复空间分辨率，代表网络有 FCN、SegNet、PSPNet 等网络模型。

（3）金字塔卷积。在原始模型的顶端增加额外的模块，例如 DenseCRF，捕捉像素间长距离信息。

（4）空间金字塔池化。空间金字塔池化具有不同采样率和多种视野的卷积核，能够以多尺度捕捉对象。

DeepLab V1、DeepLab V2 网络模型都是使用带孔卷积提取密集特征来进行语义分割，为了解决分割对象的多尺度问题，DeepLab V3 设计采用多比例的带孔卷积级联或并行来捕获多尺度背景，还修改之前提出的带孔空间金字塔池化模块，该模块用于探索多尺度卷积特征，将全局背景用于图像层次进行编码获得特征。接下来介绍一下 DeepLab V3+ 网络模型。

4.5.5.4 DeepLab V3+

DeepLab V3+继续在 DeepLab V3 模型的架构上改进，为了融合多尺度信息，引入语义分割常用的 Encoder-Decoder。在 Encoder-Decoder 架构中，引入可任意控制编码器用于提取特征的分辨率，通过空洞卷积平衡精度和耗时。在语义分割任务中采用 Xception 模型，在 ASPP 和解码模块使用 Depthwise Separable Convolution，提高编码器、解码器网络的运行速率和准确性，DeepLab V3+网络结构如图 4-21 所示。

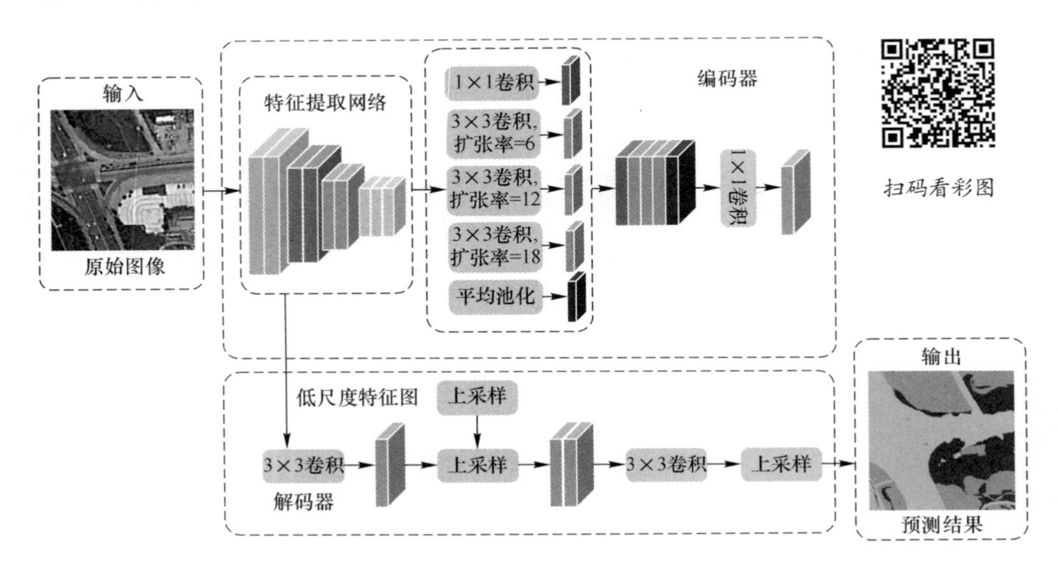

图 4-21 DeepLab V3+结构图

DeepLab V3 中的编码特征直接通过双线性采样从 1/16 上采样到原始分辨率，这是一种粗略的解码策略，对恢复精确的边缘细节没有帮助。于是，提出了简单且有效的解码模块。通过先上采样到 1/4 分辨率，之后 Concat 原始的 1/4 分辨率下的 Low-Level 特征，再上采样到原来的分辨率，这很好地保留了目标的边缘细节信息，且将 Xception 模块扩展得更深。Max Pooling 用深度可分离卷积代替，这样可以有效利用空洞可分离卷积在任意分辨率提取图像特征，使得网络分割的准确率更高。

地表覆盖分类的原理与方法从最传统的目视解译方法发展到全智能、自动化分类的语义分割方法。证明地表覆盖分类的技术越来越成熟，但在自动化分类技术中，图像语义分割模型分类的效果并不是很理想，模型参数量大、模型训练时间长，且计算机的计算能力需要很高的水平。因此，如何搭建有效的语义分割模型成为地表覆盖分类中一个关键性的问题。

5 地表覆盖分类语义分割方法

地表覆盖分类卷积神经网络通过训练算法不断地自动更新卷积层的卷积核权值，使不同的卷积核组合可以提取到遥感影像中的地表覆盖特征，最终实现地表覆盖特征的提取与分类。地表覆盖分类卷积神经网络的训练算法是基于反向传播算法，分为前向传播与误差反向传播两个部分。下面介绍地表覆盖分类语义分割的方法。

5.1 卷　积　层

卷积神经网络的输入层用于将图像按波段或通过其他预处理方式获取的特征转化为多维张量。转换后的张量传输到后端网络进行进一步的特征提取。具体流程如图 5-1 所示。

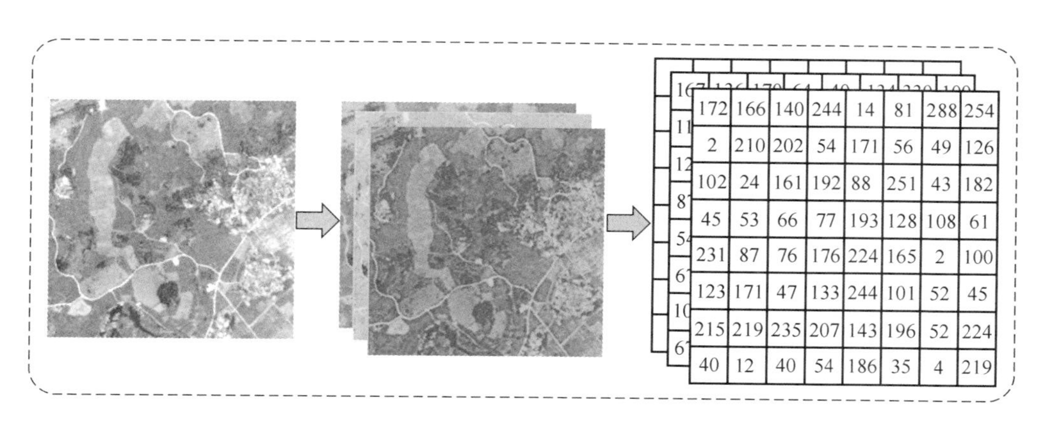

图 5-1　影像数据转换流程

卷积层的主要作用是计算影像张量并提取特征图。卷积核是卷积层的计算单元，卷积层的输入为上一层特征图。卷积核作为特征提取器，首先对输入的特征图进行卷积运算，然后通过激活函数向下一层输出特征图。在卷积过程中，使用张量来存储特征图数据。定义 $\boldsymbol{M}$ 为第 l 层的特征图张量，$\boldsymbol{W}$ 为 l 层卷积核的权重，b 为 l 层的偏置量。卷积公式为

$$\boldsymbol{M}^l = f(\boldsymbol{M}^{l-1} \times \boldsymbol{W}^l + b^l) \tag{5-1}$$

卷积层使用若干可学习的卷积核对影像特征图进行卷积，卷积后的结果通过激活函数就可以得到输出特征图。卷积神经网络利用卷积核实现层次间的局部连接和权值共享。权值共享是指那些共享一组权值的神经元能够在输入数据的不同位置上提取到同一种特征。每层共享相同权值的神经元又可以组成一个二维平面，并将其统称为特征图。在卷积神经网络的卷积层中，局部连接的神经元通过卷积仅向下一层的部分神经元传递信号。

在地表覆盖分类中，由于邻近的影像像素之间相关性较强，因此像素之间距离较大的相关性较弱。在地表覆盖分类过程中地类图斑是局部像素，这些要素对应到影像数据上，可表示为一个地类图斑。地图图斑的识别是提取影像局部特征并进行判断的过程，而与地类图斑识别相关的像素通常是影像的局部特征。因此，只需要对影像局部进行感知，便可在神经网络中建立局部连接，使上下层相关的神经元传递局部相关的特征图。局部相关的特征图在卷积神经网络的后续层次中进一步综合局部感知信息，组合成全局地表覆盖特征信息。在上述过程中，局部连接减少了大量不相关的权重参数，在确保提取有效特征基础上减少了网络整体运算量。局部连接示意图如图 5-2 所示。

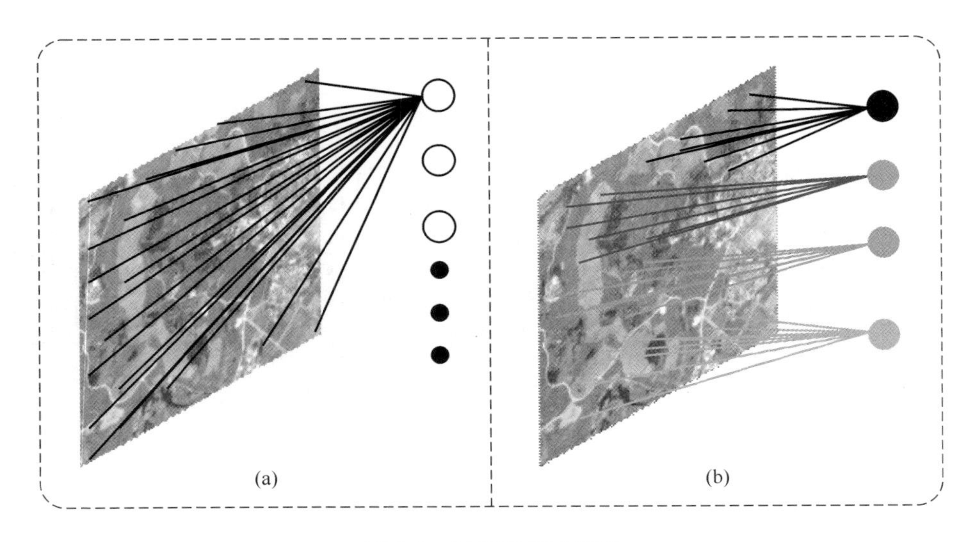

图 5-2　局部连接示意图
（a）全连接模式（全连接神经网络）；（b）局部连接模式（卷积神经网络）

卷积层的局部相关通过卷积核实现。在地表覆盖特征提取过程中，每层存在有多个卷积核，每次卷积运算过程中，特征图上的所有像素都使用同一个卷积核运算。对于整张特征图，每个卷积核相当于共享一组权值，在卷积过程中同一特征图中所有内容均使用相同的权值计算。

采用权值共享后，一个卷积核仅能生成一张特征图，而在地表覆盖分类过程中，影像数据包含了丰富的特征信息，一个卷积核并不能提取所有的特征要素。为了充分提取各类特征，在一个卷积层中，包含了多个卷积核，卷积层的输入信号通过这些卷积核可以输出若干不同的特征图。这些特征图可能分别代表了边缘、纹理、颜色、灰度等各种特征，每层输出的所有特征图组合起来就形成了完整的地表覆盖特征组合。这使得输入数据中的平移变化会以同样的方式传输到输出的特征图中，但并没有引起其他形式的改变。因而，权值共享可以大幅减少需要训练的参数数量。

在卷积过程中，同一个特征图都是由同一个卷积核产生，每个卷积核可以看作是一个特征提取器，对卷积层的神经元而言，相当于使用同一组权值获得特征图，也就是对整层的神经元实现了权值共享。

图 5-3 是卷积神经网络的特征图卷积过程。由于卷积核采用了权值共享，权重参数的数量不再受特征图大小的影响。对于任意大小的特征图均可以使用卷积

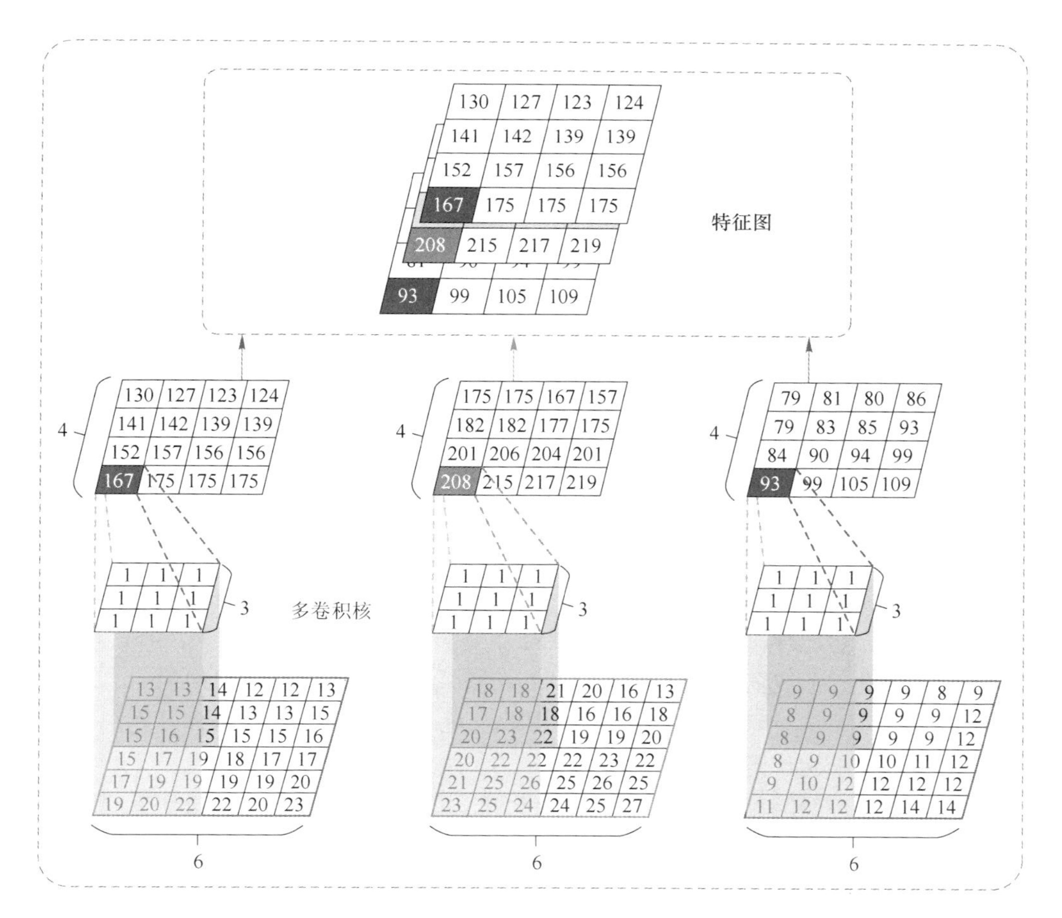

图 5-3　三通道影像卷积过程

进行特征提取，这个特性保证了卷积过程可以处理任意尺寸的影像，并通过卷积生成地表覆盖分类特征图。

5.2　池　化　层

池化层一般与卷积层组合使用，池化层对卷积层输出的特征图按一定的规则进行筛选，可以提取特征图的显著特征并简化特征图的复杂程度。池化的过程就是以一定大小的池化窗口与池化步长计算特征图，每次计算按池化规则输出池化结果。池化操作不仅在保留主要特征的同时降低了模型的参数量和计算量，防止模型的过拟合，而且还能使得采样后的特征对输入的微小平移有近似不变性。目前常用的池化方法一般为最大值池化或平均值池化。

最大值池化的输出值为池化窗口内的最大值，平均值池化输出值为池化窗口内数据的平均值。通常池化操作一般选取 2×2 的池化窗口，步长值为2，在每次池化过程中只保留部分信息，其余信息部分将被舍弃。因此，池化是一种数据压缩的下采样过程，在提取特征图关键特征的同时，能够进一步减少特征图的数据量，扩展了后续卷积层与池化层的感受野。

5.3　卷积神经网络模型的构建

高分辨率卫星影像地表覆盖分类是以卷积神经网络提取的光谱、纹理等特征为依据进行影像语义分割的过程。在数学原理上，就是利用卷积神经网络的特性，用大量神经节点的简单非线性函数组合 $f=\{f_1, f_2, f_3, \cdots, f_n\}$ 拟合复杂的语义分割函数 $F(*)$，构建影像的语义分割模型。

语义分割函数 $F(*)$ 是无法表达与计算的，因此语义分割函数拟合的过程是通过卷积神经网络的训练来完成的。训练的方法是通过大量样本 $T=\{(x_1, y_1), (x_2, y_2), \cdots, (x_n, y_n)\}$ 的迭代学习，不断控制卷积神经网络中的参数向最优梯度调整，最终使函数 f 对高分辨率卫星影像的语义分割达到理想精度。与传统的方法相比，卷积神经网络的卷积核相当于各种滤波器，权重类似于特征算子，通过这些部件，形成简单函数集合 $f=\{f_1, f_2, f_3, \cdots, f_n\}$ 的串接输出组合，通过计算 $f(x_1, x_2, \cdots, x_n)$ 实现自动化的特征提取与地表覆盖分类。卷积神经网络语义分割模型逻辑结构如图 5-4 所示。

基于卷积神经网络地表覆盖语义分割模型的主要流程为：首先分析样本数据，并根据已有数据特征与标签提取训练样本集，在训练样本集的基础上通过卷积神经网络提取地表覆盖分类的边缘、灰度与色彩等特征，最后在提取的地表覆盖特征基础上融合特征并完成语义分割。整体流程如图 5-5 所示。

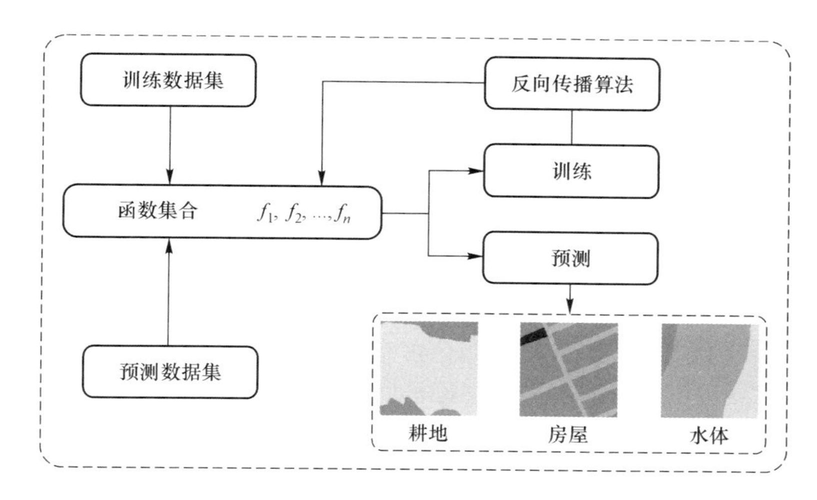

图 5-4 卷积神经网络语义分割模型逻辑结构

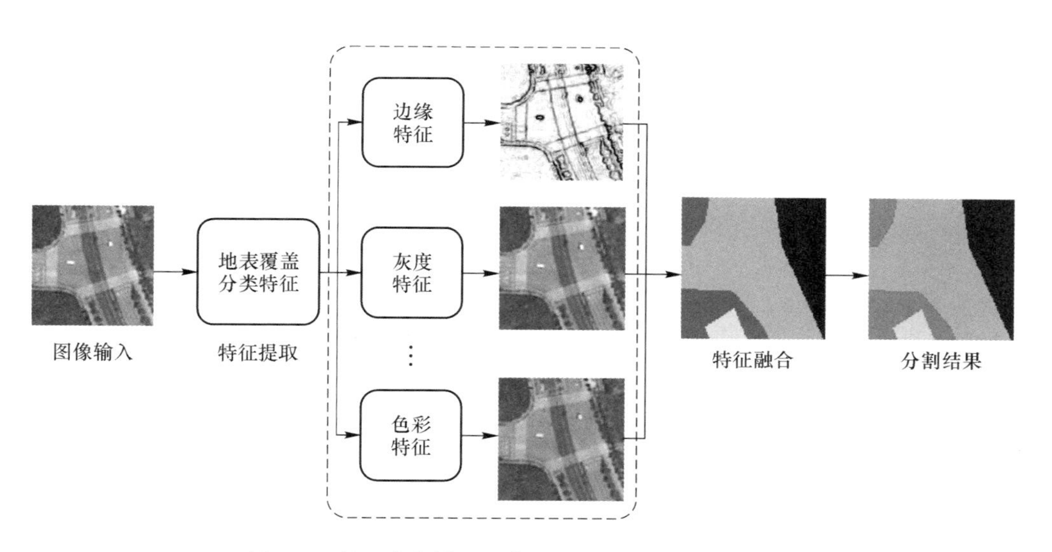

图 5-5 基于卷积神经网络的地表覆盖语义分割流程

5.4 语义分割编码－解码结构

卷积神经网络的语义分割主要通过编码－解码架构来实现。Encoder-Decoder 架构对应的是地表覆盖分类过程中特征提取与语义重建两个重要阶段。Encoder 阶段的主要作用是通过卷积与池化不断扩大感受野，并逐步提取各种分类特征，最终形成高维特征图。Encoder 阶段在形成高维特征图的过程中，利用卷积与下采样操作使得特征的平移不变、旋转不变等特性与原始图像保持不变，提高了模型的泛化能力。但下采样操作也逐步降低了特征图的分辨率，丢失了大部分空间信息，因此需要通过 Decoder 阶段逐步重建、恢复特征图的语义细节特征。

Decoder 阶段是实现语义分割的关键步骤，最终方法是利用 Encoder 阶段提取的特征图，逐步完成影像的语义分割并将地类图斑准确地分割出来。Decoder 阶段为了准确还原出 Encoder 阶段损失的特征图分辨率，需要通过反卷积与插值等多种解码算法，对高维特征图进行上采样。在上采样的过程中，一方面将高维、低分辨率特征图转化为低维、高分辨率特征图；另一方面结合 Encoder 中的低层特征信息补充特征细节，恢复空间信息，逐步完成语义分割，以此获得像素级别的地表覆盖分类结果。

图 5-6 是卷积神经网络语义分割解码 - 编码模型，主要分为编码特征提取部分、解码图像重建部分以及分类器几大模块。在具体实现形式上，编码模块与解码模块可以由各种复杂的网络结构构成，但无论网络结构如何变化，编码模块的目的都是为了高效提取特征，保持高频细节的完整性，解码模块都是为了准确解码特征。融合编码模块通过跳跃结构向解码模块传输低层特征，最终完成图像重建并获得语义分割预测结果。

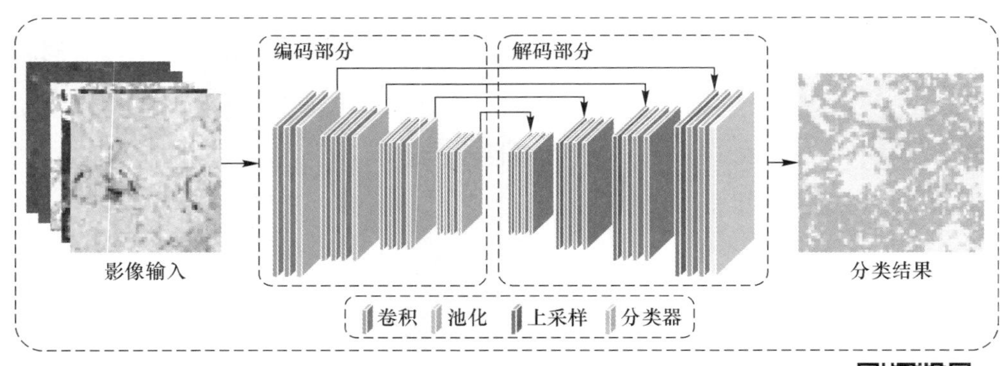

图 5-6　卷积神经网络语义分割解码 - 编码模型

扫码看彩图

5.5　语义分割特征提取方法

Encoder 阶段的核心问题是如何更好地提取影像特征，为 Decoder 阶段的语义分割提供精准的分类特征图。在卷积神经网络特征提取的结构中，关键部分为特征提取模块与下采样模块。

卷积是 Encoder 阶段最主要的特征提取手段，Encoder 阶段由多层卷积层与下采样层构成，层数的增加既能更有效地提取语义特征，又能扩大卷积神经网络的感受野。在一层网络中，卷积操作是局部感知与权值共享的，同一层中单一卷积的感受野由卷积核的大小与卷积方式决定。

对于地表覆盖分类任务，各种图斑在形态、大小等方面存在差异性较大的问题，为了能够在特征提取的过程中获得更多的上下文信息，卷积神经网络应该具备尽可能大的感受野，但卷积核的扩大将增加卷积神经网络的参数量。例如，若卷积核大小从 d_1 扩大到 d_2，则增加的参数量为 $d_2^2 - d_1^2$。过大的感受野将大幅增加整个网络的参数，降低卷积神经网络的语义分割效率。

为了提高效率，编码阶段的卷积层一般不使用超过 7×7 大小的卷积核。除了特殊算法以外，通常使用 ReLU 及其变体作为激活函数。为了扩大感受野范围，在 Encoder 阶段通过多层卷积结构串联获得扩大的等效感受野。

5.5.1 扩张卷积

扩张卷积（Dilated Convolutions）是一种不增加参数量就可以扩大感受野的卷积方法。与普通卷积相比，扩张卷积增加了扩张率的概念，扩张率越大，获得的感受野也就越大。

图 5-7 是扩张卷积效果示意图。其中，s 为扩张卷积的卷积步长，k 为原始卷积核尺寸，d 表示扩张率。扩张卷积的卷积核，可以看作是在原始卷积核沿行、列在原有的值中插入 $d-1$ 个零值后形成的新卷积核。当 $d=1$ 时，扩张卷积等价于普通卷积。从图中可以看出，扩张卷积增加了卷积的感受野，在地表覆盖分类中可以感知更大尺度的地表覆盖信息。通过不同扩展率的组合，在特征提取过程中能够按不同尺度提取各类地表覆盖图斑的特征。

$$RF_l = RF_{l-1} + d_l(k_l - 1)\prod_{i=1}^{l-1} S_i \quad (5\text{-}2)$$

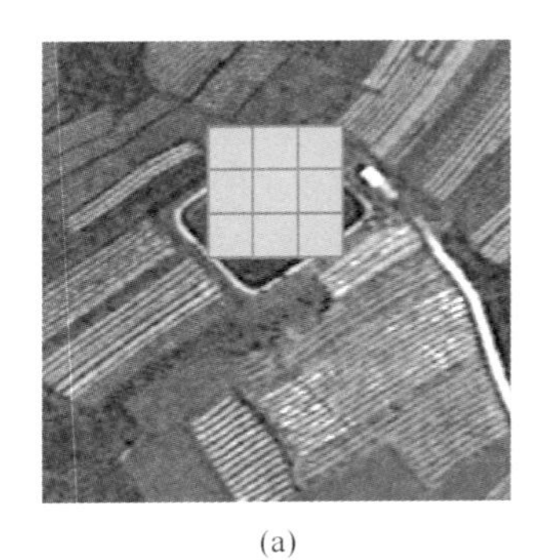
(a)

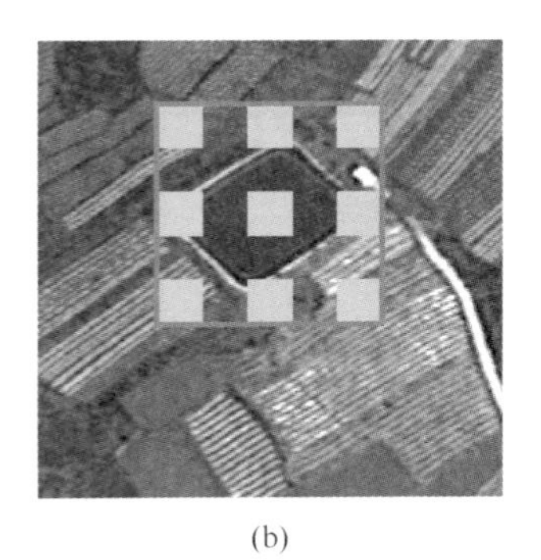
(b)

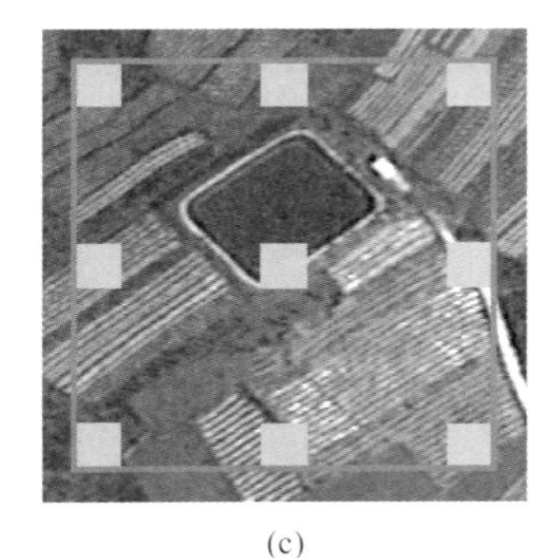
(c)

图 5-7 扩张卷积效果示意图

(a) $s=1$，k：3×3，$d=1$；(b) $s=1$，k：3×3，$d=2$；(c) $s=1$，k：3×3，$d=4$

扩张卷积虽然能够有效增大感受野，但如图 5-8 所示，扩张卷积在卷积核中填充的零值会导致卷积运算后得到的特征图实际上是等效感受野内影像信息的离散采样。如果在设计过程中没有考虑不同卷积离散采样的关系，在多层卷积后，实际感受野是一个不连续的格网状感受野，形成格网效应（Gridding Effect）。

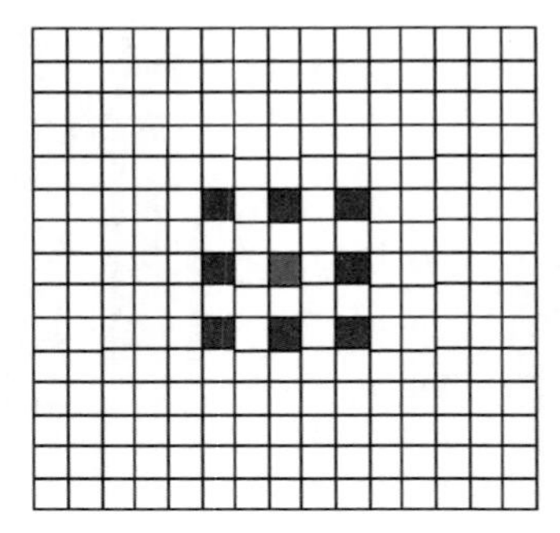
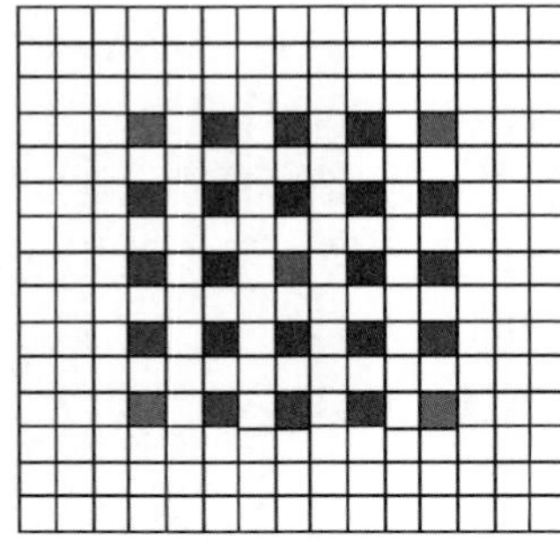
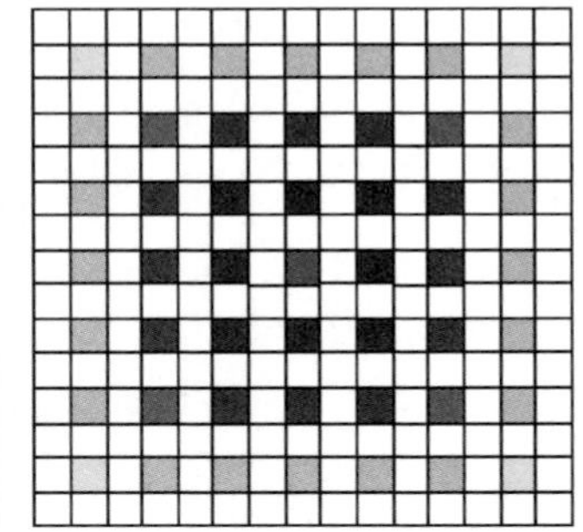

图 5-8 扩张卷积格网效应

格网效应将导致层与层之间的卷积结果来自相互不同的数据集合，层与层之间的卷积结果缺乏相关性，增大扩张率获得的感受野不能提取感受野范围内的完整信息。在处理地表覆盖分类时，如果局部信息丢失将导致特征的上下文信息不完整，面积较小的图斑，会随着局部信息一起丢失，影响地表分类精度。

为了避免格网效应，在设计扩张卷积时必须考虑各层间扩张卷积的覆盖问题。从图 5-8 可以看出，如果各层中扩张卷积的扩张率为倍数关系，则卷积后必然会出现大量信息缺失。因此，在设计扩张卷积时，不同扩张卷积的扩张率不能为倍数，扩张率的最大公约数应为 1，并且在不同的扩张卷积层中，扩张率应该满足式（5-3）：

$$D_l = \max(D_{l-1} - 2d_l, D_{l+1} - 2, d_l) \tag{5-3}$$

式中 d_i——第 l 层扩张卷积的扩张率；

D_i——该层最大扩张率。

若在每层只有一种扩张卷积的情况下 $D_i = d_i$。卷积核为 $k \times k$，如果 $D_i \leqslant k$，则最终不会产生格网效应。

在 Encoder 阶段，与普通卷积相比，扩张卷积通过使用不同的扩张率，在同样的卷积核大小情况下，感受野的范围可以实现指数不断扩大。在合理设计层间空洞的基础上，扩张卷积形成的较大的感受野有利于获得更大尺度的上下文信息。

5.5.2 深度可分离卷积

深度可分离卷积（Depthwise Separable Convolution）实质是标准卷积的分解形式，即标准卷积中使用同一个卷积核对特征图的所有维度进行卷积，并形成新的特征图，其中有多少个卷积核，就会形成多少维度。深度可分离卷积在卷积过程中将区域卷积与维度分离，每个卷积只针对特定的维度进行卷积，将特征图不同维度的合并、生成与组合分散到不同的卷积。深度可分离卷积在对特征的提取上更加灵活，可以针对不同特征设计不同的卷积流程。该卷积结构能够最大限度地降低卷积神经网络的复杂度，压缩参数数量和计算量，并且在提高网络运算效率的同时对精度的影响也较小。深度可分离卷积与普通卷积相比减少了所需要的参数。重要的是深度可分离卷积同时考虑普通卷积通道和区域的想法，从而先改变为考虑的区域，然后再考虑通道，实现了通道和区域的分离。

在地表覆盖特征的提取过程中，在需要强化提取特定特征图的组合信息时，可以用深度可分离卷积提取特征。在具体的实现效果上，等同于用不同的滤波器或特征提取算法计算不同波段的特征组合。

深度可分离卷积的过程分为两个步骤，首先使用不同的卷积核对输入的特征图，每个维度的特征进行卷积，然后将不同卷积核的结果再通过 1×1 卷积进行组合。深度可分离卷积的过程如图 5-9 所示。

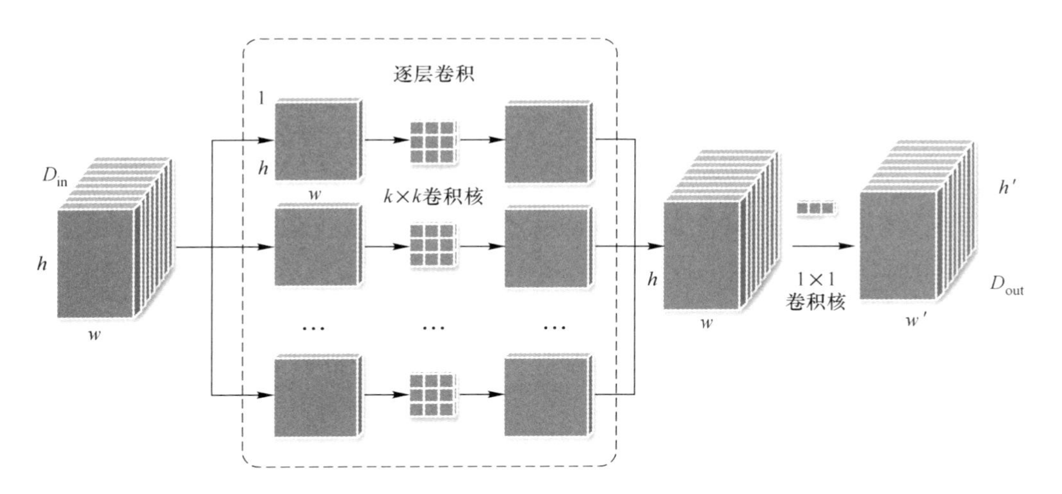

图 5-9 深度可分离卷积

定义输入特征图 F，大小为 $h\times w\times D_{in}$。其中 D_{in} 为输入特征图的维数，h 与 w 为特征张量的高和宽。输出特征张量为 F'，张量大小为 $h'\times w'\times D_{out}$。其中 D_{out} 为输出特征张量维数，高和宽为 h' 和 w'。卷积核为 K，k 为卷积核大小，d 为

卷积核深度。卷积步长和边缘填充为1，则在分离卷积中，第 n 层的卷积计算为

$$F'_{n,h',\omega'} = \sum_{i,j} K_{n,i,j} F_{n,h+i+1,\omega+j-1} \tag{5-4}$$

获得每层的卷积结果后，最后通过1×1卷积进行组合并输出结果。

5.5.3　空间金字塔池化

空间金字塔池化（SPP，Spatial Pyramid Pooling）借鉴了图像金字塔的概念，通过步长大于1的卷积层或者池化层，完成图像下采样。SPP进一步优化了特征组合方式，它能够通过池化空间区域对局部特征信息进行组合。SPP中不同大小的卷积核，可以获得多个尺度的特征图，多尺度的特征最终再进行全局汇总，完成多尺度特征的组合。由于金字塔中每一个尺度的特征之间都有着紧密的联系，这样在区域特征提取过程中能够发挥重要作用。

空洞空间金字塔池化（ASPP，Atrous Spatial Pyramid Pooling）是一种特殊的空间金字塔池化方式，能够解决扩张卷积信息缺失的问题。空洞空间金字塔池化结构如图5-10所示。

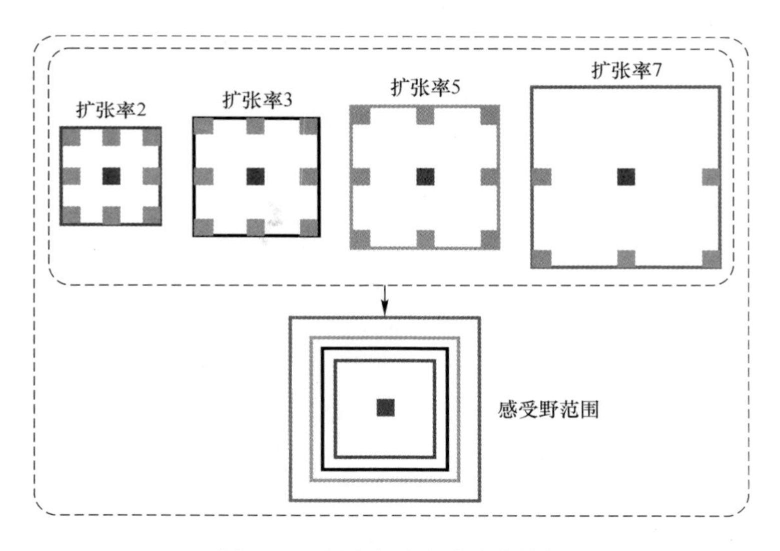

图5-10 空洞空间金字塔池化结构

ASPP中将几种不同扩张率的扩张卷积并联，通过不同扩张率的卷积获取多尺度特征。地表覆盖分类图斑尺度差异大，通过并联多种不同扩张率的空洞卷积可以提取不同尺度的特征信息。ASPP中扩张卷积形成的特征图融合之后，特征图中包含了大量的多尺度特征，有利于实现地表覆盖分类的全局多尺度信息的有效提取。

5.5.4 语义重建方法

地表覆盖分类的特征提取目的是获得影像的特征图。特征图中包含了地表覆盖分类特征信息，而且特征图的分辨率远低于输入影像，单纯依靠特征图，并不能实现像素级的地表覆盖分类。为了从特征图中获得像素级的地表覆盖分类，卷积神经网络需要通过上采样重建恢复空间信息与分辨率。

5.5.4.1 插值算法

线性插值是上采样过程中最常用的算法，常用的插值算法包括最邻近插值算法与双线性插值算法。最邻近插值（Nearest-Neighbor）是将距离待插值位置最近的像素值赋值给待插值像素。当与多个像素距离相同时，则按照一定的规则选取其中的一个像素赋值。最邻近法计算速度快，但由于仅仅是简单的复制像素值，并没有考虑与周围像素的关系，因此最邻近插值的上采样结果较为粗糙。

双线性插值（Bilinear）是同时利用待插值像素周边的 4 个点进行插值，在 x 方向与 y 方向，根据插值点距离周边 4 个点的距离关系计算像素插值。

$$C(x,y)=k[x_2-x,x-x_1]\begin{bmatrix}C_1 & C_2\\C_3 & C_4\end{bmatrix}\begin{bmatrix}y_2-y\\y-y_1\end{bmatrix} \tag{5-5}$$

$$k=\frac{1}{(x_2-x_1)(y_2-y_1)} \tag{5-6}$$

式（5-5）为双线性插值计算公式，其中 $C_1(x_1,y_1)$、$C_2(x_2,y_1)$、$C_3(x_1,y_2)$ 和 $C_4(x_2,y_2)$ 为特征图中 $C(x,y)$ 周围 4 个临近点的值。由于双线性插值同时考虑了周边 4 个点的位置关系及像素值，因此插值的平滑性优于最邻近法。最邻近法与双线性插值的效果如图 5-11 所示。

双线性插值算法实现简单，算法效率较高，并且上采样的效果良好，因此许多语义分割网络均使用双线性插值算法进行上采样，例如 FCN、DeepLab 等优秀网络模型。

5.5.4.2 反池化

反池化可以看作是一种特殊的插值计算。常用的反池化操作包括平均值反池化与最大值反池化。平均值反池化是将输入的数据平均分布到输出的池化范围内，具体过程如图 5-12 所示。平均值反池化相当于对原有特征图的拉伸，在本质上并没有增加数据的有效信息，只是在恢复特征图分辨率的过程中对缺失的数据进行补充。平均值反池化的效果与最邻近插值法效果近似，当池化的核 $k=2$ 时，平均值反池化与最邻近插值法效果一致。

5.5.4.3 最大值的反池化

最大值的反池化是在池化后将最大值还原到原像素位置，在还原过程中需要使用池化阶段记录的最大值位置索引还原到准确位置。最大值的反池化仅仅是将

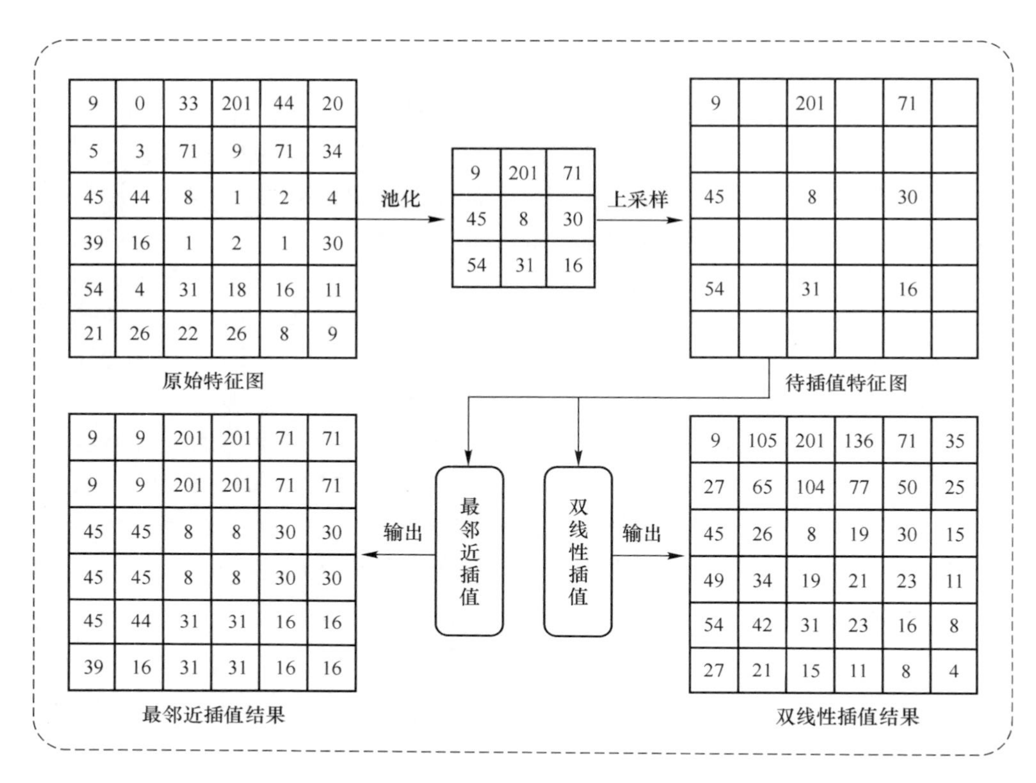

图 5-11　最邻近与双线性插值过程

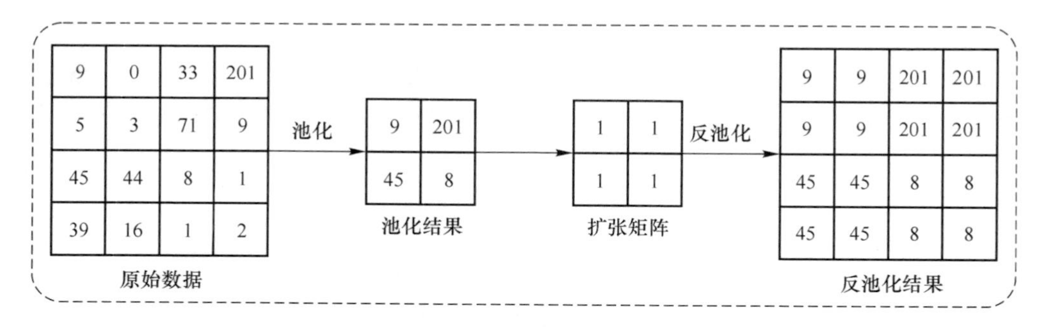

图 5-12　平均值反池化

最大值作为特征不断还原。相比较平均值反池化，最大值反池化能够较好地恢复像素空间位置，但是对于细节信息仍然无法还原。最大值反池化如图 5-13 所示。

在卷积神经网络的特征提取过程中，每经过一次下采样操作，特征图的分辨率缩小一半，特征图的大小变为输入的 1/4，影像的特征图维度在不断增加。经

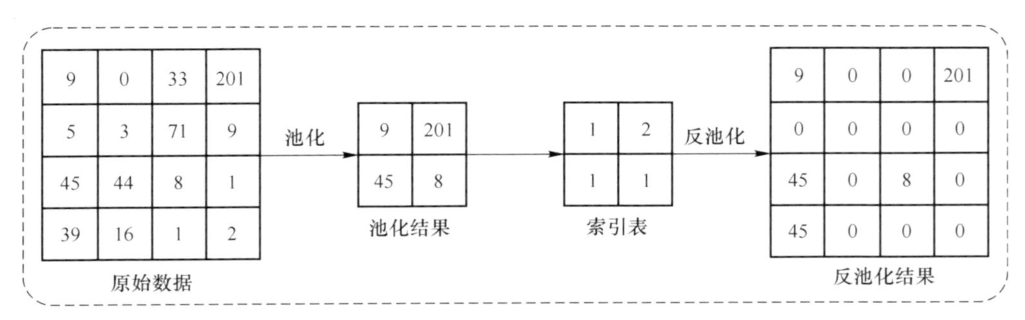

图 5-13 最大值的反池化

过多次下采样后，特征图的分辨率已经远远小于输入影像。在 Decoder 阶段，尽管使用插值、反池化等方法逐步恢复特征图的尺寸，但由于在下采样阶段已经损失了大量图像细节，算法恢复的特征图只是数学推理的结果，并没有实际增加真实细节信息，最后所得的语义分割结果较为粗糙，分割的细节难以准确表达。

图 5-14 是上采样特征融合过程。为了恢复语义分割的细节特征，在地表覆盖分类的语义重建环节，每次上采样操作后均融合下采样阶段同样分辨率的特征图，在扩张后的特征图中补充下采样前的细节特征，扩充特征图的信息量。

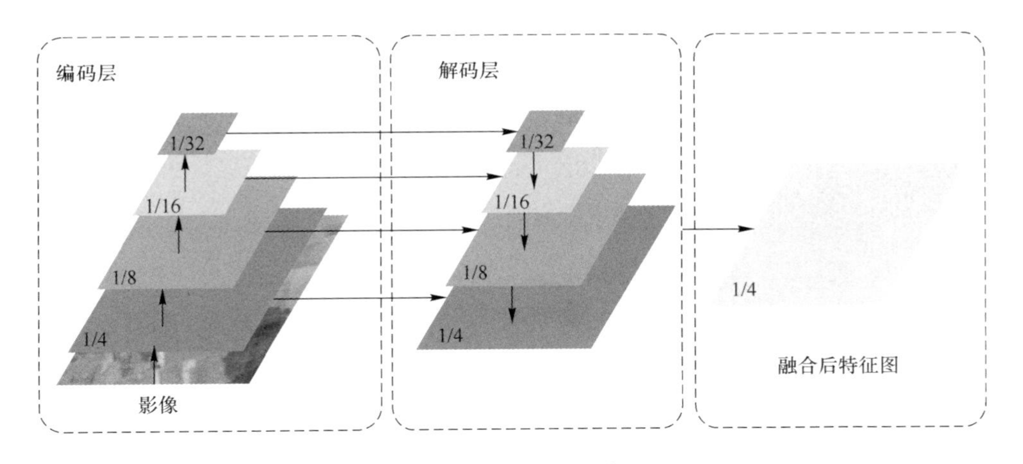

图 5-14 上采样特征融合过程

Decoder 阶段通过不断融合 Encoder 阶段的特征信息就能够在真实的特征信息上恢复图像细节；避免了特征图尺寸与分辨率不断扩大，但是存在有效信息得不到补充的问题。在信息融合的过程中，可以采用特征图连接、1×1 卷积融合等多种方法。融合后的特征图在分辨率不断提高的过程中也补充了越来越多的语义分割细节信息，为最后卷积神经网络完成地表覆盖分类提供了足够的特征信息。

5.6　语义分割后处理方法

在上采样的最后阶段，为了将重建的地表覆盖分类语义特征图转换为精细的语义分割结果，常使用条件随机场（CRF，Conditional Random Field）作为后处理方法增强语义分割效果，特别是强化地表覆盖分类边缘处的语义分割效果。条件随机场是一种基于概率的判别式无向图模型。传统的条件随机场能够有效消除语义分割中的噪声影响。

全连接条件随机场是一种高效的图像语义分割处理模型，将整幅影像中所有像素按距离、色彩等因素建立关系，并将所有的像素关系视为边，从而将影像转换为全连接的像素关系图。定义 I 为输入影像全局观测值，影像共有 N 个像素，将影像转化为图 $G=(V,E)$，图模型中每个像素为图的一个顶点，$V=\{x_1,x_2,\cdots x_n\}$，x_i 为第 i 个像素的分类标签值，标签值的取值范围为 $\{l_1,l_2,\cdots,l_n\}$。E 为像素点之间的边，$P(X=X|I)$ 为像素的分类概率，具体公式为

$$P(X=x|I)=\frac{1}{Z(I)}\exp(-E(x|I)) \tag{5-7}$$

能量函数 $E(x)$ 的数学表达为

$$E(x) = \sum_i \theta_i(x_i) + \sum_{ij} \theta_{ij}(x_i,x_j) \tag{5-8}$$

能量函数 $E(x)$ 由数据项 $\theta_i(x_i)$ 与平滑项 $\theta_{ij}(x_i,x_j)$ 组成。$\theta_i(x_i) = -\lg P(x_i)$ 中的 $P(x_i)$ 是神经网络计算出的分类概率，$\theta_{ij}(x_i,x_j)$ 是通过像素间距以及色彩信息计算的条件随机场像素值，$\theta_{ij}(x_i,x_j)$ 具体计算公式为

$$\theta_{ij}(x_i,x_j) = \mu(x_i,x_j)\sum_{m=1}^{k}\omega_m k^m(f_i,f_j) \tag{5-9}$$

当 $x_i \neq x_j$ 时，$\mu(x_i,x_j)=1$，$x_i=x_j$ 时，$\mu(x_i,x_j)=0$，对于影像上的任意两点都成对计算 θ_{ij}，$k^m(f_i,f_j)$ 是像素 i、j 特征的高斯核，$k(f_i,f_j)$ 的数学表达为

$$k(f_i,f_j)=\boldsymbol{\omega}_1\exp\left(-\frac{|p_i-p_j|^2}{2\alpha^2}-\frac{|I_i-I_j|^2}{2\beta^2}\right)+\boldsymbol{\omega}_2\exp\left(-\frac{|p_i-p_j|^2}{2\gamma^2}\right) \tag{5-10}$$

式（5-10）中第一项由像素 i、j 的位置 p 与颜色信息 I 共同计算，第二项仅使用位置关系计算，$\boldsymbol{\omega}$ 为计算权重，参数 α、β 与 γ 用于控制核的尺度。

从全连接 CRF 的计算公式可以发现，全连接 CRF 通过距离与色彩信息将每个像素细化分类。对于可能的边缘部分，通过公式计算像素的位置关系与色彩信息，将计算结果标注为不同的分类，实现边缘部分的精确分割。

条件随机场最初仅作为单纯的后处理手段，但目前也有部分网络在结构中融合条件随机场，并将其作为可学习网络的一部分。条件随机场虽然可以准确地划

分图斑边缘，提高分类精度，但整体的计算量大，分析与处理速度较慢，降低了网络的整体处理效率。在上采样阶段语义分割信息不够精确的情况下，条件随机场能够有效提升分类精度。如果上采样阶段语义分割足够精确，条件随机场对分类精度及图斑细节的提升相对较小。

5.6.1 前向传播算法

与浅层神经网络相比，地表覆盖分类卷积神经网络前向传播的是更为复杂的影像特征图张量信号，传递过程中根据上采样与下采样部分卷积层、池化层等不同层级的特点计算各层输出，算法主要流程为：

网络初始化阶段，将输入数据转换为张量数据，对整个网络的参数进行初始化。

下采样阶段，在前向传播过程中，第 l 层的输出 a^l 层的类型决定，卷积层的输出为 $a^l = S(z^l) = S(a^{l-1} \times \boldsymbol{\omega}^l + b^l)$，池化层的输出为 $a^l = \text{pool}(a^{l-1})$。

上采样阶段，如果第 l 层是上采样层，则输出为 $a^l = \text{upsample}(z^l)$，在连接操作中输出为 $a^l = \text{connect}(a^l, a^l)$，卷积层的输出为 $a^l = S(z^l) = S(a^{l-1} \times \boldsymbol{\omega}^l + b^l)$。

分类输出阶段，输入数据通过分类器后输出分类结果 $a^L = \text{classfication}(z^L)$。

5.6.2 误差反向传播算法

地表覆盖分类卷积神经网络的反向传播算法与通用反向传播算法类似，同样将误差梯度 δ^l 反向传播，并通过误差梯度计算参数的改变量，然后通过多次训练迭代最终获得理想的参数集。在具体实现上，通用反向传播算法适用于全连接网络，误差梯度反向传播过程相对简单。而卷积神经网络中存在各种复杂的卷积、池化、反卷积与反池化等结构，反向传播的过程较为复杂。虽然卷积神经网络的反向传播算法较复杂，但算法在实现上仍然是由计算误差梯度、误差梯度反向传播与权重参数更新几部分构成。

5.6.2.1 损失函数

地表覆盖分类是多分类问题，采用 Softmax 进行分类。Softmax 函数将卷积神经网络的输出进行归一化并转化为概率分布，所有的分类概率和为 1，因此采用交叉熵函数作为损失函数计算预测结果与真值的概率分布距离。交叉熵损失函数的公式为

$$H(p,q) = -\sum_x p(x) \lg q(x) \tag{5-11}$$

交叉熵损失函数是一种计算实际概率与期望概率差值的算法，在交叉熵损失中交叉熵的值越小，两个概率分布就越接近。

$$L = -\sum_i y_i \ln a_i \tag{5-12}$$

在地表覆盖分类中，真值是一组概率向量，由于每个像素只会被划分到一个

确定的分类，故真值分类的向量分量概率为 1，其余错误分类概率都为 0，概率向量可以表示为 $\boldsymbol{T}=(0,0,0,\cdots,1,0,0,\cdots,0)$，将概率向量代入公式后，地表覆盖分类的损失函数可以简化为

$$L=-y_i \ln a_i \tag{5-13}$$

式中　y_i——向量中真值 1；

a_i——实际输出。

5.6.2.2　误差梯度反向传播

反向传播的核心就是计算误差梯度并逐层反向传播，在反向传播的初始第 L 层，由损失函数计算的权重参数的梯度为

$$\delta^L=L'(a^L)f'(z^L)=a^L=a^L-y \tag{5-14}$$

地表覆盖反向传播与通用反向传播算法的差异在于卷积神经网络中包含了卷积、池化等操作，对于卷积和池化操作应该根据原理考虑梯度反向传播的分配。对于卷积过程，误差梯度反向传播为

$$\delta^l=\delta^{l+1}\times \mathrm{rot}(\boldsymbol{\omega}^{l+1})\odot f'(z^l) \tag{5-15}$$

式中　$\mathrm{rot}(\boldsymbol{\omega}^{l+1})$——将卷积核的参数张量做一次翻转。

对池化层反向传播计算公式为

$$\delta^l=\mathrm{upsample}(\delta^{l+1})\odot f'(z^l) \tag{5-16}$$

5.6.2.3　权重参数更新

卷积神经网络的权重更新与通用算法中的权重更新计算公式类似，同样是利用梯度计算权重的调整量，并用于网络参数的更新。但卷积神经网络中是张量形式的参数更新，每层在通过反向传播算法获得梯度后，使用梯度按下列公式更新参数：

$$\boldsymbol{\omega}^l=\boldsymbol{\omega}^l-\eta\delta^l a^{l-1} \tag{5-17}$$

以同样方式可以推导出偏置的更新公式为

$$b^l=b^l-\eta\delta^l \tag{5-18}$$

5.7　训练样本的优化方法

5.7.1　训练样本数据的增广方法

数据增广是扩充训练样本数据量的重要手段，能够在不改变标签类别的情况下扩充数据量，减少人工采集样本数量，提高待训练神经网络的泛化能力。图像的数据增广方式包括像素几何变换数据增广与像素变换数据增广。几何变换数据增广方式包括平移、扭曲、旋转、裁剪、翻转、缩放等，像素变换数据增广包括颜色变换、随机噪声、饱和度、亮度等。在数据增广的过程中一般采用其中的一种或几种方式扩充数据。

高分辨率卫星影像数据作为一种特殊图像，在数据增广过程中不能无限制的随机增广，增广后的数据应该在纹理、几何形状上接近或符合真实地物的相应特征。在增广处理过程中，数据变换必须保持在合理的区间范围，形成有效的增广数据集。为了避免无效增广，对于每类地表覆盖图斑数据，均增加了数据增广的限制条件，限制条件主要为对比度、饱和度与亮度等像素变换系数的值，以及几何变换增广中旋转角度与扭曲角度等数值。

为了减少训练样本质量对地表覆盖分类精度的影响，在制作训练样本时应当平衡各分类训练样本的数量，但地表覆盖是地物在客观世界的自然分布，各类别的地表覆盖分布是严重失衡的。

地表覆盖分类样本不平衡主要可以从数据增广与算法两个方面解决。在数据增广方面，通过合理的数据增广算法增加小比例类别样本数量，缩小与大比例分类之间的样本数量差距，最终达到类别平衡。在算法方面，主要通过调整深度卷积神经网络的训练算法，对不平衡的分类采用不同的训练方法，最终达到各个分类取得较为平衡的训练效果的目的。

5.7.2 几何变换数据增广

几何变换数据增广主要包括翻转、旋转、缩放、错切与仿射等变换方式，通过相应的变换矩阵能够实现不同的变换。

$$[x \quad y \quad 1] = [x_0 \quad y_0 \quad 1]\boldsymbol{T}_{\text{变换矩阵}} \tag{5-19}$$

式（5-19）为影像几何变换的通用形式，x_0、y_0 为原始图像坐标，x、y 为变换后增广数据图像坐标，$\boldsymbol{T}$ 为不同用途的变换矩阵，增广过程中主要用到的变换矩阵如下：

$$\boldsymbol{T}_{\text{旋转}} = \begin{bmatrix} \cos\beta & \sin\beta & 0 \\ -\sin\beta & \sin\beta & 0 \\ 0 & 0 & 1 \end{bmatrix},\ \boldsymbol{T}_{\text{缩放}} = \begin{bmatrix} k_x & 0 & 0 \\ 0 & k_y & 0 \\ 0 & 0 & 1 \end{bmatrix},\ \boldsymbol{T}_{\text{水平翻转}} = \begin{bmatrix} 1 & 0 & 0 \\ 0 & -1 & 0 \\ 0 & 0 & 1 \end{bmatrix},$$

$$\boldsymbol{T}_{\text{垂直翻转}} = \begin{bmatrix} -1 & 0 & 0 \\ 0 & 1 & 0 \\ 0 & 0 & 1 \end{bmatrix},\ \boldsymbol{T}_{\text{错切变换}} = \begin{bmatrix} 1 & a_1 & 0 \\ a_2 & 1 & 0 \\ 0 & 0 & 1 \end{bmatrix},\ \boldsymbol{T}_{\text{仿射变换}} = \begin{bmatrix} a_1 & a_2 & 0 \\ a_3 & a_4 & 0 \\ a_5 & a_6 & 1 \end{bmatrix}$$

变换矩阵 $\boldsymbol{T}_{\text{旋转}}$ 用于图斑的旋转变换，通过 β 的随机旋转，模拟处于不同方位的图斑，β 的随机旋转范围为 0°～180°；$\boldsymbol{T}_{\text{缩放}}$ 对图像按照指定的缩放系数进行缩放，k_x 与 k_y 为 x 方向与 y 方向的缩放系数，模拟各种大小不同的分类图斑，考虑到图斑的实际大小以及在神经网络编码中不丢失相应信息，缩放后样本中的最小的图斑不小于 16 像素；$\boldsymbol{T}_{\text{水平翻转}}$ 与 $\boldsymbol{T}_{\text{垂直翻转}}$ 用于扩充不同纹理语义样本，$\boldsymbol{T}_{\text{错切变换}}$ 与 $\boldsymbol{T}_{\text{仿射变换}}$ 通过设置矩阵中 α_i 的值，实现图斑的复杂变换。

扭曲变换主要使用正弦扭曲，扭曲变换增广主要是为了有效增加河流、道路等线型分类图斑的样本数量，模拟此类不同的图斑扭曲形态也不一样，对建筑物一般不采用扭曲变换增广数据。变换公式如下：

$$\boldsymbol{T}_{\text{正弦扭曲}}=\begin{bmatrix}1 & 0 & 0\\ 0 & 1 & 0\\ 0 & k\sin(\omega x_0) & 1\end{bmatrix} \tag{5-20}$$

式中　k——振幅调节系数；

ω——频率调节系数。

为了使变换后扭曲更符合自然形态，k 与 ω 的取值限定为：$k\in[0,\ 2]$，$\omega\in[0,\ 2]$。

上述七种变换可以互相组合并形成新的不同几何变化。但为了不使原图过度变形发生形态与纹理上的失真，原则上一张样本最多只经过三次图像变换。

几何变换后对于图像内部产生的空洞部分采用双线性内插算法进行填补，内插计算公式为

$$\boldsymbol{C}=k[x_2-x \quad x-x_1]\begin{bmatrix}\boldsymbol{C}_1 & \boldsymbol{C}_2\\ \boldsymbol{C}_3 & \boldsymbol{C}_4\end{bmatrix} \tag{5-21}$$

$$\boldsymbol{K}=\frac{1}{(x_1-x_2)(y_2-y_1)} \tag{5-22}$$

式中　$\boldsymbol{C}_1(x_1,y_1)$，$\boldsymbol{C}_2(x_2,y_1)$，$\boldsymbol{C}_3(x_1,y_2)$，$\boldsymbol{C}_4(x_1,y_2)$——$\boldsymbol{C}(x,y)$ 周围 4 个临近点的像素值。

执行双线性内插，按样本数据的各个通道分别计算 $\boldsymbol{C}$ 的内插值，并以此填补空洞。几何变换增广效果如图 5-15 所示。

5.7.3　像素变换数据增广

像素变换数据增广主要包括增加噪声、滤波、色彩变换、调整饱和度、对比度和亮度。对于地表语义分割，适宜采用色彩变换、调整对比度、饱和度和亮度等方式进行数据增广，像素变换增广效果如图 5-16 所示。

数据增广能够有效地扩充训练样本，并在有限真实样本的基础上尽可能模拟出各种样本状态，保障训练数据集的多样性与完备性，使得预训练的卷积神经网络模型具有更强的泛化能力与分类能力。虽然目前主流深度学习框架都已经提供了若干数据增广接口，但面对地表覆盖分类的实际问题，并不能直接套用各种接口函数，必须根据高分辨率卫星影像的实际情况重写接口，使增广后的数据符合解决问题的需要。在数据增广过程中，尤其需要注重增广的使用条件，避免出现大量失真的无效增广训练样本。这些无效数据既不能强化深度学习模型的泛化能力，还会干扰正常的训练样本，影响网络的地表覆盖分类精度。

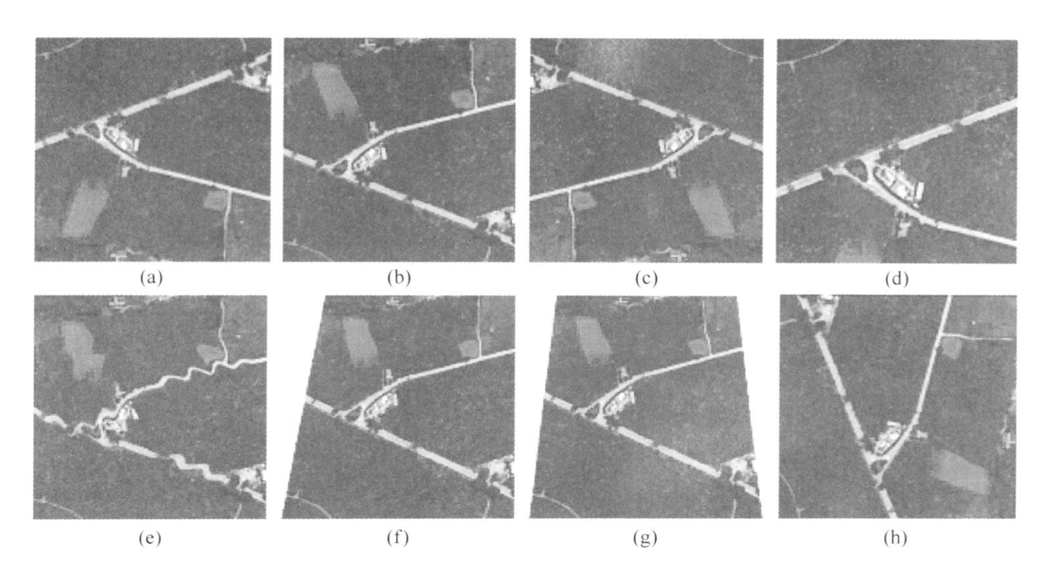

图 5-15 几何变换增广效果
（a）原始影像；（b）垂直翻转；（c）水平翻转；（d）缩放；（e）扭曲；（f）错切；（g）仿射；（h）旋转

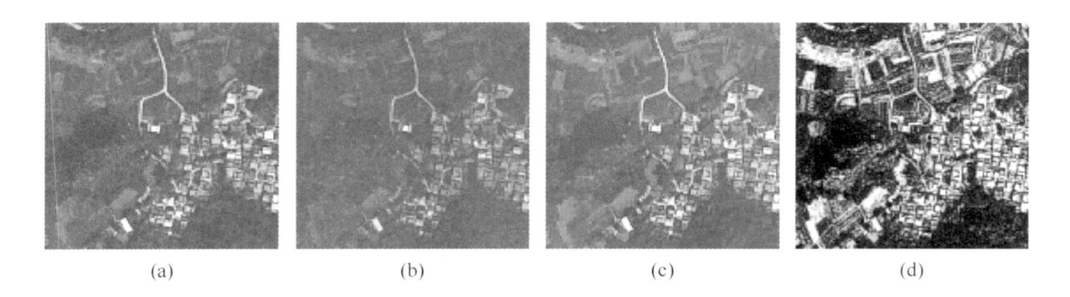

图 5-16 像素变换增广效果
（a）原始影像；（b）亮度变化；（c）色彩变换；（d）对比度变换

数据增广是平衡各个类别样本数量的有效方法。在平衡分类样本的过程中，首先确定平衡状态样本总数及平衡比例，然后优先选择含有小比例分类的样本进行数据增广。在增广过程中由于每张样本并不仅仅包含一种地表覆盖分类，因此需要根据增广结果动态计算各个分类增广后的占比，并根据占比情况调整选取原始样本的优先顺序。通过不断的动态调整与反复增广，最终达到各分类比例近似平衡。

5.7.4 有效增广数据的筛选

符合几何变换数据增广、像素变换数据增广的影像能够有效模拟地物的各种形态，但是数据增广的最终目的是为了强化卷积神经网络的泛化能力，提高卷积神经网络的语义分割精度。常用的数据增广算法包括 SMOTE、Borderline-SMOTE 与 ADASYN。

SMOTE 是常用的数据增广算法。该算法将样本的特征定义为一个样本空间，每个样本的特征定义为特征空间中的点。在数据增广时，对于一个样本数据 (x,y)，在一定的领域范围内随机选择一个点 (x_n,y_n)，然后在样本点与随机临近点上构建连线，并在连线上选择增广样本点，选择时需满足公式：

$$(x',y')=(x,y)+\mathrm{rand}(0-1)\times(-x)(y_n-y) \tag{5-23}$$

将 SMOTE 方法扩展到样本的向量空间，定义一个样本的增广样本特征向量为 $\boldsymbol{V}$ =（旋转角度，扭曲度，……，亮度，R、G、B 对比度）。当生成一个增广样本后，判断这个样本是否有效。如果有效，以这个增广样本的特征向量为模板，随机调整向量标量，自动形成新的有效增广数据。

从 SMOTE 的算法可以看出，尽管 SMOTE 是随机的，但是在生成过程中有可能产生特征相似度较高的样本，其特征已经被充分学习。此外，SMOTE 的随机性导致可能难以生成卷积神经网络真正需要的特征样本。

Borderline-SMOTE 算法对增广条件进行了限定，在数据增广前首先对增广对象进行 K 临近样本集选择，获得样本集合 S。设 $K_{\min}$ 为 S 中欲增广的少数类样本数量，K_{maj} 为除少数类外其他样本数量，当增广对象周边 K_{maj} 满足 $\frac{K}{2}<K_{\mathrm{maj}}<K$ 时，对增广对象进行 SMOTE 增广，如不满足则选择下一个对象进行判断。Borderline-SMOTE 通过限定规则使数据在特征空间边界处增广，减少了同质化增广数量。

ADASYN 算法在 Borderline-SMOTE 基础上为每个少数分类加上了增广权重，在数据增广时通过权重控制少数类别样本的增广数量。与 Borderline-SMOTE 相比 ADASYN 能够均衡的产生增广数据集，在数据增广的同时自动完成分类间样本数量的平衡。

上述算法均具备较好的数据增广性能，但其数据增广均是在已有样本的特征连线上进行。对于样本增广，本质上仅仅是增加了少数类样本的特征空间密度，并没有扩展特征空间。同时，尽管各种增广算法随机增广，但是在生成过程中有可能产生特征相似度较高的样本，其特征已经被充分学习。针对上述增广算法在影像样本增广中的不足，设计了 SMOTE 改进算法。算法改进包括特征扩展范围限定以及样本有效性的筛选两个方面。

在 LCC-CNN 的地表覆盖分类样本数据增广中，在同景影像之间不同分类的光谱特征存在一定的关联性。利用这种关联性，在同景影像中，少数类样本可以选取多数类样本的特征子空间增加增广种子点。具体算法步骤如下。

（1）设 $\boldsymbol{T}_1$ 为包含少数类样本 $\boldsymbol{T}_{\min}$ 影像中的训练样本集合，$\boldsymbol{T}_{\mathrm{maj}}$ 为同一景影像中的多数类样本，取样本 $x_1 \in \boldsymbol{T}_{\min}$ 与 $x_2 \in \boldsymbol{T}_{\mathrm{maj}}$，$\boldsymbol{V}_1 = (B1_{x_1}, B2_{x_1}, \cdots, Bi_{x_1})$ 与 $\boldsymbol{V}_2 = (B1_{x_2}, B2_{x_2}, \cdots, Bi_{x_2})$ 为样本 x_1 与 x_2 的光谱特征。

（2）随机选取一景含有同种多数类样本的影像，取 $x'_2 \in \boldsymbol{T}'_{\mathrm{maj}}$，$\boldsymbol{V}'_2$ 为 x'_2 的光谱特征，$\boldsymbol{V}'_2 = (B1_{x'_2}, B2_{x'_2}, \cdots, Bi_{x'_2})$。

（3）设增广种子点为 x'_1，通过多数类计算获得增广光谱特征为

$$\boldsymbol{V}'_1 = \left(\frac{B1_{x'_2}}{B1_{x_2}} B1_{x_1}, \frac{B2_{x'_2}}{B2_{x_2}} B2_{x_1}, \cdots, \frac{Bi_{x'_2}}{Bi_{x_2}} Bi_{x_1}\right)$$

（4）将增广的样本种子 x'_1 加入样本集。

通过上述步骤，利用同一景影像光谱特征相关性，为每个少数类均新增一定数量的增广种子，通过增广种子能够在合理的光谱范围中扩充少数类的光谱特征空间。最后将光谱特征加入整个特征空间中，最终形成的特征向量为 $\boldsymbol{V}$ =（旋转角度，扭曲度，……，亮度，$V_{\text{光谱}}$，对比度）。

为了减少增广中形成同质训练样本的数量，增广后的数据必须经过筛选，在增广过程中应该优先扩充包含未学习特征的样本，对于卷积神经网络已经能够较好识别的样本，说明特征已经充分学习，应该减少这类样本增广。当生成一个增广样本后，需要对增广样本进行判别与筛选，判断这个样本是否有效。如果有效，以这个增广样本的特征向量为模板，随机调整向量标量，自动形成新的有效增广数据。

增广样本的筛选主要依据增广后样本的预测值与真值的交并比（IOU，Intersection Over Union）计算。在筛选增广样本前首先用原始样本训练卷积神经网络，训练完成后开始增广与筛选。将单张增广样本逐个输入深度学习模型，计算每张增广样本需要增广分类的 IOU。当 IOU 低于当前增广分类的平均 IOU 时，该增广样本通过筛选，并以同样的变换方式，用不同的随机参数再生成若干张增广样本。IOU 的计算公式为

$$\mathrm{IOU} = \frac{1}{n_{cl}} \left(\frac{\sum_{i=0} n_{ii}}{t_i + \sum_{j} n_{ji} - n_{ii}} \right) \tag{5-24}$$

式中 n_{ji}——分类为 i 的像素被划分到分类为 j 的个数；

n_{cl}——不同分类的类别数目；

t_i——类别为 i 的像素的总数目。

若 IOU 高于选取阈值则认为增广样本达不到预期作用并舍弃该样本。在所有增广样本筛选完成后，用筛选后的增广样本继续训练卷积神经网络，并获得新的卷积神经网络。筛选流程图如图 5-17 所示。

改进后的 SMOTE 具体步骤如算法 5-1 所示。

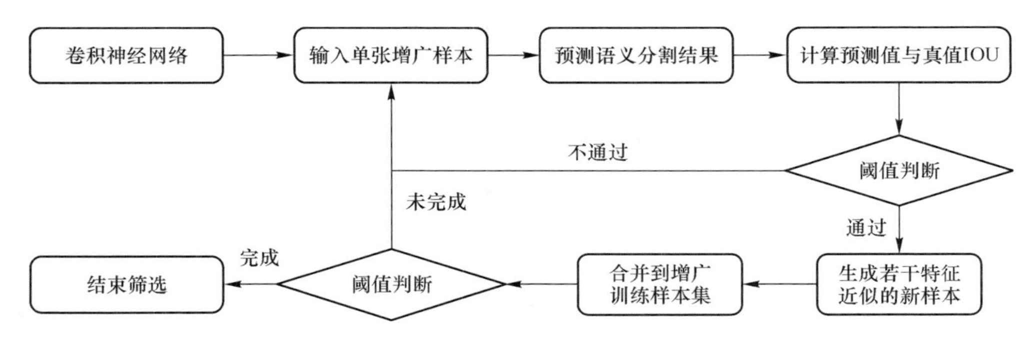

图 5-17　SMOTE 改进算法流程

算法 5-1　SMOTE 改进算法

输入：增广分类原始训练集 $T=\{(x_1,y_1),\cdots,(x_n,y_n)\}$，各分类 IOU，特征向量 $\boldsymbol{V}$。
输出：增广样本集 $T'=\{(x_1',y_1'),\cdots,(x_n',y_n')\}$。
1. for $j=1$ to n do：
2. 　　随机抽取样本 (x_j,y_j)，随机生产特征向量 $\boldsymbol{V}_r$
3. 　　使用 $\boldsymbol{V}_r$ 生成增广样本 (x_n',y_n')
4. 　　预测增广样本，并计算需要增广分类的 IOU′
5. 　　if IOU′ < IOU do：
6. 　　　　以随机特征向量 $\boldsymbol{T}_r$ 为起点，使用 SMOTE 再随机生成若干增广样本
7. 　　　　将增广样本 (x_j',y_j') 与随机生成的 $(x_{j+1}',y_{j+1}')\cdots(x_{j+k}',y_{j+k}')$ 等归入 T'
8. 　　else：
9. 　　　　舍弃 (x_j',y_j')
10. 　　end if
11. end for

5.8　代价敏感学习

当训练样本失衡时，样本数量较多的类别参与的损失函数计算与训练的次数更多，卷积神经网络中的参数更多是依靠大比例分类样本的梯度来调整权值。这将导致小比例分类样本的特征不能被神经网络充分学习，在极端情况下，小比例样本将作为样本噪声被忽略，分类精度大幅低于大比例样本分类。

代价敏感学习是一种针对数据不平衡的调整算法，主要解决方法是通过对原损失函数增加权重，调整损失函数在失衡类别样本的输出，增大欠采样类别错误分类的代价，促使神经网络放大欠采样分类的训练，偏重欠采样类别达到增强训练效果的目的。

如果地表覆盖分类训练集中 $T=\{(x_1,y_1),\cdots,(x_n,y_n)\}$ 包含了 n 个训练样本，对于不同预测的代价可以记为 $C(i,k)$，其中 i 为标记样本分类，k 为预测分

类，对应的代价敏感矩阵为：

$$\boldsymbol{C}=\begin{bmatrix} C(1,1) & C(1,2) & C(1,3) & C(1,4) & \cdots & C(1,n) \\ C(2,1) & C(2,2) & C(2,3) & C(2,4) & \cdots & C(2,n) \\ C(3,1) & C(3,2) & C(3,3) & C(3,4) & \cdots & C(3,n) \\ \vdots & \vdots & \vdots & \vdots & \vdots & \vdots \\ C(n,1) & C(n,2) & C(n,3) & C(n,4) & \cdots & C(n,n) \end{bmatrix} \tag{5-25}$$

代价敏感的损失函数，其发挥效用的关键就在于对代价敏感权重设计合理的参数，参数的设计一般有两种设计思路：一是按照各个分类之间的样本数量比例关系设计权值；二是按照混淆矩阵的数值来设置权值。

对于预测正确的分类，不计算损失函数值，可认为代价为 0。对于分类错误的地类根据不同的代价敏感权重调整学习效果。以采用多分类的 Softmax 分类函数的损失函数为例：

$$L=-\ln a_j \tag{5-26}$$

引入代价敏感权重后损失函数变为

$$L=-\lambda\ln a_j \tag{5-27}$$

式中 λ——代价权重。根据这个公式对样本数量较多的分类错误一般取较小的敏感度，对数量小的分类则取较大的敏感度加强学习效果。

图像分类语义分割的方法在第 4 章已经介绍了 FCN 网络模型、U-Net 网络模型、SegNet 网络模型、PSPNet 网络模型、DeepLab 网络模型等优秀的语义分割模型。本章详细介绍了语义分割模型编码 - 解码的结构，分析了语义分割特征提取方法以及后处理的方法，并介绍了如何有效地扩充语义分割模型训练时的数据集以及地表覆盖分割后处理方法。这些方法的介绍为地表覆盖分类网络的设计提供了一个很好的理论基础。

6　地表覆盖分类卷积神经网络设计

地表覆盖分类是一种复杂的影像语义分割问题，在分类过程中图斑的尺度差异性极大，部分分类间的特征差异小、分类边缘较为模糊。传统的高分辨率卫星影像地表覆盖分类方法一般需要手工设计特征提取算法与提取流程，建模过程复杂，并且难以提取数据中的隐含信息与语义信息。基于卷积神经网络的地表覆盖分类方法与传统分类方法相比，能够充分利用数据的各种特征，智能提取特征要素与数据的隐含信息，自动完成地表覆盖分类。本章将从基本理论出发，在现有卷积神经网络理论基础上研究基于卷积神经网络的地表覆盖分类特征提取方法，从高分辨率卫星影像的数据特点以及地表覆盖分类需求出发，研究基于卷积神经网络的地表覆盖特征提取与分类方法，研究并构建适用于地表覆盖分类的深度卷积神经网模型 LCC-CNN。

6.1　LCC-CNN 模型构建方法

当前国产遥感卫星对地观测能力不断提高，国产影像资源已经广泛应用于自然资源监测、国土空间规划、地理国情普查、作物种植监测等重要领域。因此地表覆盖分类卷积神经网络（LCC-CNN）主要针对国产高分辨率卫星影像数据的特点进行设计，同时为了使 LCC-CNN 能够准确、自动化地完成地表覆盖分类任务，LCC-CNN 的模型构建必须考虑地表覆盖分类任务特性与数据情况，使卷积神经网络具有良好的特征提取能力，较强的鲁棒性与平移、旋转不变性。同时还要避免由于多次下采样与卷积导致的特征图分辨率过低，丢失信息细节与语义空间信息等问题，最大限度地综合利用各种数据特征，获得较好的分类精度。为了达到上述要求，LCC-CNN 在分类性能上需要满足如下应用要求：

（1）处理对象主要为高分二号、北京二号等国产亚米级别的高分辨率多光谱卫星影像；

（2）实现地表覆盖分类的端到端处理，能够输入并处理任意尺寸的影像数据，除数据预处理与必要的后处理以外，地表覆盖分类可自动完成；

（3）最小的图斑划分能力应优于 16 像素，具备较高的分类精度，能够处理大范围地表覆盖分类任务；

（4）具有较高的处理效能，对于 0.8m 分辨率多光谱影像数据，单机日处理能力达到 5000km^2 以上。

针对上述应用要求，LCC-CNN 在构建过程中，首先设计了地表覆盖分类特征提取方法、特征解码与分类方法以及训练算法。在具体实现上，LCC-CNN 在主体结构上分为编码与解码两大模块。通过在两大模块中使用上述方法使 LCC-CNN 能够精准地完成地表覆盖分类。

LCC-CNN 的编码模块用于提取复杂的地表覆盖分类特征，主要由多尺度感知块、特征提取块与改进的金字塔池化结构组成。多尺度感知块主要是通过改进空洞卷积扩张率、补充特征信息密度，在提高特征信息密度的同时能够感知、提取多尺度地表覆盖特征。编码模块中串联了多个特征提取块，用于地表覆盖特征提取，特征提取块间使用带步长的卷积改进了传统编码中常用的池化层，使下采样后的特征图能保留更多有效信息。在编码模块最后阶段使用了改进的金字塔池化结构，进一步提升了编码模块多尺度特征提取与融合能力。编码模块中，所有的特征提取均依靠卷积与池化完成，在特征提取过程中不指定特征图的具体尺寸，确保了编码模块能够处理任意尺寸影像。同时编码模块控制了下采样的次数，避免过度下采样损失大量有效信息。

LCC-CNN 解码模块的关键方法是对编码模块形成的高维特征图进行解码。通过多级解码模块逐级上采样恢复、融合底层特征重建图像分辨率，最后通过分类算法完成像素级分类。为了具备较高的处理效能，使用 1 ×1 卷积融合压缩特征维度，减少卷积神经网络的运算量，提高分类运算效率。在训练算法上改进了传统分类使用的交叉熵损失函数，通过设计权重参数，提出了强化地表覆盖分类学习能力的训练损失函数。

LCC-CNN 在整个流程中所有的训练参数及权重主要与卷积核相关，训练完成后可以处理任意大小的高分辨率卫星影像，能够识别不同形态的地表覆盖分类，同时具备较好的分类效率，LCC-CNN 的总体架构如图 6-1 所示。

6.1.1 编码模块结构构建方法

编码模块结构是 LCC-CNN 提取地表覆盖分类特征的核心模块。在编码模块中针对高分辨率卫星影像地表覆盖分类图斑尺度变化大，形态多变等特点设计特征提取方法。LCC-CNN 编码模块的特征提取方法中，通过设计多尺度感知模块快速扩大神经网络感受野，捕捉并获取影像的多尺度特征，然后使用特征提取模块进一步提取、组合地表覆盖分类关键特征，经过抽象、组合的特征改进后的金字塔池化结构融合多尺度特征，最终形成高维地表覆盖分类特征图。在特征提取过程中，为了减少信息损失，最终的特征图尺寸控制为输入影像尺寸的 1/32。LCC-CNN 编码模块的特征提取流程如图 6-2 所示。

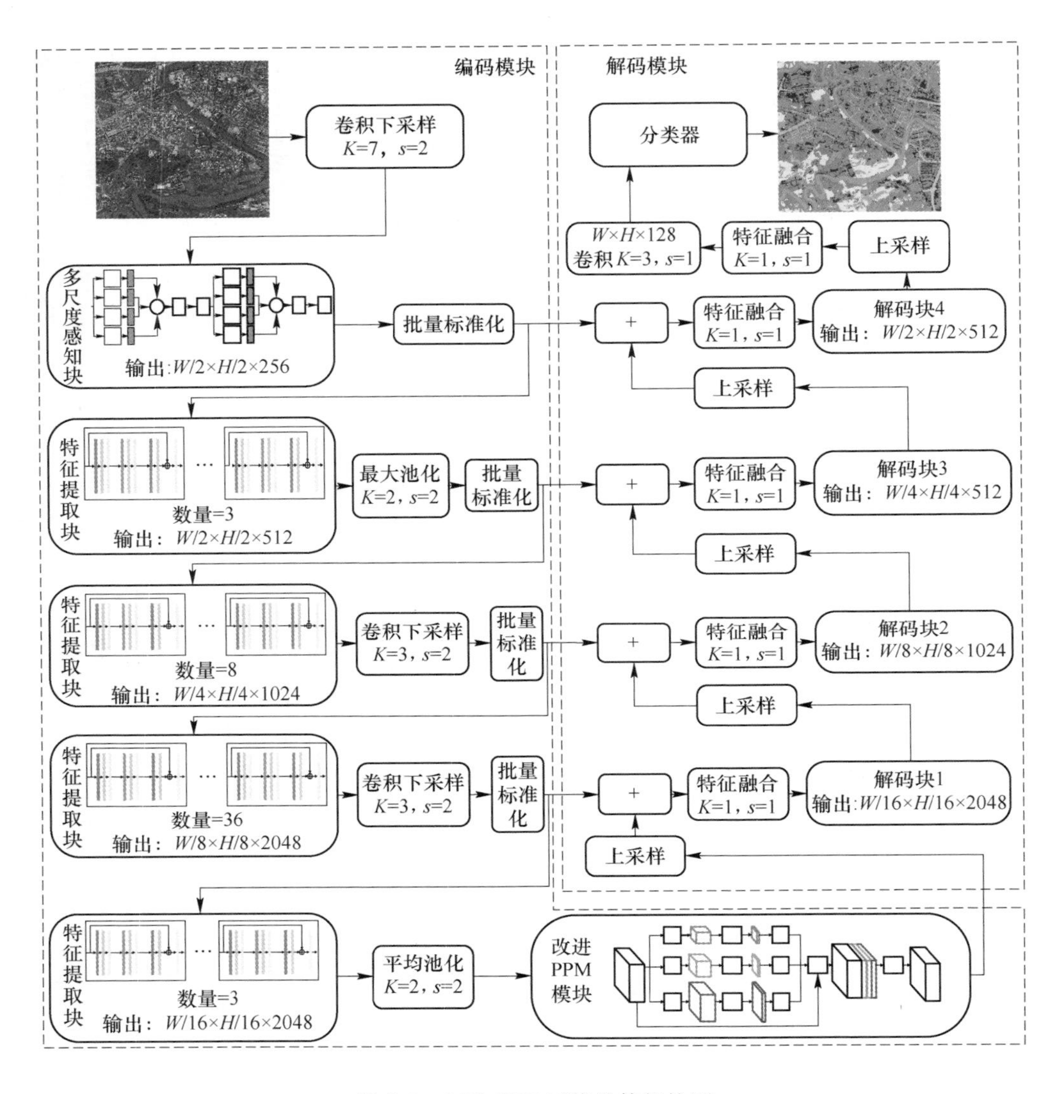

图 6-1　LCC-CNN 网络总体架构图

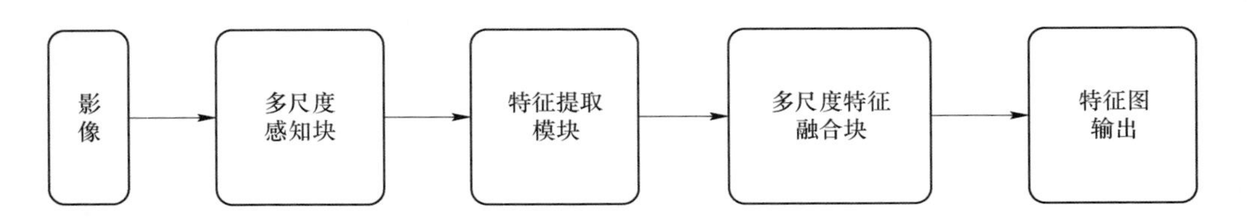

图 6-2　LCC-CNN 特征提取流程

6.1.1.1 LCC-CNN 多尺度特征感知方法

为了使 LCC－CNN 能够充分捕捉多尺度地表覆盖特征，LCC－CNN 应该具备尽可能大的感受野，在特征提取的过程中获得更多的上下文信息。而感受野的大小与卷积核的大小及卷积层数有关。卷积核（滤波器）越大，感受野的扩张速度越快。但卷积核的扩大将增加卷积神经网络的参数量，若卷积核大小从 d_1 扩大到 d_2，则增加的参数量为 $d_2^2 - d_1^2$。过大的卷积核将大幅增加整个网络的参数，降低 LCC-CNN 的语义分割效率。

为了提高效率，LCC-CNN 在编码初始阶段设计了带有扩张卷积的多尺度特征感知模块快速获取扩大感受野，获取多尺度特征。与普通卷积相比，扩张卷积是一种不增加参数量就可以扩大感受野的卷积方法，扩张率越大，LCC-CNN 获得的感受野也就越大。

为了消除格网效应，LCC-CNN 的多尺度感知块中设计了两种改进方法消除格网效应。一是在设计 LCC-CNN 的扩张卷积时考虑各层间扩张卷积的有效覆盖范围。从格网效应形成的机理可知，如果各层中扩张卷积的扩张率为倍数关系，则卷积后必然会出现扩张卷积的重叠，形成大量信息空洞。为了避免扩张率形成倍数关系，在设计扩张卷积时，不同扩张卷积的扩张率必须互质，扩张率的最大公约数应为 1。因此，在连续的扩张卷积层中，不同卷积层间扩张率应该满足式(6-1)：

$$D_l = \max[D_{l+1} - 2d_l, D_{l+1} - 2(D_{l+1} - d_l), d_l] \tag{6-1}$$

式中 d_l——第 l 层扩张卷积的扩张率；

D_l——该层最大扩张率。

若在每层只有一种扩张卷积的情况下 $D_l = d_l$。卷积核为 $k \times k$，如果，$D_l \leqslant k$ 则最终不会产生格网效应。依据公式，在 LCC-CNN 的多尺度感知块中，第一层扩张卷积中并联使用了扩张率为 5、11、17 的扩张卷积，在第二层扩张卷积中并联使用扩张率为 4、7、13 的扩张卷积，避免了格网效应。

LCC-CNN 消除格网效应的改进方法二是补充扩张卷积的特征信息密度。在分支网络中加入无扩张的 3×3 卷积，卷积后获得高密度特征信息的张量 $\boldsymbol{T}_1$。将 $\boldsymbol{T}_1$ 与扩张卷积形成的 $\boldsymbol{T}_2$、$\boldsymbol{T}_3$、$\boldsymbol{T}_4$ 张量融合为 $\boldsymbol{T}_{\text{merge}}$，再使用 1×1 卷积压缩 $\boldsymbol{T}_1$ 数据维度，最后对 $\boldsymbol{T}_{\text{merge}}$ 进行 3×3 卷积融合多尺度特征信息。经过融合高密度特征信息张量后的 $\boldsymbol{T}_{\text{merge}}$，其特征图张量中每个像素均增加了特征信息密度，弥补了扩张卷积造成的特征信息丢失。使用上述两种改进方法形成的多尺度感知块如图 6-3 所示。

在多尺度感知块中包含两组卷积，每组卷积首先将 3×3 卷积与三种不同扩张率的扩张卷积并联，每个分支在卷积后对卷积结果进行批归一化，然后连接各个分支结果，连接结果通过 1×1 卷积压缩特征维度，使用 3×3 卷积融合特征。

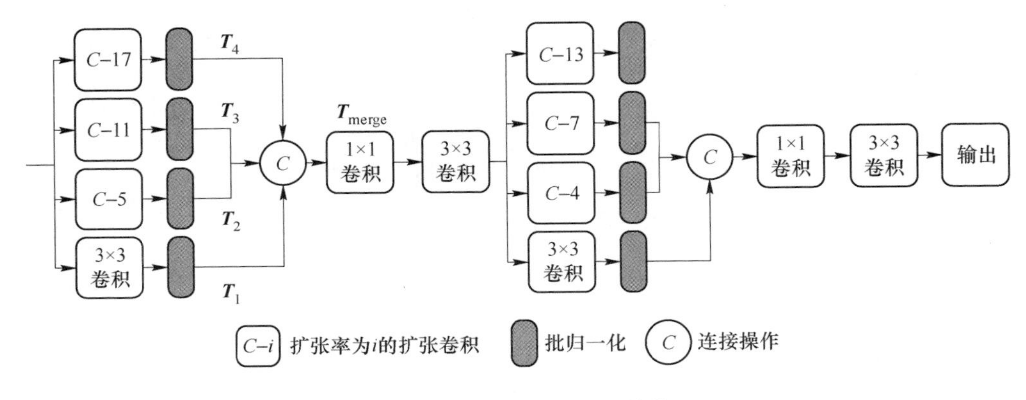

图 6-3　多尺度感知模块结构

压缩后的特征再进行一次多尺度扩张卷积，所得结果经过 1×1 卷积压缩特征维度与 3×3 卷积融合特征。经过两组卷积后，多尺度感知块将包含多尺度特征的地表覆盖分类特征图输出至特征提取块中。式（6-2）为感受野的计算公式。

$$R_i = RF_{l-1} + d_l(k_l - 1)\prod_{i=1}^{l-1} s_i \tag{6-2}$$

式中　RF_{l-1}——上一层感受野大小；

d_l——扩张率；

k_l——卷积核大小；

s_i——步长。

通过公式计算，在经过两组卷积后多尺度感知块的感受野可以快速扩大到 65，如采用普通卷积，两组卷积后感受野大小仅为 9。与普通卷积相比，多尺度特征感知块在不增加参数的情况下，使用扩张卷积实现了感受野范围的快速扩大。

6.1.1.2　LCC-CNN 特征提取块构建方法

LCC-CNN 特征提取块的核心问题是提取影像分类关键特征，为解码与分类提供精准的分类特征图。在特征提取模块中，主要依靠深层网络完成特征的抽象与提取，特征提取模块一共分为 4 组，每组中均由若干结构相同的残差特征提取块构成。残差块的主要结构如图 6-4 所示。

特征提取块中主要堆叠的是带有快捷连接（Shortcut Connection）的卷积结构，由 1×1、3×3 与 1×1 卷积串联而成。这种结构是特征提取块的基本单位，通过在 4 个特征提取块中不同数量堆叠，实现对地表覆盖特征的提取。特征提取块的主要构成如图 6-5 所示。

在编码部分，下采样操作用于提取关键特征、压缩特征图尺寸。经典卷积神经网络中通常使用的最大值池化与平均值池化进行下采样操作，在物理意义上相

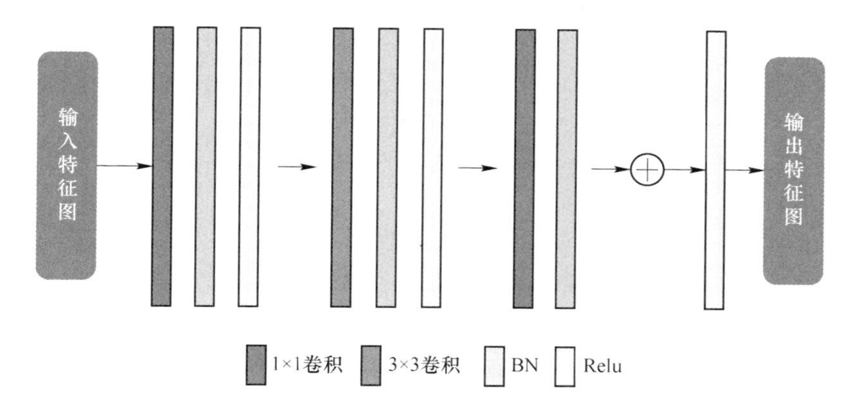

图 6-4　残差特征提取块结构图

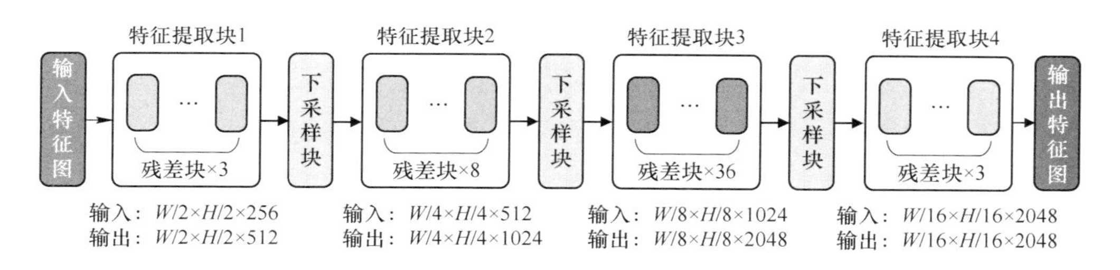

图 6-5　特征提取块主要结构

当于对高分辨率影像使用单一的滤波处理。由于高分辨率影像地物特征复杂，导致传统池化模型不能很好地提取影像特征，单一的池化下采样操作使得特征图中的特征趋向同质化，导致特征图中的特征出现弱化现象。图 6-6 所示为影像经过最大值池化与平均值池化后的效果，从池化结果来看，最大值池化保留了池化区域内的显著特征，而平均值池化则提取了池化区域内的一般特征。如果反复使用最大值池化与平均值池化，深层特征图中将损失大量重要特征。

为了减少下采样过程中的特征损失，在 LCC-CNN 的特征编码模块中，仅仅各使用了 1 次最大值池化与平均值池化操作。特征提取模块中的下采样块均采用步长为 2 的 3 ×3 卷积代替传统池化进行下采样。LCC-CNN 中下采样块的结构如图 6-7 所示。

LCC-CNN 使用卷积下采样，可以设置大量的卷积核，用于针对特征图进行参数不同的下采样运算。采用卷积下采样方式后，特征图在下采样过程中每个像素均参与运算，并且其特征均包含在卷积后的像素中，与传统池化方式只保留池化范围的特定像素特征相比，卷积后的结果中保留了更多特征要素，特别是保留了池化范围的区域特征，有利于编码模块进一步综合、提取特征。

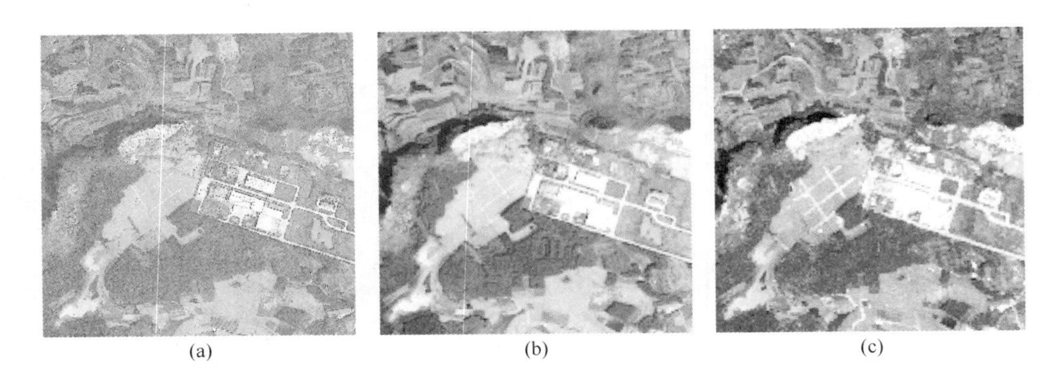

图 6-6　池化效果图
(a) 原始影像；(b) 平均值池化效果；(c) 最大值池化效果

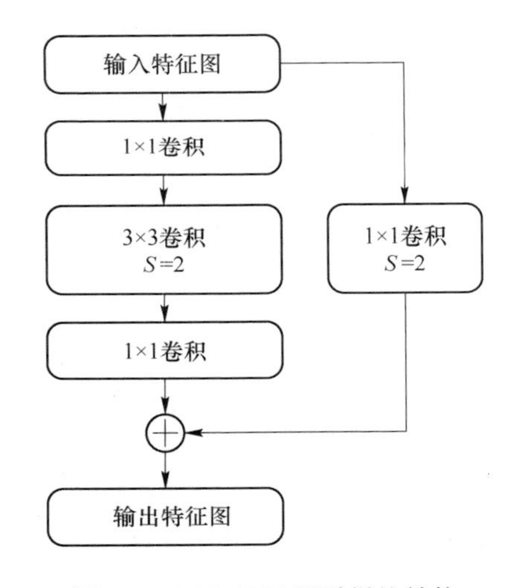

图 6-7　LCC-CNN 下采样块结构

6.1.1.3　LCC-CNN 多尺度特征融合方法

地表覆盖分类中区域特征的提取有助于 LCC-CNN 在提取大尺度图斑时维持图斑的完整性。在 LCC-CNN 中使用了改进的金字塔池化结构提取、融合不同尺度的区域特征。原始的 PPM 结构中，将特征图简单池化为尺寸分别为 1、2、3、6 四种大小的特征图。在提取地表覆盖分类特征过程中，池化后过小的特征图尺寸将导致信息综合区域过大，小图斑的特征信息将被综合或舍弃，最终分类时，LCC-CNN 将趋向于输出较大尺寸的地表覆盖分类图斑。

为了消除这种情况，对 PPM 进行了改进，将原有的四种固定的 1×1、2×2、3×3、6×6 尺寸特征图改为按比例生成特征图，生成尺寸分别为输入 PPM 特征图尺寸的1/2、1/4、1/8。同时将原 PPM 结构使用的平均池化改为自适应池化。改进后的 PPM 结构如图 6-8 所示。

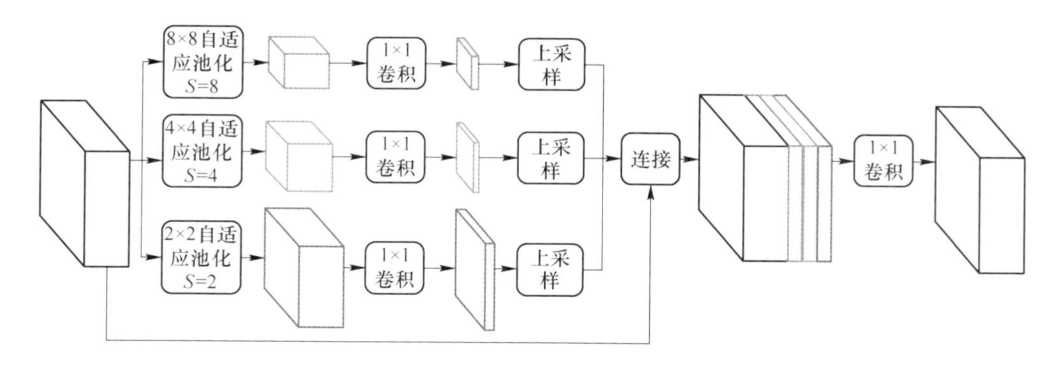

图 6-8 改进后的 PPM 结构

改进后的 PPM 在接收特征图后，对特征图分别进行 2×2、4×4 与 8×8 自适应池化，池化后形成并行的特征图分支。分支中不同尺寸的特征图经过 1×1 卷积，将每个分支的特征图通道数量由 2048 压缩到 512。压缩后的特征图通过双线性上采样操作将特征图尺寸均恢复至输入特征图大小。

改进的金字塔池化使得 LCC-CNN 在高维度特征图中捕获不同尺度的区域特征，可以有效融合多尺度区域特征。改进 PPM 中不同大小的池化能够形成多个尺度的特征图，多尺度的特征图最终再进行全局融合，完成多尺度特征的组合。由于金字塔中每一个尺度的特征之间都有着紧密地联系，这样在区域特征提取过程中能够提取更多的特征信息。

6.1.2 解码模块与分类方法

解码部分负责重建图像分辨率与获取地表覆盖分类结果。LCC-CNN 提取的高维特征图中包含了地表覆盖分类特征信息，但由于特征提取过程中经过多次下采样处理，损失了大量细节信息，特征图的分辨率远低于输入影像，单纯依靠高维、低分辨率特征图并不能实现像素级的地表覆盖分类。为了从特征图获得像素级的地表覆盖分类成果，LCC-CNN 对特征图进行双线性上采样扩充特征图的分辨率，通过插值来弥补上采样后丢失的空间信息。上采样后结果连接低层信息，扩充特征图的细节特征，补充插值部分所缺失的真实特征信息。连接后的特征图通过 1×1 卷积压缩特征维度，强化特征信息，并使用批归一化层压缩数据震荡。通过在重建特征图分辨率过程中不断融入低层级的特征信息，丰富语义细节，LCC-CNN 逐步重建空间信息与恢复图像分辨率，最终上采样后的数据通过 Softmax 分类器输出地表覆盖分类结果。

为了使 LCC-CNN 可以接收任意尺寸的影像，整个解码模块中也没有使用全连接和全局池化结构。解码模块通过使用全卷积保持定位信息，当输入的尺度改变时，有效特征图大小随之改变，能够保持对任意尺寸影像的处理能力。

表 6-1 展示了解码模块的主要结构。在上采样的初始阶段，由于特征图的分辨率较小，特征通道数量多，此时在上采样时采用 1×1 卷积压缩了特征维数。在上采样的后半部分，主要采用双线性插值进行上采样，使用 FPN 继续融合多通道特征，捕捉特征图中不同尺度的上下文语义特征。

表 6-1 解码模块主要结构

缩放操作	卷积结构	特 征 处 理	输出通道数	特征图比例
	3×3 卷积	卷积	1024	1/32
×2	1×1 卷积	双线性上采样、FPN 融合	512	1/16
×2	1×1 卷积	双线性上采样、FPN 融合	512	1/8
×2	1×1 卷积	双线性上采样、FPN 融合	512	1/4
	3×3 卷积	特征融合	512	1/4
×4	1×1 卷积	双线性上采样	128	1
	1×1 卷积	特征压缩	8	1

在编码模块输出特征图后，将上采样阶段 1/32、1/16 与 1/8 的特征图扩充到与输出特征图相同的大小。输出特征图通过 3×3 卷积融合特征，经过 1×1 卷积压缩特征维数，最后经过双线性上采样恢复至与输入影像相同大小，经过分类器计算后输出地表覆盖的分类结果。

上采样后的特征与编码部分的特征连接，形成特征通道数量较多的组合特征图，采用 1×1 卷积融合并压缩特征维数。在解码块中，通过 3×3 卷积融合特征，1×1 卷积压缩特征维数。编码部分通过逐步上采样，最后特征图恢复至与输入影像相同大小，经过分类器计算后输出地表覆盖的分类结果。上采样特征融合方式如图 6-9 所示。

在上采样的过程中，为了减少数据冗余，广泛采用了 1×1 卷积。这些卷积主要用于压缩过多的通道数目，融合各个通道的有效信息，将特征图的维度信息充实到空间信息中。在上采样过程中，通过连接操作接入了编码阶段对应分辨率的低层级特征图，增加相应层级的细节特征，最终恢复与重建地表覆盖分类的细节部分。

在通用卷积神经网络分类算法中，Logistic 是常用基础算法。Logistic 函数是从统计学引入的二分类算法，适用于简单的二分类问题。但地表覆盖分类卷积神经网络需要解决多分类问题，二分类 Logistic 函数无法满足多分类应用需要。因

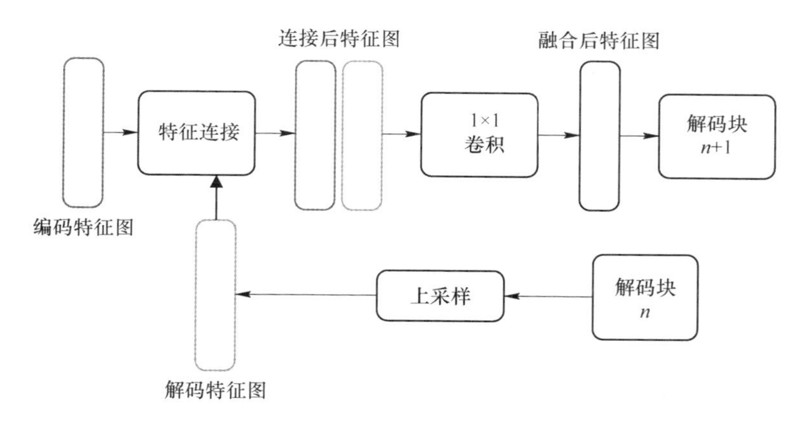

图 6-9 上采样特征融合方式

此在处理地表覆盖分类问题时，使用 Softmax 多分类器计算地表分类结果。Softmax 多分类器是 Logistic 算法在多分类问题上的推广，目的是将多分类的问题转化为概率问题，能够有效解决多分类问题。对于一个包含 K 个分类的地表覆盖分类，其每个分类的计算输出可以组成 $\boldsymbol{K}$ 维向量 $\boldsymbol{\alpha}$，Softmax 函数形式如下：

$$\boldsymbol{Z}(\boldsymbol{\alpha}_j) = \frac{\mathrm{e}^{a_j}}{\sum_{k=1}^{K} \mathrm{e}^{a_k}} \tag{6-3}$$

向量 $\boldsymbol{\alpha}$ 经过 Softmax 函数变换后，所有的输出都被约束在 [0, 1] 范围内，模型的输出结果 $\boldsymbol{Z}(\boldsymbol{\alpha}_j)$ 相当于一个概率向量，其中输出值最大的节点就是 LCC-CNN 的预测分类。

6.2 LCC-CNN 的训练与优化方法

卷积神经网络实际上可以理解为一个由大量参数构成的复杂函数，该函数通过训练逐步逼近、拟合目标函数。因此卷积神经网络的训练与优化是发挥神经网络作用的重要环节。本章设计的 LCC-CNN 结构较为复杂，参数量大，只有选择适当的训练与优化方法，才能确保快速、高效地完成神经网络的训练并达到预期的分类预测精度。卷积神经网络常用的训练与优化手段包括随机梯度下降、批归一化与随机失活等手段。

6.2.1 随机梯度下降

LCC-CNN 训练的首要目的就是通过误差反向传播尽快实现与目标函数的拟合。神经网络反向传播算法的本质是求解损失函数的极小值。在参数空间中，求解损失函数极小值就是依靠梯度寻找损失函数的下凸点，具体实现是通过训练不断迭代寻找损失函数的最小值。

理想的梯度下降方法应该是计算所有的训练样本梯度之后，从各个不同训练样本的梯度中求出总体样本的下降梯度。但当训练样本总数非常大时，计算所有样本的梯度将消耗大量的计算资源，并且在某些计算资源有限的情况下将导致模型难以训练。理论与实验都已经证明，梯度计算可以用部分训练样本的梯度代替所有样本的梯度，基于这种思路的算法就是随机梯度下降算法。

算法 6-1 为标准随机梯度下降算法。由于标准随机梯度下降算法选用部分样本计算梯度，这些样本的梯度可能与全体样本的梯度不一致，在寻找整体最小值过程中有可能错过极值点或者陷入局部极小值。因此在实际应用中，常用的随机梯度算法通常为标准算法的改进算法，这些改进算法主要包括动量梯度下降与 Adam 梯度下降等算法。

算法 6-1　通用随机梯度下降算法
输入：训练样本 $T=\{(x_1,y_1),\cdots,(x_n,y_n)\}$，初始学习率 η，初始参数 θ。
输出：参数 θ。
1. While 未达到训练目标 do
2. 　从训练样本中抽取小批量训练样本 $T'=\{(x_1,y_1),\cdots,(x_m,y_m)\},1\leqslant m\leqslant n$
3. 　使用损失函数 $L(x,\theta)$ 计算梯度 $\delta_t=\frac{1}{m}\sum_{i=1}^{m}\frac{\partial L(x_i,\theta)}{\partial\theta}$
4. 　更新参数 $\theta=\eta\delta_t$
5. end while

6.2.1.1　动量梯度下降算法

动量梯度下降算法是对随机梯度下降算法的改进，动量梯度下降算法通过引入动量概念，对梯度下降算法容易陷入数据平缓区及鞍点的问题进行了改进。在物理学中，动量用于表示速度与质量的乘积，用于衡量物体运动的趋势。在梯度下降计算时，在标准随机梯度算法中增加一个动量项用于表达梯度下降的趋势。增加动量项后的参数更新公式为

$$\nu_{t+1}=\lambda\nu_t+(1-\lambda)\eta\frac{\partial L}{\partial\omega} \tag{6-4}$$

$$\omega_{t+1}=\omega_t-\eta\nu_{t+1} \tag{6-5}$$

同样，增加动量项后的偏置更新计算公式为

$$\nu'_{t+1}=\lambda\nu'_t+(1-\lambda)\eta\frac{\partial L}{\partial\omega} \tag{6-6}$$

$$b_{t+1}=b_t-\eta\nu'_{t+1} \tag{6-7}$$

式中　λ——衰减系数，在 [0，1) 范围取值；

　　　η——学习率。

动量梯度下降法在前后两次迭代梯度方向一致时，可以加速训练过程，在前后两次迭代梯度方向不一致时，能够压缩梯度震荡。通过动量机制，动量梯度下降算法可以更快加速训练收敛过程，提高训练效率。

6.2.1.2 Adam 梯度下降

Adam 算法即自适应矩估计方法（Adaptive Moment Estimation），是随机梯度算法的另一种改进，能够计算每个参数的自适应学习率，适合解决含大规模数据和参数的优化问题。Adam 算法计算梯度的一阶矩估计和二阶矩估计，可以为不同的参数提供自适应的学习率。Adam 算法的计算过程为：

算法开始前初始化一阶矩估计 $\nu=0$ 和二阶矩估计 $S=0$，计算当前梯度 $\delta_t=\frac{1}{m}\sum_{i=1}^{m}\frac{\partial L(x_i,\theta)}{\partial\theta}$，分别计算更新梯度的一阶矩估计 ν_{t+1} 和二阶矩估计 S_{t+1}：

$$\nu_{t+1}=\lambda_1\nu_t+(1+\lambda_1)\delta_{t+1} \tag{6-8}$$

$$S_{t+1}=\lambda_2 S_t+(1-\lambda_2)\delta_{t+1}^2 \tag{6-9}$$

然后计算一阶矩估计和二阶矩估计的偏差并修正一阶矩估计和二阶矩估计：

$$\hat{m}_{t+1}=\frac{m_{t+1}}{1-\lambda_1^{t+1}} \tag{6-10}$$

$$\nu_{t+1}=\frac{\nu_{t+1}}{1-\lambda_2^{t+1}} \tag{6-11}$$

最后计算参数的更新量并对参数进行更新：

$$\theta_{t+1}=\theta_t-\eta\frac{\hat{m}_{t+1}}{\sqrt{\hat{\nu}_{t+1}+\varepsilon}} \tag{6-12}$$

对比其他梯度下降算法，Adam 梯度下降收敛速度更快，并且能够消除其他算法中存在的学习率消失、收敛速度慢与损失函数梯度震荡等问题。图 6-10 是采用 Adam 优化前后的训练曲线对比图。

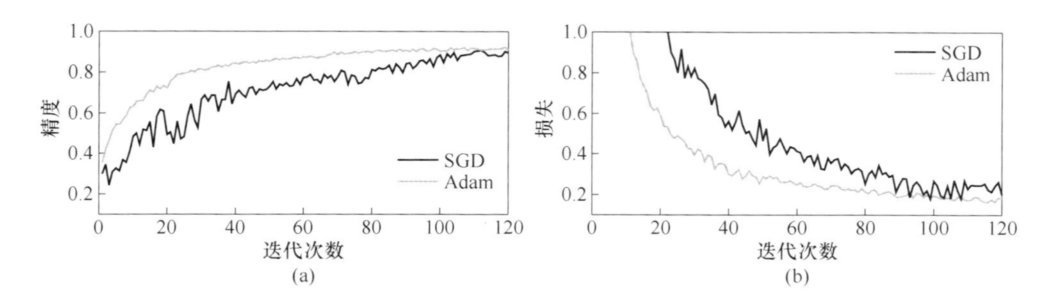

图 6-10　Adam 训练效果对比图

（a）采用 Adam 优化训练精度对比；（b）采用 Adam 优化训练损失对比

从图 6-10 的对比可以看出，使用 Adam 梯度下降方法后，精度提升速度加快，同时 loss 的收敛速度更快，说明 Adam 加快了 LCC-CNN 的训练速度。并且 Adam 在一定程度上抑制了训练曲线的震荡范围。

6.2.2　随机失活

在卷积神经网络的训练过程中常出现过拟合现象。过拟合的卷积神经网络泛化性能大幅下降，仅仅对训练样本中出现过的地表覆盖分类能够正确分类，对于不在训练样本中而特征近似的地表覆盖却难以正确分类。

随机失活（DropOut）是一种简单有效地防止过拟合方法。该方法在训练过程中随机的关闭神经网络中的一些连接，使局部的参数及网络连接不参与某个批次的训练。在训练中，反向传播算法不改变关闭神经元的权重，没有关闭的神经元参与训练并通过反向传播算法调整权重。神经元的随机失活如图 6-11 所示。

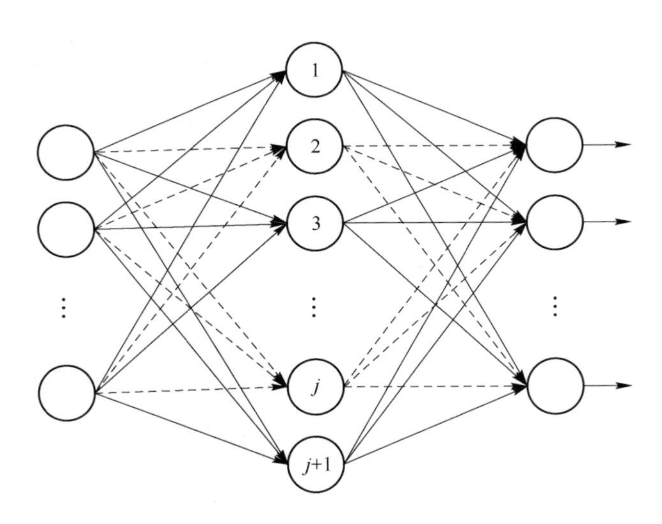

图 6-11　神经元的随机失活

根据随机失活算法，定义 $r = \text{random}(0,1)$，$\text{random}(0,1)$ 为随机数生成函数，生成值 $0 \leqslant r \leqslant 1$。定义 β_j 为神经元 j 的控制系数，p 为失活概率，β_j 的取值为

$$\beta_j = \begin{cases} 0, & (r \leqslant p) \\ 1, & (p < r \leqslant 1) \end{cases} \tag{6-13}$$

在前向传播过程中，采用 DropOut 方法的前向传播公式变为

$$Z_j^l = \beta_j \left(\sum_{k=1}^{n} \omega_{jk}^l \alpha_k^{l-1} + b_j^l \right) \tag{6-14}$$

通过加入随机失活系数的前向传播公式可以看出，当 $\beta_j=0$ 时，神经元的输出为0，相当于处于未激活状态；而 $\beta_j=1$ 时，神经元正常向前传播信号。β_j 生成1的概率由 p 控制，此时一层中通过设定不同的失活概率 p，某层神经网络即可随机关闭一批神经元。

随机失活在每个训练批次中随机关闭若干神经元，这样使得每个批次训练的神经网络结构都不完全相同。在训练过程中，权值更新不会总是按相同的反向传播路径更新，这样减少了层与层之间神经元的依赖作用，增强了整体的鲁棒性。同时，不同的网络结构使得在整个训练过程中，神经网络变为多个子网，输出结果在一定程度上相当于多个子网集成学习的成果，因而也有利于提高神经网络的精度。实验表明，p 的取值在0.5左右具有最好的效果。

6.2.3 批归一化

批归一化（BN，Batch Normalization）是常见的优化方法，通常在下一层的信号输入前加入批归一化层对输入信号进行归一化。批归一化可以使用较大的初始学习率加快训练速度，同时可以避免过拟合，提高卷积神经网络的泛化性。使用集合 $B=(x_1,x_2,x_3,\cdots,x_m)$ 表示一个 Batch 中的输入，γ 与 β 为归一化参数，批归一化的计算过程如下：

首先计算集合 $B=(x_1,x_2,x_3,\cdots,x_m)$ 的均值 μ_B。

$$\mu_B=\frac{1}{m}\sum_{i=1}^{m}x_i \tag{6-15}$$

使用 μ_B 计算输入数据的方差 σ_B^2。

$$\sigma_B^2=\frac{1}{m}\sum_{i=1}^{m}(x_i-\mu_B)^2 \tag{6-16}$$

将每个输入 x_i 进行归一化处理，获得归一化输入 $\hat{x}_i$。

$$\hat{x}_i=\frac{x_i-\mu_B}{\sqrt{1+\sigma_B^2}} \tag{6-17}$$

最后通过 $\hat{x}_i$ 与参数 γ 和 β 计算 BN 层的归一化输出 y_i。

$$y_i=\gamma\hat{x}_i+\beta \tag{6-18}$$

批归一化的计算过程说明，BN 层使用输入均值和方差对该批次的输入数据批量归一，并将输入数据转换为0-1分布。0-1分布使归一后的数据被限定为正态分布，这样的限定制约了数据的表达能力，因此采用 γ 与 β 作为调节系数对0-1分布进行缩放和平移，增强网络的表达能力。算法6-2为批归一化实现算法。

算法 6-2　批归一化算法
输入：批处理输入 $B=\{x_1,x_2,\cdots,x_m\}$，参数 γ 与 β。 输出：$Y=\{y_1,y_2,\cdots,y_m\}$。 1. 计算批处理数据均值 $\mu_B=\frac{1}{m}\sum_{i=1}^{m}x_i$ 2. 计算批处理数据方差 $\sigma_B^2=\frac{1}{m}\sum_{i=1}^{m}(x_i-\mu_B)^2$ 3. for $i=1$ to m do： 4. 　　计算归一化输入 $\hat{x}_i=\frac{x_i-\mu_B}{\sqrt{1+\sigma_B^2}}$ 5. 　　计算归一化输出 $y_i=\gamma\hat{x}_i+\beta$ 6. 　　将 y_i 归并到 Y 7. end for

图 6-12 是使用批归一化后的训练曲线图，在使用批归一化后，训练中精度提升速度与 loss 下降速度明显提高。同时比较曲线，采用批归一化后曲线的震荡幅度减小，精度与损失的波动均控制在较小范围。

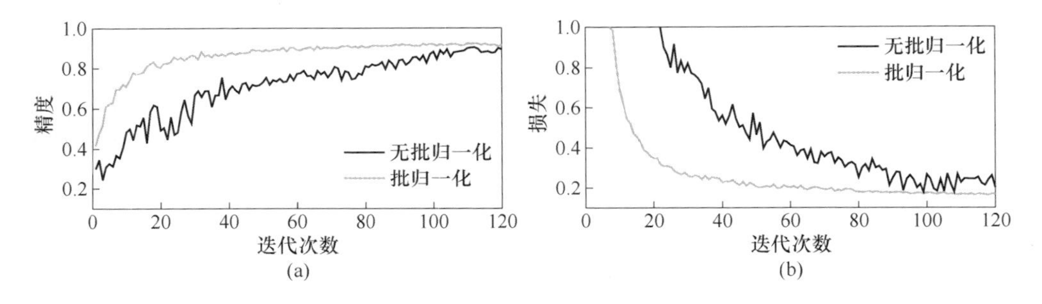

图 6-12　使用批归一化训练效果对比图
（a）使用批归一化训练精度对比；（b）使用批归一化训练损失对比

一般情况下，批归一化可以替代随机失活。在训练过程中，对于原架构中不存在批归一化结构的卷积神经网络使用 Dropout 进行训练与优化，对于含有批归一化结构的神经网络不再采用 Dropout 优化。因此，在研究与训练过程中仅使用批归一化优化 LCC-CNN 及其训练过程。

6.2.4　参数初始化

在 LCC-CNN 训练过程中，由于网络复杂，训练的样本数据量大，一次训练需要消耗大量时间。以 LCC-CNN 模型为例，在缺少预训练的情况下，完整的一次训练需要 4 ~ 7 天，在有预训练网络的情况下也需要 1 ~ 3 天。因此，合理优化有助于提高 LCC-CNN 的训练速度。

神经网络在开始训练前需要对参数进行初始化。参数初始化的值越接近预期的最优值，神经网络训练与收敛的速度也就越快。因此良好的参数初始化方法能够避免过早出现梯度消失现象，并且可以加快卷积神经网络的训练速度。在初始化时，应当避免将所有的参数初始化为相同的值，相同的参数将导致每个神经元的输出完全相等，达不到加速训练的目的，所以在初始化时，一般采用权值随机初始化，保证参数的初始值不完全相同。

目前初始化常用的方法有 Xavier 与 He 初始化。两种方法都是将参数以服从正态分布的方式进行随机初始化。

Xavier 是卷积神经网络常用的参数初始化方法，Xavier 通过保持输入和输出的方差一致来进行初始化，所以 Xavier 初始就是使参数值满足如下分布：

$$W \sim U\left[-\frac{\sqrt{6}}{\sqrt{n_j+n_{j+1}}}, -\frac{\sqrt{6}}{\sqrt{n_j+n_{j+1}}}\right] \tag{6-19}$$

式中 n_j，n_{j+1}——输入与输出维度。

Xavier 对于使用线性激活函数的卷积神经网络参数初始化效果较好。

He 初始化是在随机初始化的基础上，以前一层输出维度为系数调节本层随机参数值的方法。设 l 层的参数为 ω^l，则 l 层的参数初始化值为

$$\omega^l = \sqrt{\frac{2}{n_{l-1}}\text{random}(0,1)} \tag{6-20}$$

一般情况下，两种方法中 He 初始化在使用 ReLu 激活函数时效果较好，因此 LCC-CNN 在训练过程中采用 He 初始化方法进行参数初始化。

6.3 损 失 函 数

地表覆盖分类是多分类问题，LCC-CNN 采用 Softmax 进行分类。Softmax 函数将卷积神经网络的输出进行归一化，并转化为概率分布，所有的分类概率和为 1，因此 LCC-CNN 采用交叉熵函数作为损失函数计算预测结果与真值的概率分布距离。交叉熵损失函数的公式为

$$H(p,q) = -\sum_x p(x)\lg q(x) \tag{6-21}$$

交叉熵损失函数是一种计算实际概率与期望概率差值的算法，在交叉熵损失函数中交叉熵的值越小，两个概率分布就越接近。式（6-21）中概率分布 $p(x)$ 为期望概率，$q(x)$ 为实际输出的概率分布，将式（6-3）的 Softmax 函数代入交叉熵可得 Softmax 函数的交叉熵损失函数为

$$L = -\sum_i y_i \ln a_i \tag{6-22}$$

在地表覆盖分类中，真值是一组概率向量，由于每个像素只会被划分到一个确定的分类，故真值分类的向量分量概率为1，其余错误分类概率都为0，概率向量可以表示为$\boldsymbol{T}=(0,0,0,\cdots,1,0,0,\cdots,0)$，将概率向量代入公式后，地表覆盖分类的损失函数可以简化为

$$L=-y_i\ln a_i \tag{6-23}$$

式中　y_i——向量中真值1；

a_i——实际输出。

为了强化边缘部分的学习效果，突出边缘形态，在损失函数中加入了对边缘强化的损失函数部分。在设计损失函数的过程中参考了CRF的思想，为了加快运算及训练速度，对CRF的计算公式进行了简化改造，其中使用了突出强化纹理形态的部分。修改后的损失函数为

$$L=-\lambda\sum_i y_i\ln a_i \tag{6-24}$$

这个函数中加入了像素权重λ强化图斑边缘附近语义分割的学习效果，距离边缘越近的像素在错误分类时其误差将被显著放大，从而促使神经网络在训练过程中对边缘部分的像素更加敏感，边缘较为模糊的图斑可以取得更好的划分效果。定义λ的像素权重计算公式为

$$\lambda=\boldsymbol{w}_0\left\{1+\exp\left[-\left(\frac{\|p_i-p_j\|^2}{\sigma^2}\right)\right]\right\} \tag{6-25}$$

公式中基础权重$\boldsymbol{w}_0$与边缘计算范围σ为超参数，$\|p_i-p_j\|^2$计算像素p_i到最近的边缘p_j点的距离。参照地理国情监测的技术规范要求，边缘的误差要求控制在5个像素以内，因此在研究中σ的取值为5。基础权重$\boldsymbol{w}_0$根据样本的平衡程度计算，当样本类别基本平衡时，$\boldsymbol{w}_0$取值为1。由于LCC-CNN的训练数据已经通过数据增广平衡了各类别样本，因此在本研究与训练过程中$\boldsymbol{w}_0$取值为1。

从损失函数可以得出，像素权重λ对于整个损失函数的计算具有重要作用。像素权重λ的计算可以在数据输入卷积神经网络训练前统一计算，形成与训练样本匹配的权重图，然后提供损失函数计算使用。具体的权重图计算过程如图6-13所示。

图6-13中，每个像素都对应一个权重，灰色部分数字代表边缘部分像素权重。在实际算法实现中，为了加快计算速度，并不生成全图的基础权重，而是根据分类结果，直接由基础权重表生成基础权重，然后根据像素位置计算获得复合权重。如果在训练过程中采用数据增广方法，那么基础权重都近似相等，此时可以不计算基础权重。在LCC-CNN的训练过程中，通过损失函数，编码模块中的卷积部分在提取特征的过程中，边缘的特征梯度扩大，特征提取的学习过程更加有效。

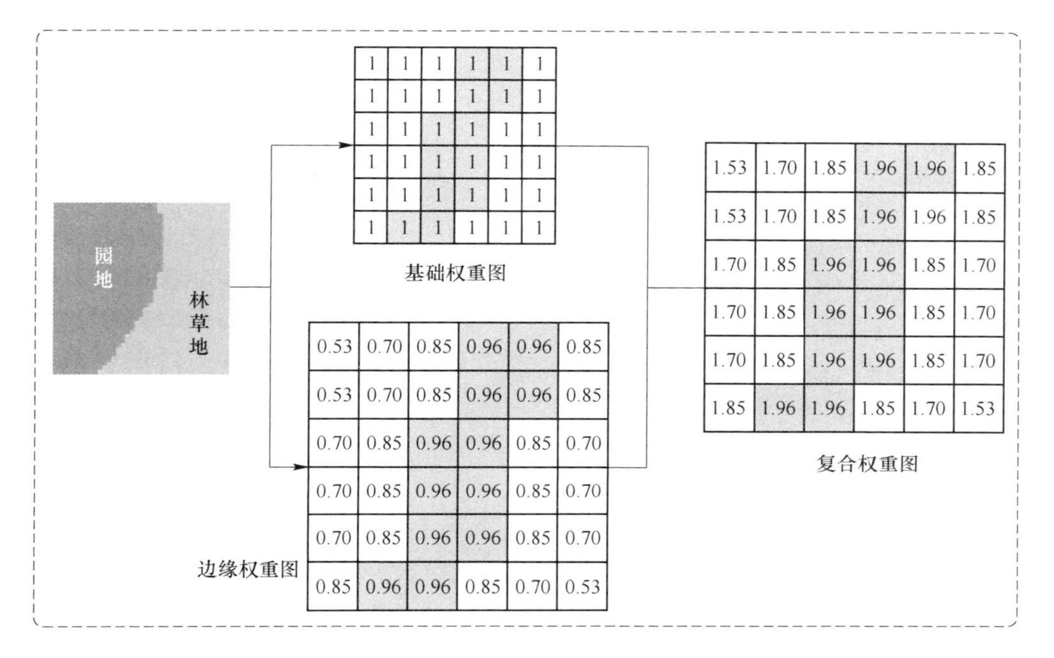

图 6-13 损失函数权重图的计算过程

6.4 多模型集成的地表覆盖分类方法

6.4.1 多模型集成体系

多模型集成是在多个模型分类结果的基础上，按照一定的集成规则融合各模型的地表覆盖分类结果的方法。多模型集成的主要逻辑结构如图 6-14 所示。其中模块 A 为各个模型的特征提取部分，模块 B 为各模型预测输出模块，模块 B 中各个模型的输出结果在集成模块中按一定算法集成，然后通过分类器输出分类结果。在这三个主模块中，集成模块是最重要的核心模块，集成算法的能力直接决定了整个多模型集成架构的分类精度。

多模型集成的一般集成方法是：给定 N 个学习分类器集合 $M=\{N_1,N_2,\cdots,N_n\}$，对于一个含有 i 个分类的样本每个分类算法输出的地表覆盖分类的概率向量为 $\boldsymbol{N}_k=(a_1,a_2,\cdots,a_i)$，给定算法 $f(x)=\mathrm{Merge}(N_1,N_2,\cdots,N_n)$，选择算法统计的最大概率为输出结果。

集成算法是为了使集成后的模型可获得更高的精度与泛化性能。集成的子模型可以采用同质模型与异质模型两种方式组合。同质模型是以相同结构的模型为基础，在此基础上构建 n 个同构的卷积神经网络，每个模型使用有差异的训练数

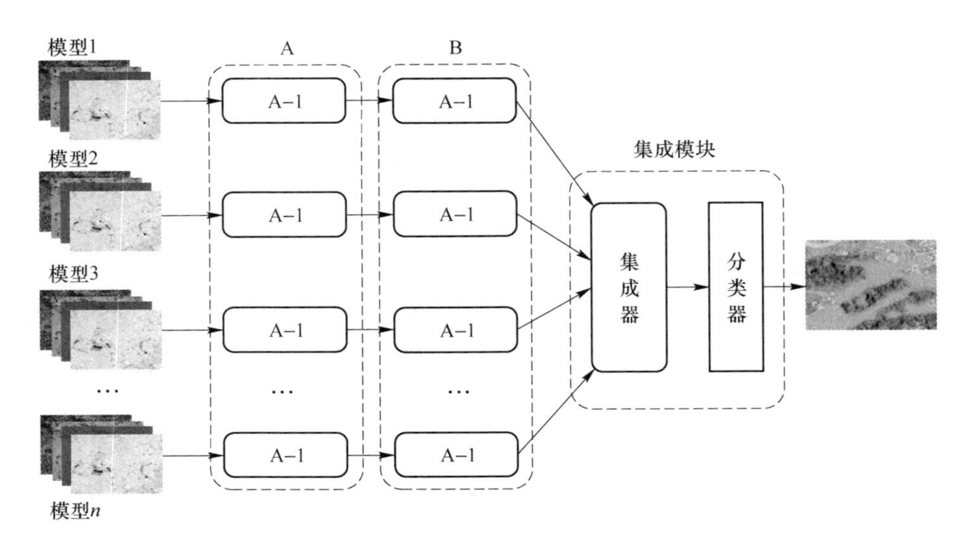

图 6-14　多模型集成分类框架图

据最后合成为一个整体的集成模型。异质模型就是采用结构各异的 n 个卷积模型进行集成，最后形成集成模型。其中 DropOut 过程相当于同质分类器的组合，下面主要讨论异质模型的多模型集成方法。

定义集成模型使用 $\boldsymbol{N}$ 个异质模型进行集成，对于最后有 $\boldsymbol{K}$ 个分类的地表覆盖分类任务，$\boldsymbol{N}$ 个模型形成的预测结果集为 $\boldsymbol{N}=\{\boldsymbol{N}_1,\boldsymbol{N}_2,\cdots,\boldsymbol{N}_n\}$。其中 $\boldsymbol{N}_i$ 为第 i 个模型对 $\boldsymbol{K}$ 个地表覆盖分类预测形成的 $\boldsymbol{K}$ 维概率向量 $\boldsymbol{V}_i=(C_i^1,C_i^2,\cdots,C_i^k)$。异构模型的通用集成算法如算法 6-3 所示。

算法 6-3　通用异构模型集成算法
输入：预测数据集合 $X=\{x_1,x_2,x_3,\cdots,x_n\}$，异构模型：$\{\boldsymbol{N}_1,\boldsymbol{N}_2,\cdots\boldsymbol{N}_k\}$，分类数 m。 输入：预测结果 $Y=\{y_1,y_2,\cdots y_n\}$。 1. for $I=0$ to n do: 2. 　　for $j=0$ to k do: 3. 　　将样本 x_i 输入模型：x_i，得到预测向量 $\nu_i=(C_i^1,C_i^2,C_i^3,\cdots,C_i^m)$ 4. 　　将加入集成向量集 $Z_i=\{\nu_1,\nu_2,\nu_3,\cdots,\nu_j\}$ 5. 　　end for 6. 　　将 $Z_i=\{\nu_1,\nu_2,\nu_3,\cdots,\nu_k\}$ 输入集成器 S，获得分类结果 y_i 7. end for

6.4.2　多模型集成算法

6.4.2.1　投票集成算法

投票集成法对于给定的 n 个分类模型，每个分类模型都对同一个输入数据进行分类预测并产生一个独立的分类结果。投票分类算法将 n 个分类结果进行统计，按预先设定的投票规则选择得票最高的分类结果 C^i 作为集成预测结果。针对不同的需要，投票规则包括绝对多数投票法和相对多数投票法。

绝对多数投票法根据统计子模型分类情况决定最后的输出分类。在预测时，如果超过半数的子模型预测结果相同，则输出超过半数的预测结果。如果所有子模型的预测结果中没有任何分类达到半数以上则预测失败，集成模型输出 NULL 或特定的预测失败信号。预测失败将导致最终的地表覆盖分类图斑中出现空洞。

$$\mathrm{Vote}_{绝对多数}=\begin{cases}C^i, & \left\{\dfrac{\mathrm{Max}[\mathrm{count}(C^i)]}{n}\geqslant 0.5\right\}\\ \mathrm{NULL}, & \left\{\dfrac{\mathrm{Max}[\mathrm{count}(C^i)]}{n}<0.5\right\}\end{cases} \tag{6-26}$$

相对多数投票法去除了预测结果得票比例的限制，将得票最多的预测结果作为输出结果。如果同时有多个预测分类具有相同的最高票数，则算法按一定的取舍规则进行选取。相对多数投票法保证了集成模型输出确定的分类结果，避免了绝对多数投票法在得票不满半数情况下出现的图斑空洞。

$$\mathrm{Vote}_{相对多数}=\max[\mathrm{count}(C^i)] \tag{6-27}$$

6.4.2.2 学习集成算法

学习集成算法是一种多阶的集成算法，从实现过程上可以将模型分为两阶段。模型的初始阶段由 $N_1,N_2,N_3,\cdots,N_k$ 等若干初级分类模型构成。在初始阶段先使用训练数据集 $T=\{(x_1,y_1),\cdots,(x_n,y_n)\}$ 分别训练初级分类模型，训练完成后构成初级分类模型集合。学习集成算法选取 LCC-CNN、FCN、DeepLab V3+、DenseNet 与 UPerNet 等 14 个模型作为初级分类模型。

初级分类模型训练完成后，删除 14 个初级模型的分类器，并冻结这 14 个初级分类模型剩余网络结构的参数。在高级集成过程中，将这 14 个初级分类器最后输出的特征图作为高级集成阶段的输入，定义 Z 为高级集成器的训练数据集，$Z=\{(z_1,y_1),\cdots,(z_n,y_n)\}$。训练损失函数使用交叉熵损失函数。

高级集成阶段主要使用 1×1 卷积进行训练，共采用 4 层结构。其中前两层采用深度可分离卷积，卷积深度为 14，共 112 组；第三层采用 1×1 卷积，卷积深度为 112，共 8 组；第四层采用 1×1 卷积，卷积深度为 8，共 8 组。最后形成的特征图经过 Softmax 函数后输出分类结果。

从本质上来说，学习集成法可以看作是通过学习自动生成权重的加权投票法。与加权投票方法相比，可学习的集成器是完全由地表覆盖数据的特征以及各个初阶分类模型的效能来驱动的，这样避免了人工设计投票权重，使整个分类模型具备良好的灵活性与泛化性。

6.4.3 多模型集成精度评估

对于多模型集成而言，集成后的模型实际上仍然是一个复杂的函数拟合过程，构建模型的过程就是研究如何使拟合模型更接近现实模型。对于多个模型的集成，必须能够预估模型的集成精度，通过预估的集成精度可以指导如何构建与改进集成模型。

假定一个模型的地表覆盖精度为 p，分类错误率为 ε，根据概率学原理 $p+\varepsilon=1$。在进行精度评估时，将多分类问题简化为模型对高分辨率卫星影像上每个像素判断是否正确的问题。对于每个像素 x，使用 n 个正确分类概率为 p，错误分类概率为 ε 的模型进行分类的预测概率可表示为：

$$p = p_{x \in D}\left[\sum_{i=1}^{n} h_1(x)\right] \tag{6-28}$$

根据 Hoeffding 不等式，将像素 x 的概率模型代入不等式可得错误概率计算公式：

$$p = p_{x \in D}\left[\sum_{i=1}^{n} h_1(x)\right] \leqslant \exp\left[-\frac{1}{2}n(1-2\varepsilon^2)\right] \tag{6-29}$$

此时通过计算即可获得理论上的多模型集成精度。从上述公式可以得出结论：当集成模型的数量越多，整体集成模型的精度也就越高。精度的提高与模型数量呈指数级关系。如果拥有足够数量的模型，则集成模型的理论输出精度可以无限趋近于真值。但是上述公式成立的前提是所有模型互不相关，对于每个像素的预测结果相互独立。如果不能满足此条件，则模型输出精度无法达到理论上界。

6.5 多时相地表覆盖分类方法

在地理国情监测等对自然地物的监测项目中，高分辨率卫星影像的地表覆盖分类工作是以年为周期开展的，每年都获取一期影像以及相对应的地表覆盖分类成果。与地理国情监测相似，许多动态监测类项目也是按一定的周期重复开展，在多期监测的同时也积累了丰富的多时相数据资料。多时相数据与单一时相数据相比，增加了数据的时间维度，扩充了地表覆盖的特征维度，更有利于提高地表覆盖分类的精度。

特征维度扩展后，对卷积神经网络的特征提取算法也提出更高要求。为了有效提取增加了时间维度的地表覆盖特征，需要对卷积神经网络进一步改进，使其能够自动完成时空特征的抽象与提取，并利用这些特征提高地表覆盖分类精度。

从卷积神经网络反向传播算法的分析中可知，卷积神经网络的训练是由训练样本的真值与预测值之间的误差来驱动的。对于多时相监测任务中的地表覆盖分类，上一周期的地表覆盖分类数据在监测项目开展过程中已经通过多种方法检验核实，数据质量真实可靠，其数据成果可以视为真值。因此如果将上一期的真值与影像的预测结果进行比对，就可以获得上一时相数据的预测误差 ε。

现实世界地表覆盖的变化在时间维度上具有连续性与关联性。对于相邻的两个时相，后时相的地表覆盖分类总是从前时相的地表覆盖分类变化而来。此时前后时相数据的关系可以表达为

$$Y_{\text{后时相}} = Y_{\text{前时相}} + \Delta Y \tag{6-30}$$

式中 ΔY——两期时相间地表覆盖发生的变化量。

从式（6-30）可以看出，如果去除发生变化的地表覆盖，两期地表覆盖间存在未发生变化的图斑。这些图斑尽管因季节的原因可能在影像上存在不同的纹理特征，但其大小、形状、边缘均未发生变化。以广西为例，除部分城市区域外，绝大多数地区的地表覆盖变化并不频繁。通过统计 2017 年与 2018 年广西地理国情监测数据，广西不同地区地表覆盖的年变化量为 4% ~10% 。因此，对于广西大部分地区，可以认为影像中变化区域为少数，未变化区域为绝大多数。

对于一个稳定的卷积神经网络，确定的输入信号进入模型后会产生确定的输出信号。对于 LCC-CNN，尽管通过不断的训练可以使 LCC-CNN 尽可能拟合目标函数，但由于不可避免的系统误差影响，LCC-CNN 的输出不可能完全正确。如果 LCC-CNN 对于未变化的地表覆盖，在不同时相下预测结果有较高的趋同性，而对变化的地表覆盖又有足够的敏感性能够正确发现，那么就可以考虑使用上一周期的预测误差 ε 来对本周期的预测结果进行修正，从而使预测结果更加接近真值，达到提高精度的目的。

虽然 LCC-CNN 的分类错误率在 10% 以上，但 LCC-CNN 对不同时相的地表覆盖的预测表现出了高度的趋同性。这种趋同性不仅表现在正确预测的地表覆盖上，同样也表现在预测错误的地表覆盖分类上。LCC-CNN 对于同一个地表覆盖分类图斑，在不同的时相中总是被错分成另一种地表覆盖分类。

图 6-15 是 LCC-CNN 错误趋同的示例。LCC-CNN 对 2017 年、2018 年深色区域的预测发生了相同的误判，说明 LCC-CNN 对前、后时相地表覆盖分类具有较好的一致性，即使出现了预测错误，错误分类也保持了高度的一致性。在这种高度一致性的基础上，LCC-CNN 满足使用前时相的真值与误差来纠正后时相分类错误的条件。

图 6-16 是一些复杂影像纹理的示例。不同时期的影像在纹理、颜色上会有较大的差异。例如旱地在作物收割后，其纹理非常接近于裸土地的形态。通过观察 LCC-CNN 的分类结果，可以发现 LCC-CNN 具有较好的泛化性，对于不同时期纹理特征差异较大的地表覆盖能够正确分类。

从图 6-15 和图 6-16 可以看出 LCC-CNN 对相同区域的前、后时相地表覆盖分

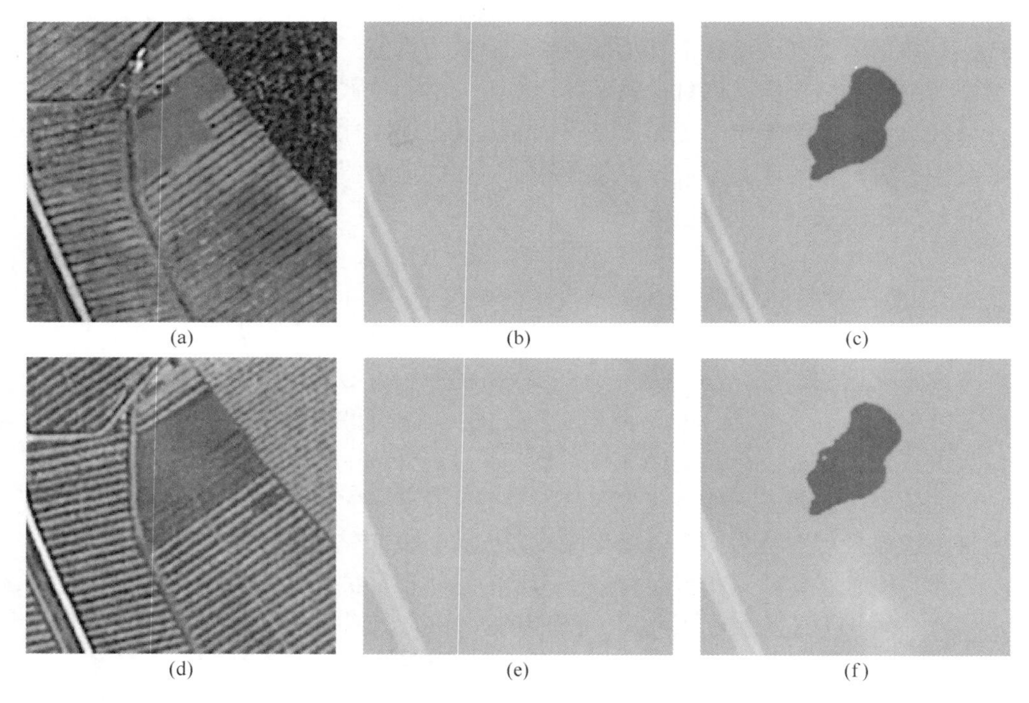

图 6-15　不同时相分类错误对比

（a）2017 年影像；（b）2017 年真值；（c）2017 年预测结果；
（d）2018 年影像；（e）2018 年真值；（f）2018 年预测结果

扫码看彩图

类预测较为稳定，无论对错，预测结果都具有高度的趋同性。这种趋同性说明 LCC-CNN 满足了利用多时相数据修正分类错误的基本条件。

图 6-17 是后时相利用前时相预测修正值进行分类修正的流程图。但是由于前、后两个时相之间地物有可能会发生变化。如果不做任何约束就参照前时相的修正量进行分类修正，反而会削弱深度卷积神经网络的地表覆盖分类能力。例如前时相中某个地表覆盖真值是旱地，但被错误预测划分为硬化地，而在后时相数据中，这块旱地恰好变更为硬化地，而此时深度卷积神经网络将其正确预测为硬化地，如果仍按前时相将硬化地修正为旱地，就造成了后时相分类从正确变为错误。因此，通过前时相进行错误修正时还必须具备如下条件：LCC-CNN 须具备高度一致性，对相同区域前、后时相地表覆盖分类预测结果相同；前、后时相相同区域的语义特征接近，图斑形状相似。

时相修正算法的核心思想是利用现有的卷积神经网络提取的影像语义分割特征，通过引入参考真值对预测分类加以约束，克服因为卷积神经网络缺少对空间、边缘信息等约束造成的分类错误。对于分类错误，如果错误趋同，可以利用

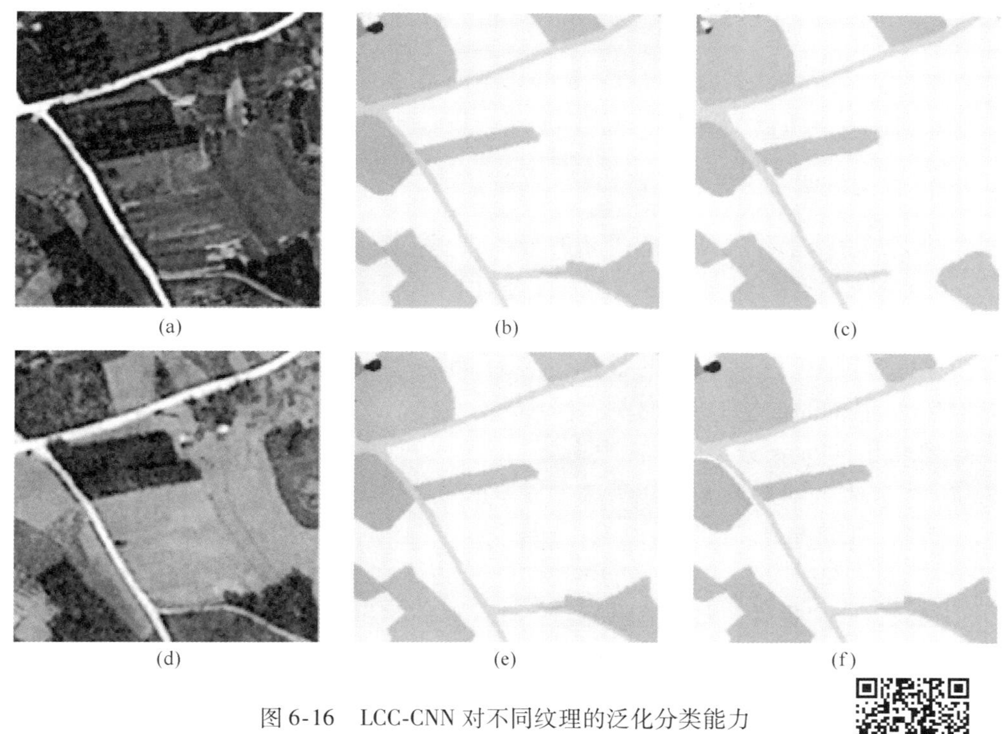

图 6-16 LCC-CNN 对不同纹理的泛化分类能力

（a）2017 年影像；（b）2017 年真值；（c）2017 年分类结果；
（d）2018 年影像；（e）2018 年真值；（f）2018 年分类结果

扫码看彩图

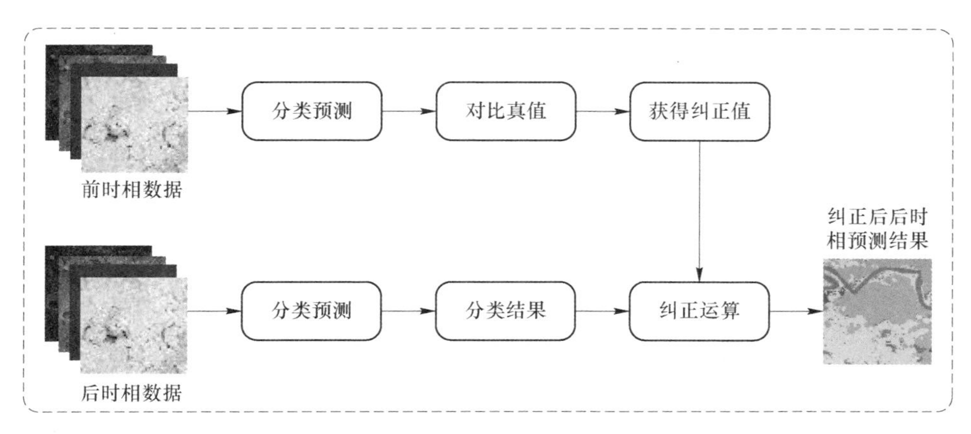

图 6-17 地表覆盖分类时相修正流程

参考真值修正分类错误。通过这套算法可以有效改进预测精度，并且能够发挥前时相真值的作用，特别对于地表覆盖无变化的区域，前时相真值可以大大提高图斑边缘部分的分类精度，使 LCC-CNN 自动化处理后的影像精度能够达到工程应用要求。

基于上述理论，根据获得修正量与修正分类的不同实现方法，可分为分类概率修正与深度学习修正两种算法，下面逐一进行介绍。

6.5.1 分类概率修正算法

分类概率修正算法是以前时相的分类概率误差来修正后时相分类结果的算法。LCC-CNN 使用 Softmax 函数作为分类函数。Softmax 函数输出的是分类概率向量，分类概率修正算法将概率向量与真值比较获得修正量。

在计算过程中，首先使用 LCC-CNN 对前时相进行预测，对于每一个像素点，预测后均由 Softmax 输出一个分类概率向量。对有 n 个地表覆盖分类的神经网络，每个像素点 Softmax 分类函数输出为 $\boldsymbol{T}_{前时相}=(C_1,C_2,C_3,\cdots,C_i,C_{i+1},\cdots,C_n)$，$C_i$ 为第 i 个分类的输出概率。如果这个像素的分类真值为 $\boldsymbol{T}_{真值}=(0,0,0,\cdots,1,0,0,\cdots,0)$，可以得到修正向量为 $\boldsymbol{T}_{修正量}=\boldsymbol{T}_{真值}-\boldsymbol{T}_{前时相}$，此时的 $\boldsymbol{T}_{修正量}=((0-C_1),(0-C_2),\cdots,(0-C_i),\cdots(0-C_n))$。

在获得修正量后，再次使用 LCC－CNN 对后时相的影像进行预测，获得输出的预测概率向量 $\boldsymbol{T}_{后时相}$。但在计算修正前，必须判断修正区域的地表覆盖分类是否在前、后时相间发生了变化。因此，在计算修正量时必须考虑前、后时相每个像素特征的相似性。前、后时相同一区域特征相似性越高，发生变化的可能性也就越小，该区域的修正量可信度越高。

LCC-CNN 在上采样的最后阶段，形成一幅多维的特征图，对于特征图上的每个像素，可以看作是一个多维特征向量。定义前、后时相特征图某像素 $P(i,\ j)$ 的语义特征相似度为 D_{ij}，D_{ij}的计算公式如下：

$$D_{ij}=\frac{\boldsymbol{F}_{ij}\cdot\boldsymbol{F}'_{ij}}{\|\boldsymbol{F}_{ij}\|\|\boldsymbol{F}'_{ij}\|} \tag{6-31}$$

式中 $\boldsymbol{F}_{ij}$——前时相的特征向量；

$\boldsymbol{F}'_{ij}$——后时相的特征向量。

获得特征相似度后，代入 $\boldsymbol{T}_{修正量}=\boldsymbol{T}_{后时相}-D_{ij}\boldsymbol{T}_{修正量}$ 获得最终的修正预测结果。修正后的预测结果再进行一次 Softmax 处理获得改正后的输出概率，并以此输出最终分类结果。

分类概率修正算法实际上是通过前时相的真值来消除前时相预测中的错误分类的概率分量，并利用修正量增加正确分类的输出概率的计算过程。分类概率修正算法计算时使用特征相似度来调节修正量，虽然算法是以像素为单位计算，从表面上看没有考虑上下文关系，但由于该像素是语义重建的特征图形成的像素，在语义重建的过程中，每个像素的特征实际上已经包含了大量上下文语义特征信息。因此在计算过程可以直接利用包含上下文语义信息的分类像素进行计算。这样既兼顾了上下文信息，又减少了计算量。算法6-4为分类概率修正算法具体计算流程。

算法6-4 分类概率修正算法

输入：后时相特征图 F'、预测概率向量 $\boldsymbol{T}_{后时相}$，前时相特征图 F、真值向量 $\boldsymbol{T}_{真值}$ 与预测概率向量 $\boldsymbol{T}_{前时相}$。

输出：地表覆盖分类概率向量 $\boldsymbol{T}_{修正}$。

1. for $i=0$ to w do:
2. for $j=0$ to h do:
3. $\boldsymbol{T}_{修正量}=\boldsymbol{T}_{真值}-\boldsymbol{T}_{前时相}$
4. $D_{ij}=\dfrac{\boldsymbol{F}_{ij}\cdot\boldsymbol{F}'_{ij}}{\|\boldsymbol{F}_{ij}\|\|\boldsymbol{F}'_{ij}\|}$
5. $\boldsymbol{T}_{修正量}=\boldsymbol{T}_{后时相}-D_{ij}\boldsymbol{T}_{修正量}$
6. end for
7. end for

6.5.2 深度学习修正算法

分类概率修正算法是通过特征输出结果来进行判断。虽然修正量是特征计算的结果，能够体现影像的特征要素。但由于修正量是抽象、压缩后的特征，是基于低维信息判断，缺少了多维特征的综合辅助，未能充分利用LCC-CNN提取的大量多维特征来提高判断的准确性。

深度学习修正算法则是在上采样的初始阶段就开始不断地对比特征的差异程度，并将对比结果与上采样结果不断融合。在上采样整个过程中，每融合一次低层信息就增加一次对比，随着对比结果的不断传递，最终形成一个特征对比的输出结果。通过输出结果更准确地判断变化区域及分类信息。具体对比的过程如图6-18所示。

在训练过程中，首先对地表覆盖分类特征提取网络进行训练，训练好的LCC-CNN作为子网A，然后再将子网A复制一份作为子网B，用于提取不同时相地表覆盖分类特征。在训练比较学习网络时，冻结前时相子网A和后时相子网B的所有参数，两个子网均不参加训练。A与B的特征图作为比较学习网络的输入数据，比较学习网络采用可分离卷积对子网A、B输入的特征图进行卷积，通过卷积完成对两个子网特征的比较，卷积形成的特征图即为前、后时相的特征比较结果。卷积后的特征图使用与子网中同样的方式进行上采样，每次上采样后，对A、B子网同样分辨率的特征图再进行比较，并融合比较结果。通过这样逐层的上采样、特征比较与信息融合，形成完整分辨率的比较结果特征图。最后将比较

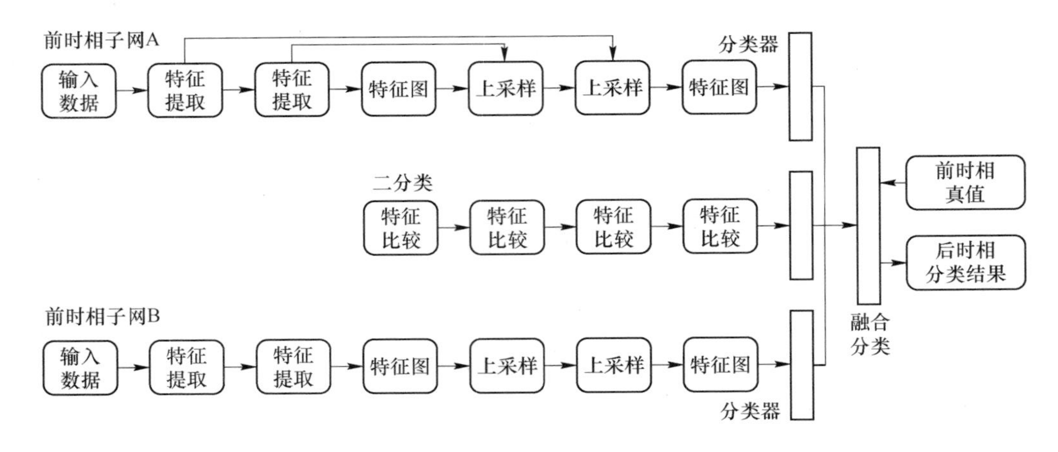

图 6-18　深度学习修正算法流程图

结果与 A、B 子网的输出分类结果融合后进行分类输出。

深度学习修正的目的是找出变化与未变化区域，因此损失函数处理的是二分类问题。为了增强损失函数处理二分类的能力，比较学习网络中采用的是组合损失函数，由交叉熵损失函数与二分类损失函数 Hinge 组合而成。

Hinge 损失函数采用的是改进后的 Hinge 函数，具体公式为

$$L_{\mathrm{h}} = \frac{\lambda_{\mathrm{h}}}{2}(1 - yy')^2 \tag{6-32}$$

式中　λ_{h}——调节系数，取值为 0.5；

y——真值；

y'——预测值。

组合后的损失函数为

$$L = L_{\mathrm{c}} + \frac{\lambda_{\mathrm{h}}}{2}(1 - yy')^2$$

式中　L_{c}——交叉熵损失函数，组合的损失函数更适合二分类的应用场景。

6.5.3　地表覆盖分类后处理方法

由于前、后时相的预测图斑不会完全重叠，后时相的输出结果经过时相修正后将产生许多碎片图斑，这些碎片图斑对地表覆盖分类精度有一定影响。为了消除这些图斑，设计了地表覆盖分类的后处理环节，主要包含碎片图斑消除与边缘重建两个步骤。

步骤一：碎片图斑消除。按照本章中的需求设计，小于 16 像素的图斑可以直接综合到大图斑中。因此在消除碎片图斑时，如果碎片图斑完全被大图斑包含，则将碎片图斑直接归并到大图斑中；如果碎片图斑同时与几个大图斑相邻，

首先考察碎片图斑产生过程，再根据产生原因进一步归并。对于因大图斑纠正过程中产生的碎片图斑，将碎片图斑归并到纠正后的大图斑中；其他原因产生的碎片图斑，归并到最大相邻图斑。

步骤二：边缘重建。经过步骤一处理后，大图斑中的破碎小图斑全部被消除。但在修正过程中，由于两期图斑的边缘一般不能完全重合，修正后的图斑边缘可能存在锯齿现象。

6.6 地表覆盖分类的迁移学习方法

6.6.1 地表覆盖分类迁移学习

迁移学习是把已有模型中学习到的知识应用到新模型的过程。在这个过程中，迁移学习从一个原始模型中提取信息，进而应用到目标模型上。迁移学习最重要的两个概念就是“域”和“任务”的定义。

迁移学习的域包含两部分，一个特征空间 X 和一个边缘概率分布 $P(x)$。其中 $X=\{x_1,x_2,\cdots,x_n\}$，领域表示为：$D=\{x,P(x)\}$。将这个概念对应到 LCC-CNN，则 $\boldsymbol{x}_i$ 是与地表覆盖分类相关的特征向量，X 为特征向量构成的地表覆盖分类特征空间。

迁移学习用任务 T 来表示迁移后需要预测的具体事项，即卷积神经网络对地表覆盖分类的预测。从 LCC－CNN 的构成与原理可以得知，任务 T 表示的就是使用 LCC－CNN 的预测函数。LCC－CNN 的预测函数 $f(\cdot)$ 是对地表覆盖分类目标函数的拟合。由于地表覆盖分类准确的目标函数是不可知也无法准确表达的，只能通过将真值 Y 与预测值 Y' 不断比对，并使用反向传播算法迭代获得目标函数的拟合预测函数 $f(\cdot)$。因此，地表覆盖分类的任务 T 可以定义为：$T=\{Y,Y'=f(\cdot)\}$。由于 LCC-CNN 输出的分类是基于概率计算分类，因此以概率的形式描述任务可以表示为：$T=\{Y,P(Y|X)\}$。

在域和任务的定义基础上，迁移学习可以定义为：给定源域 D_s 和源任务 T_s 及目标域 D_t 和目标任务 T_s，通过 D_s 和 T_s 的知识与特征空间去改进目标域中的学习。对于地表覆盖分类迁移学习，一般都有确定的迁移学习任务目标。因此，源域与目标域是相互对应的关系。一个地表覆盖分类的迁移学习任务，实际就是给定一个可以进行特定分类的卷积神经网络，使用现有的学习能力，将这个卷积神经网络转变为对另外一些特定地表覆盖进行训练、学习与分类的过程。

一般情况下，地表覆盖分类的迁移学习只考虑存在一个源域和一个目标域的情况。其中，源域训练集 $D_s=\{(x_1,y_1),(x_1,y_1),\cdots,(x_n,y_n)\}$，$x_n$ 为源域的地表覆盖分类训练样本，$y_n\in Y_s$，y_n 为源域训练样本 x_n 对应的真值标签。目标域 $D_t=\{(x_1',y_1'),(x_2',y_2'),\cdots,(x_m',y_m')\},x_m'\in X_t,x_m'$ 为目标域的训练样本，$y_m'\in Y_t$，

y'_m 为目标域地表覆盖分类训练样本 x'_m 对应的标签。通常情况下，源域训练样本数目 N_s 与目标域训练样本数目 N_t 存在如下关系：$1 < N_t \ll N_s$。

常规的迁移学习任务中，存在目标域与源域的特征空间相关与特征空间不相关两种情况。对于具体的地表覆盖分类，如果目标域采用的数据源与源域数据类型相同，那么新的地表覆盖分类都是在原有的特征空间上划分，此时目标域与源域特征空间密切相关；如果采用的数据源与源域的数据类型不同，那么不同数据将产生不同的地表覆盖分类特征，此时目标域与源域特征空间可能存在较大差异。在实际应用中，如果任务采用不同数据源与数据类型，一般需要重新设计卷积神经网络以适应新的数据类型，此时重构后卷积神经网络采用迁移学习效果有限。如果迁移学习任务使用相同的数据资料开展，那么可利用已有的卷积神经网络进行迁移学习获得较好的学习效果，并且在实际应用中，往往是一套数据完成多项任务。数据资料相同的地表覆盖分类任务较为常见，因此本书的迁移学习主要针对数据资料相同的情况。

地表覆盖分类迁移学习，较常出现的应用场景是在现有分类体系下进行细分，即 $D_t \in D_s$。如在旱地中继续细分玉米、甘蔗等作物的种植分类，在园地中继续划分火龙果与柑橘的种植分类等。这些次级分类往往结合一个具体的工作任务或者目标。对于源域，一般训练样本充足，卷积神经网络经过充分训练，而迁移学习的目的就是为了充分利用源域的特征空间进行次级分类。

6.6.2　卷积神经网络迁移学习训练方法

卷积神经网络迁移学习训练方法主要包括使用微调与重用预训练网络。微调就是在迁移学习中冻结部分网络层次不参与训练，只根据任务需要训练未冻结的部分层级。微调是常用的迁移学习训练方式，微调的策略主要取决于两个因素：一是源域与目标域训练集的大小；二是源域与目标域训练集的特征相似度。

在卷积神经网络中，浅层的卷积层通常提取的为色彩、边缘等一般性特征，深层的卷积提取的是任务的细节特征与特定特征。利用这个特性，微调冻结一般特征的浅层，使卷积神经网络在迁移学习的过程中专注于调整特定特征层次的权重，使源域的任务能够迁移到目标域任务。通过重用特征提取层次缩小训练范围，使用较少的训练样本与训练时间就可以完成迁移学习。

对于在原有地表覆盖分类上扩展次级分类的迁移学习任务，可以删除源任务的分类器，然后构建目标任务的新分类器，最后冻结源任务的大部分特征提取层，对剩余的深层特征提取层、上采样层以及分类器进行训练。冻结层次的多少取决于任务相似度与目标域训练集的大小，其训练流程如图 6-19 所示。

通过微调，目标域的卷积神经网络继承了源域神经网络的大部分特征，迁移学习任务将大类特征提取出来进行细分，然后通过训练使大类中的特征继续分化

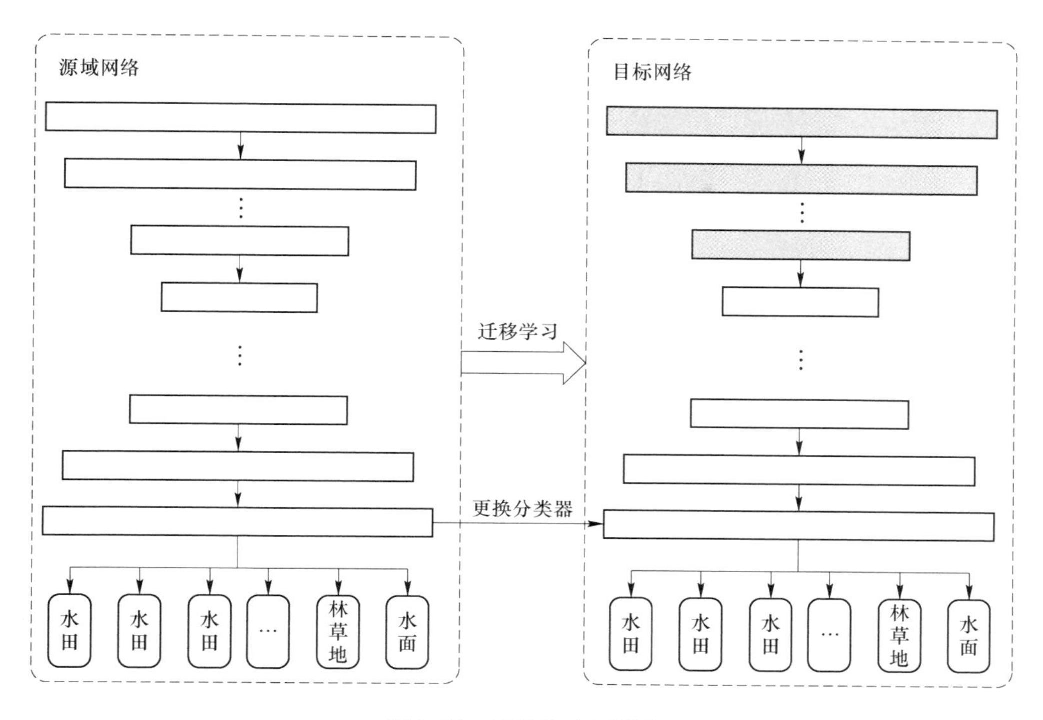

图 6-19 迁移学习流程图

为任务目标所需的次级分类。因此，网络的原有特征提取及重采样阶段的网络可以全部保留，仅仅需要删除原有的分类器，然后重新构建分类器并训练新的分类器即可。这种模式适用于从大的地表覆盖分类中继续划分子类的训练情况。

迁移训练另外一种常用的方式为重用预训练网络。这种方式一般不冻结任何层，但是根据需要保留或更换分类器。重用预训练网络是为了充分利用原有网络的权重参数，这种方法可以确保已经训练好的模块继续发挥原有的功效。预训练网络适用于目标域训练数据较少，使用目标域的训练数据难以达到预期的分类精度的情况，如果目标域与源域的样本特征接近，就可以重复利用预训练的卷积神经网络作为迁移学习的源域。

此外，重用预训练网络还可以用于多级训练。例如地理国情监测数据虽然是含有较多混杂地表覆盖的粗糙数据，但是可以先使用大量的这种粗糙数据对网络进行初级训练，完成初级训练的网络作为继续训练的预训练网络。在高级训练环节，可以根据需要使用精化数据对网络再次进行训练，此时仅需要较少的精化数据就能消除粗糙数据中的混杂数据对地表覆盖分类精度的影响，提高地表覆盖分类精度。由于地理国情监测每年开展一次，因此通过已有的地理国情监测数据能够直接生成大量的样本，不需要投入大量人力采集、制作样本，这样就减少了精化样本的需求量，从而减少样本采集、加工的成本。

值得注意的是，开展迁移学习的过程中存在负迁移问题，当源域和目标域之间无法建立关系时，不能在源域和目标域之间强制迁移学习。极端情况下，强制迁移反而会影响目标域的学习效果，这种负迁移的情况应当尽量避免。

7 地表覆盖分类方法实践

7.1 地表覆盖分类训练样本制作

训练样本是训练卷积神经网络的重要数据基础，其数量和质量直接影响卷积神经网络的分类精度。传统上，地表覆盖分类卷积神经网络的训练样本通常依靠人工目视解译制作，成本高、效率低。本节通过研究卷积神经网络训练样本增广与样本筛选等优化方法，以有限的人工采集训练样本为基础，自动化扩充训练样本数量，有效提高训练样本的质量，为后续地表覆盖分类卷积神经网络的训练与研究提供数据基础。

7.1.1 数据源与实验区域的选取

本次研究的实验区域为广西壮族自治区南宁市武鸣区，地跨北纬22°59′58″～23°33′16″、东经107°49′26″～108°37′22″，总面积3378km^2，实验区内地表覆盖类型齐全，各类地表覆盖分布具有较高的典型性，在数量与分布上能代表广西地区地表覆盖的整体特征与分布趋势。实验区域制作训练样本的数据源主要包括高分辨率卫星影像数据与地理国情监测两大类数据。

高分辨率卫星影像数据源选取的是2017年、2018年高分二号（GF-2）与北京二号（BJ-2）高分辨卫星影像数据，分辨率0.8m，包含红、绿、蓝及近红外四个波段。

高分二号（GF-2）卫星是由我国自主研制的首颗空间分辨率优于1m的民用光学遥感卫星，于2014年8月19日成功发射，8月21日首次开机成像并下传数据。GF-2卫星搭载了两台高分辨率1m全色、4m多光谱相机，星下点空间分辨率可达0.8m，幅宽45.3km（见表7-1）；由于其宽覆盖、高重访率轨道优化设计，使得GF-2卫星可以实现全球任意地区重访周期不大于5d，覆盖效率大幅提升。GF-2卫星具备亚米级空间分辨率、高定位精度和快速姿态机动能力等特点，有效地提升了我国卫星综合观测效能，是目前我国在自然资源、交通运输、住建等领域应用最为广泛的数据源之一。

北京二号（BJ-2）卫星星座，是国家发改委核准的我国民用航天领域第一个商业遥感卫星星座，并于2015年7月成功发射，面向全球提供空间和时间分辨率俱佳的遥感卫星数据和空间信息产品，BJ-2卫星星座由4颗0.8m分辨率的光

表 7-1　高分二号卫星有效载荷参数

载　荷	谱段号	谱段范围/μm	空间分辨率/m	幅宽/km	侧摆能力/(°)	重访时间/d
全色多光谱相机	1	0.45～0.90	1	45（2台相机组合）	±35	5
	2	0.45～0.52	4			
	3	0.52～0.59				
	4	0.63～0.69				
	5	0.77～0.89				

学遥感卫星组成（见表 7-2）。卫星呈 7 面体结构，重约 450kg，高约 2.5m，能够提供 45°的快速侧摆能力，在轨实现多景、条带、沿轨立体、跨轨立体和区域等 5 种成像模式。VHRI-100 成像仪在轨提供幅宽约 24km、0.8m 分辨率（Ground Sampling Distance-GSD）全色和 3.2m 分辨率蓝、绿、红、近红外多光谱图像。

表 7-2　北京二号卫星星座参数指标

影像分辨率/m	幅宽/km	信噪比	侧摆能力/(°)	成像模式	重访时间/d	精度/m
全色：0.8；多光谱：3.2	24	>100：1	±45	多景模式、条带模式、沿轨立体、跨轨立体、区域成像	1	≤2

地理国情监测数据选取的为 2017 年、2018 年数据成果，数据生产完成时间略晚于高分辨率卫星影像数据拍摄时间。地表覆盖数据比例尺为 1：10000，已通过质检验收，数据精度满足样本制作要求。实验区内的地理国情监测数据共包含种植土地、林草覆盖、房屋建筑、铁路与道路、构筑物、人工堆掘地、裸露地与水面等八大地表覆盖分类，可用于制作训练样本的参考真值数据。

实验区域所有数据的平面坐标系采用 2000 国家大地坐标系，高程基准统一采用 1985 国家高程基准。卫星影像数据均按国家标准要求制作为正射影像数据，成图精度的平面中误差要求控制在 5 个像素以内，所有影像数据均未进行匀光、匀色处理。实验区范围与高分辨率卫星影像样例如图 7-1 所示。

7.1.2　训练样本的制作与精化

7.1.2.1　地表覆盖分类原则

地表覆盖类型主要参考地理国情监测中的地表覆盖的分类体系。地理国情监测分类体系中将地表覆盖划分为种植土地、林草覆盖、房屋建筑（区）、道路、

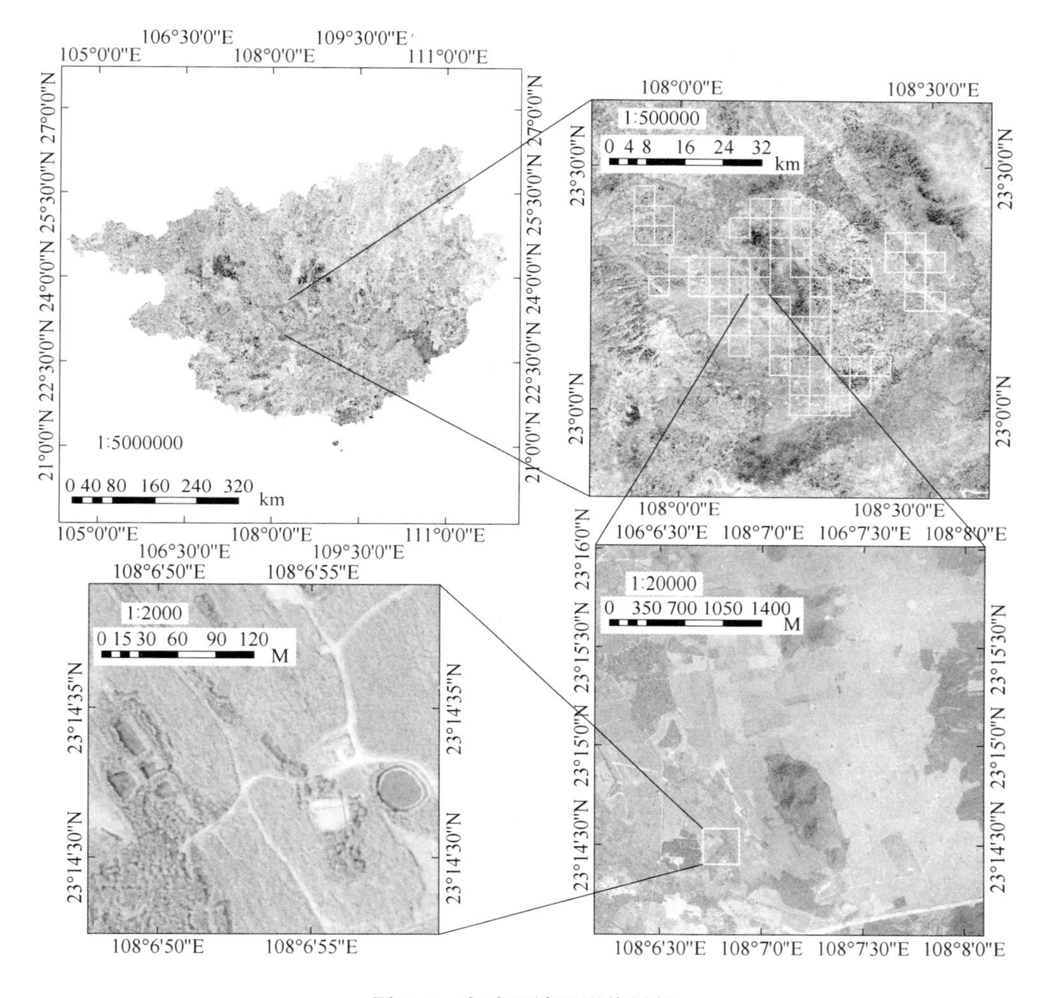

图 7-1 实验区域及影像样例

构筑物、人工堆掘地、裸露地与水面等。结合广西实际情况与应用需求，将种植土地细分为园地、旱地、水田，将道路、构筑物与人工堆掘地等合并为硬化地，共设计了水面、建筑物、硬化地、林草地、园地、旱地、水田以及裸土地共八种地表覆盖分类用于研究。八种地表覆盖分类中主要包含的地物见表 7-3。

表 7-3 地表覆盖分类包含的主要地物及影像特征

地表覆盖分类	主要地物	主要影像特征
水面	河流、湖泊、海面、水塘、水库与沟渠等	主要呈现为黄绿色或绿色，河流多为边界不规则的带状，部分水面覆盖有水生植物

续表 7-3

地表覆盖分类	主要地物	主要影像特征
建筑物	高层建筑、低矮房屋、独栋房屋等	主要呈现灰、白色，总体上大多数建筑物可视为矩形或规则多边形组合
硬化地	道路、广场、机场、堤坝、固化池、堆放场、人工堆掘地等	呈现灰白色，形状一般为规则的带状，建设用地中的硬化地一般为不规则形状
林草地	乔木林、灌木林、竹林、天然草地、人工草地等	多呈现深绿色，大部分图斑面积巨大，边界不规则且与园地、水面的边界较模糊
园地	果园、茶园、桑园、苗圃等	多为深绿色，一般连片种植，形状相对规则，面积差异不大，图斑之间的边界较不明显
旱地	甘蔗地、玉米地、木薯地等	多为深绿色，一般围绕居民地呈面状、片状或带状分布，面积差异不大，图斑之间的边界较为明显
水田	水田	多呈现为绿色，纹理较为粗糙，边界多为不规则多边形。播种季节特征近似水面
裸土地	泥土地、砂质地、岩石地等	多呈现黄白或黄褐色，形状不规则，边界扭曲严重，多分布于城郊结合或邻近建筑、硬化地周边，与周边地表光谱反差较大

7.1.2.2　基础训练样本的制作与外业检查

基础训练样本的制作包括内业精化、外业核查与样本裁切三个环节。样本制作分别根据研究需要在 2017 年、2018 年各开展一次，获得了两个时相的数据成果。

A　内业精化

内业精化主要是对地理国情监测数据进行细分，在数据精化之前将实验区内地理国情监测数据的 45 种二级类归并到上述八类中形成统一的精化工作底图。

根据地理国情监测图斑按设计要求，小于 $200m^2$（约 250 个像素）的地表覆盖图斑按就大就近的原则综合并入周边大图斑，因此地理国情监测数据中存在大量的混杂小图斑。在数据精化过程中，通过目视解译按地表覆盖对混杂图斑进行细分，图斑边缘要求准确采集。

实验区全部数据精化的工作量较大，从开展项目研究的实际出发，并未对整个实验区内所有数据进行精化，内业精化采集范围为实验区内随机分布的 60 块 4km × 4km 区域，总面积约为 $960km^2$。

B　外业核查

在数据精化区域开展外业核查，核实图斑分类与实地情况是否一致。实地核查中发现的内业解译错误，现场标注并拍摄照片。对于分类错误的，在工作底图上进行纠正。对于新增图斑或形态与内业标绘不一致的区域必须进行实地补测，要求使用手持高精度 GPS 设备采集图斑边缘坐标信息，并记录图斑的类型，描述该图斑及其周边的实际情况。外业核查工作要求实地核查全部图斑，对于因地形、保密等原因确实无法到达的区域，采用同类地物类比、地理相关分析及参照相关专业资料等方法进行核查。

外业核查后，所有数据重新提交内业环节，在原有内业精化数据上补充、修改外业核查情况，最终获得真实、可信的精化样本数据。图 7-2 为实验区域样本数据样例。

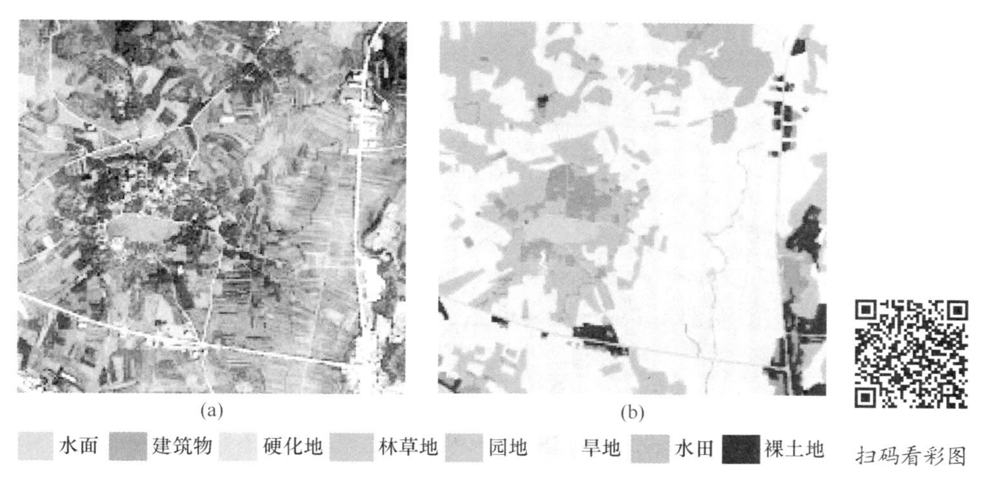

图 7-2 实验区域样本数据样例
（a）影像数据；（b）地表覆盖真值

C 样本裁切

将外业图斑转换为栅格数据，并对栅格数据的每个像素按分类标签分别赋值。图斑栅格数据与高分辨率卫星影像叠加后进行裁切，每张切片规格为 512 × 512 像素。

7.1.3 实验与分析

本实验设计为两个环节：一是考察影响地表分类精度的相关因素；二是验证数据增广效果。本实验的精度取 4 个指标衡量，分别是分类精度、总体精度、IOU 及 Kappa 系数，计算公式如下。

（1）分类精度：

$$p = \frac{n_{ii}}{t_i} \tag{7-1}$$

（2）总体精度：

$$p = \frac{\sum_{i=0} n_{ii}}{\sum_{i=0} t_i} \tag{7-2}$$

（3）IOU：

$$\mathrm{IOU} = \frac{1}{n_{\mathrm{cl}}}\left(\frac{\sum_{i=1} n_{ii}}{t_i + \sum_{j} n_{ji} - n_{ii}}\right) \tag{7-3}$$

（4）Kappa 系数：

$$P = \frac{\dfrac{\sum_{i=0} n_{ii}}{\sum_{i=0} t_i} - \dfrac{\sum_{n_{ci}}\left(\sum_{i=0} n_{ij} \sum_{j=0} n_{ji}\right)}{\left(\sum_{i=0} t_i\right)^2}}{1 - \dfrac{\sum_{n_{ci}}\left(\sum_{i=0} n_{ij} \sum_{j=0} n_{ji}\right)}{\left(\sum_{i=0} t_i\right)^2}} \tag{7-4}$$

式中　n_{ij}——分类为 i 的像素被划分到分类为 j 的个数；

t_i——真值中类别为 i 的像素总数目；

n_{cl}——不同分类的类别数目。

7.1.3.1　实验数据与实验环境

实验采用一台高性能图形工作站，具体软硬件指标见表7-4。实验数据选用 2017 年 60 景 5000 × 5000 像素的 0.8m 分辨率的高分二号与北京二号高分辨率遥感影像数据。其中 58 景影像按 512 × 512 像素范围制作 5800 张样本切片，并按每组 100 张划分为58 组，58 组切片按 8：2 的比例划分为训练集与验证集，剩余两景为实验测试数据。参考真值的制作以 2017 年广西地理国情监测成果为基础，对应影像区域的地表覆盖分类均已完成精化工作，精化后的地表覆盖分类图斑作为参考真值。

表 7-4　实验环境软硬件指标

环境项	指　　标
CPU	Intel I7 9700K
GPU	NVIDIA GeForce RTX 2080TI × 4
内存	64GB DDR4 3200MHz
磁盘容量	10TB 机械硬盘，4TB SSD
操作系统	Centos 7.3
开发语言	Python 3.6.5
深度学习框架	TensorFlow 1.12
并行计算架构	Cuda 10.0

主要设计了数据精化效果实验与数据增广实验，通过实验结果验证第 5 章提出的样本采集与数据增广方法的实际效能。实验中选用了 AttU_Net、BiSeNet、DANet、DeepLab V3+、DenseASPP、FCN16s、NestedUNet、PSPNet、UPerNet、SegNet 与 U-Net 作为实验对比验证模型。这 11 种模型均为目前广泛研究与应用的主流模型，经过充分验证且具备较好的语义分割精度，可以有效地提高地表覆

盖分类的效率。这 11 种模型均为开源程序，在对比实验中均使用相同的数据与软硬件环境进行训练与测试。

7.1.3.2　训练样本优化实验

表 7-5 是地理国情监测数据混杂情况。从表中可以看出原始数据中混杂其他地类的情况较为常见，混杂比例大多在 10% 左右。主要原因是广西地区地形复杂、植被茂密，导致地面图斑较为破碎。

表 7-5　地理国情监测数据混杂情况　（%）

类型	水面	硬化地	林草地	园地	旱地	水田	裸土地
混杂率	3.45	10.77	14.31	8.49	9.07	10.65	14.38

对比实验中，使用两组标注数据作为对比，一组为原始数据，即未精化的地理国情监测图斑数据；一组为精化后的地理国情监测数据。两组标注数据与相同的影像搭配对 UPerNet 模型进行训练与预测，对比实验的总体精度结果见表 7-6。

表 7-6　精化数据与原始数据训练效果对比　（%）

项目	水面	建筑物	硬化地	林草地	园地	旱地	水田	裸土地	总体精度
原始数据	78.09	55.77	58.56	78.59	73.32	77.17	77.28	68.22	76.38
精化数据	78.41	69.14	70.36	83.01	77.00	83.15	72.85	72.80	80.46

实验数据说明，使用 UPerNet 为预测模型，在消除混杂数据后，总体精度提升了 4.08%。细化到具体的分类，除了水面以外，其余分类的精度都有较大提升，提升幅度普遍在 6% 以上。数据精度提升的主要原因是消除混杂以后，每一个分类中不再混杂其他分类的特征，相当于排除了部分系统性错误，卷积神经网络训练与预测时不会受此部分错误干扰。实验结果证明数据精化对提高分类精度确实有所帮助，并且混杂程度越高，精化后地表覆盖分类精度提升效果越好。

7.1.3.3　训练样本增广实验

数据增广分为两组方式进行，一组数据按标准 SMOTE 算法增广，另外一组采用改进 SMOTE 算法增广，两组样本数据以精化后的 5800 张样本为基础增广，最终增广了 30000 张训练样本。增广过程中优先对小比例样本分类进行增广，并根据各个类别的占比动态增广类别，增广后共 35800 张切片，同样按 8∶2 的比例划分为训练集与验证集。表 7-7 为最终形成增广数据集中各类别的占比情况。

表 7-7　不同训练数据中地表覆盖分类比例情况　（%）

数据集	水面	建筑物	硬化地	林草地	园地	旱地	水田	裸土地
原始数据	4.38	4.32	1.23	54.68	9.29	15.71	9.22	1.17
标准 SMOTE 算法	12.77	12.53	12.61	12.85	12.78	13.42	12.61	10.43
改进 SMOTE 算法	12.84	12.25	12.89	12.96	13.13	13.04	12.38	10.51

从表 7-7 可知，经过分类平衡后，各个分类之间的差距总体控制在 3% 以内，数据相对平衡，不存在严重失衡的现象。为了充分对比不同数据增广算法的效果，采用了不同构造的 11 个语义分割卷积神经网络进行训练与预测。这 11 个模型均为常用的语义分割卷积神经网络，使用模型作者公布的源代码，在相同的实验环境中进行编译、训练与实验，实验对比结果见表 7-8。

表 7-8　不同数据增广算法精度对比

模型名称	精化数据			标准 SMOTE 算法			改进 SMOTE 算法		
	总体精度 /%	IOU /%	Kappa 系数	总体精度 /%	IOU /%	Kappa 系数	总体精度 /%	IOU /%	Kappa 系数
AttU_Net	79.59	59.37	0.7101	81.91	65.04	0.718	84.09	69.12	0.747
BiSeNet	71.84	53.37	0.6492	75.51	56.73	0.669	77.32	62.86	0.682
DANet	73.03	58.19	0.6539	76.51	57.47	0.680	79.27	65.09	0.699
DeepLab V3+	79.21	65.52	0.7186	81.19	65.78	0.731	83.89	68.32	0.735
DenseASPP	77.34	61.92	0.6848	80.48	62.62	0.696	81.74	66.77	0.731
FCN16s	79.21	61.04	0.7124	82.26	69.90	0.723	83.93	69.65	0.758
NestedUNet	76.70	64.01	0.6983	79.63	65.11	0.713	81.02	66.48	0.720
PSPNet	74.52	61.49	0.6774	75.74	62.98	0.680	77.40	63.16	0.678
UPerNet	79.95	63.39	0.7115	82.40	62.56	0.728	84.82	69.05	0.750
SegNet	80.09	65.50	0.7102	80.63	67.39	0.721	82.09	66.76	0.730
U_Net	78.21	62.47	0.7020	80.43	66.78	0.712	82.64	64.01	0.735
平均精度	77.24	61.48	0.6935	79.70	63.84	0.707	81.66	66.51	0.724

11 种不同模型的实验结果说明，使用标准 SMOTE 算法与改进 SMOTE 算法均能提升各模型的地表覆盖分类精度。对比未增广的训练集，其中使用标准 SMOTE 增广算法可以提升 2.46% 的精度，使用改进 SMOTE 算法能够提升 4.58% 的精度。精度提升说明两种增广算法都能有效生成含有新特征的训练样本，这些新的样本增强了卷积神经网络的分类能力。改进后的 SMOTE 算法，由于是结合遥感影像的特征生成符合实际情况的训练样本，并且对样本特征的有效性进行了筛选，避免了生成低效的垃圾样本。因此在同样数据规模下，训练样本集覆盖的有效特征更多，有利于精度的提升。

为了对比增广数据量对精度的提升情况，设计了增广量从 5000 ~ 50000 张的 10 个训练集进行对比测试。图 7-3 的实验数据说明，增广量在 50000 张以内时，改进 SMOTE 增广算法在同样规模的训练集情况下精度更好，说明改进前的增广数据存在无效或低效的增广数据。由于改进 SMOTE 算法对增广数据的有效性进行了筛选，因此增广的数据能够有效扩充分类的特征空间，高效弥补数据不平衡的精度损失。但为了筛选更加有效的训练样本，改进 SMOTE 消耗了更多的时间来生产训练样本。生成同样数量的训练样本，改进 SMOTE 算法消耗的时间为标准 SOMTE 算法的 15 ~20 倍。

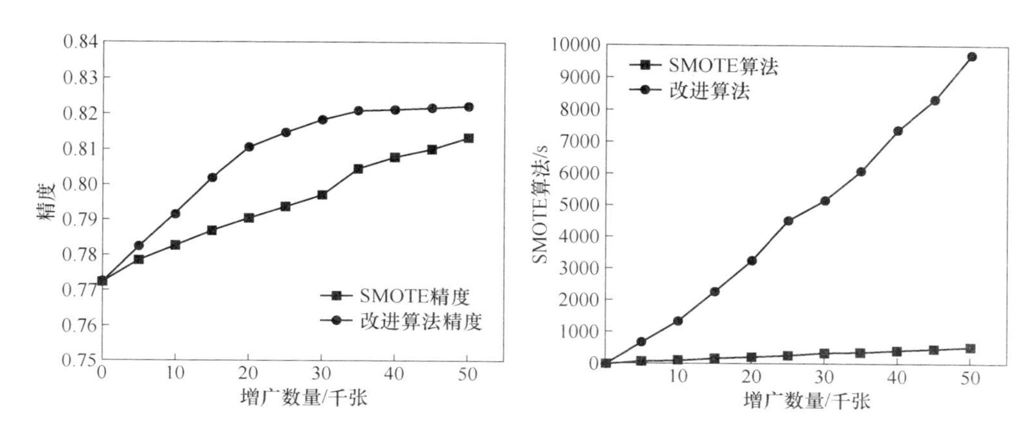

图 7-3 原始 SMOTE 算法与改进算法对比图

训练样本的训练效率是衡量样本性能的重要指标，为了更进一步衡量标准 SMOTE 算法与改进 SMOTE 算法增广的训练样本效率，表 7-9 中对比了 11 种卷积神经网络的训练效率。

表 7-9 11 种模型训练效率对比

模型名称	相同精度训练时长/h			相同训练时长精度对比/%		
	标准 SMOTE	改进 SMOTE	减少训练时间	标准 SMOTE	改进 SMOTE	精度提升
AttU_Net	48.29	41.52	6.77	81.91	83.63	1.72
BiSeNet	52.85	44.93	7.92	75.51	76.98	1.47
DANet	49.42	42.96	6.46	76.51	78.75	2.24
DeepLab V3+	56.93	51.08	5.85	81.19	83.16	1.97
DenseASPP	53.19	45.85	7.34	80.48	81.40	0.92
FCN16s	40.63	32.63	8.00	82.26	84.80	2.54
NestedUNet	57.96	50.19	7.77	79.63	80.73	1.10
PSPNet	55.31	48.19	7.12	75.74	76.92	1.18
UPerNet	62.54	55.03	7.51	82.40	84.17	1.77
SegNet	44.97	37.53	7.44	80.63	81.62	0.99
U_Net	47.38	39.71	7.67	80.43	82.29	1.86

表 7-9 的实验结果结合图 7-3 综合分析，可以发现在效率对比方面，由于增加了筛选步骤，改进 SMOTE 算法在数据扩充的效率上有所下降，扩充同样规模

数据耗时更长，消耗的时间远远高于标准 SMOTE 算法，在扩充 30000 张样本的条件下多耗时 2.5h。尽管改进 SMOTE 算法消耗时间较多，但达到同样精度所需的训练时间小于标准 SMOTE 算法，一般可以减少 6～8h 训练时间，并且在相同数据规模的情况下，改进 SMOTE 算法可以获得更高的精度。同时考虑到在实际应用中，模型一般要反复训练调试，而数据增广次数远少于模型训练次数。综合两者效率考虑，采用改进 SMOTE 算法在整个训练过程中能节约更多时间。

图 7-3 与图 7-4 的分析结果都说明实际数据增广量在 30000～40000 张时效果最好。当训练样本增广到 40000 张以上时，数据增广在增加模型训练时间的同时对精度的提升效果较小。说明实验区域的原始数据增广量应控制在 40000 以内。此外，数据增广对小比例类别精度提升较大，增广前占大比例地位的类别精度提升相对较小，说明数据增广有效改善了小比例类别的分类精度。

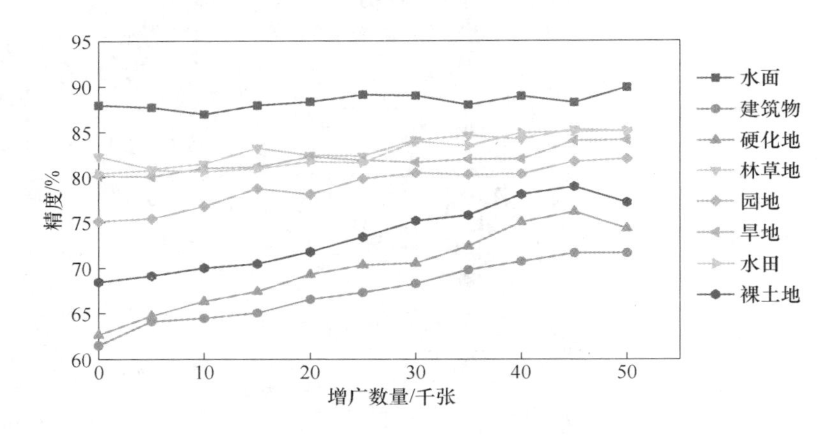

图 7-4　不同数据增广精度对比

表 7-10 中统计了不同数据平衡方法分类精度，实验数据说明代价敏感学习方法、标准 SMOTE 算法与改进 SMOTE 算法都能够提高地表覆盖分类精度，几种方法中改进 SMOTE 算法精度最高。

表 7-10　不同数据平衡方法分类精度对比　（%）

数据平衡方法	水面	建筑物	硬化地	林草地	园地	旱地	水田	裸土地
精化数据	78.41	69.14	70.36	83.01	77.00	83.15	72.85	72.80
代价敏感	84.61	78.62	72.71	84.01	80.46	85.11	76.54	78.11
标准 SMOTE 算法	83.87	77.93	72.27	83.82	80.19	84.32	76.33	77.61
改进 SMOTE 算法	83.41	76.37	77.89	85.64	84.83	86.49	83.15	81.13

上述实验结果说明，在采用了代价敏感学习或进行了数据增广后，使用同样的地表覆盖分类模型，在分类精度上都有提升。通过实验对两种方法对比，可以发现数据增广能够取得较好的精度，并且精度随增广数据量的增大而不断提高。但数据的增广不是无限度的，例如当 SMOTE 增广到 40000 张后，由于本质上特征都是从原始数据增广而来，当实验区内大多数影像特征都得到了很好的模拟，各类别的数据也相对较为平衡，此时数据精度增长非常缓慢。从方法实现难易程度而言，数据增广相对简单易行，而代价敏感算法要取得较好的效果并不能简单依靠数据统计，并且不同的代价敏感权重对精度的影响程度不同，在具体的权值调整上，需要依据测试结果不断调整，花费时间较多，对建模的技巧与经验要求也相对较高，综合而言选用数据增广方法效果较为理想。数据增广前后的分类效果对比如图 7-5 所示。

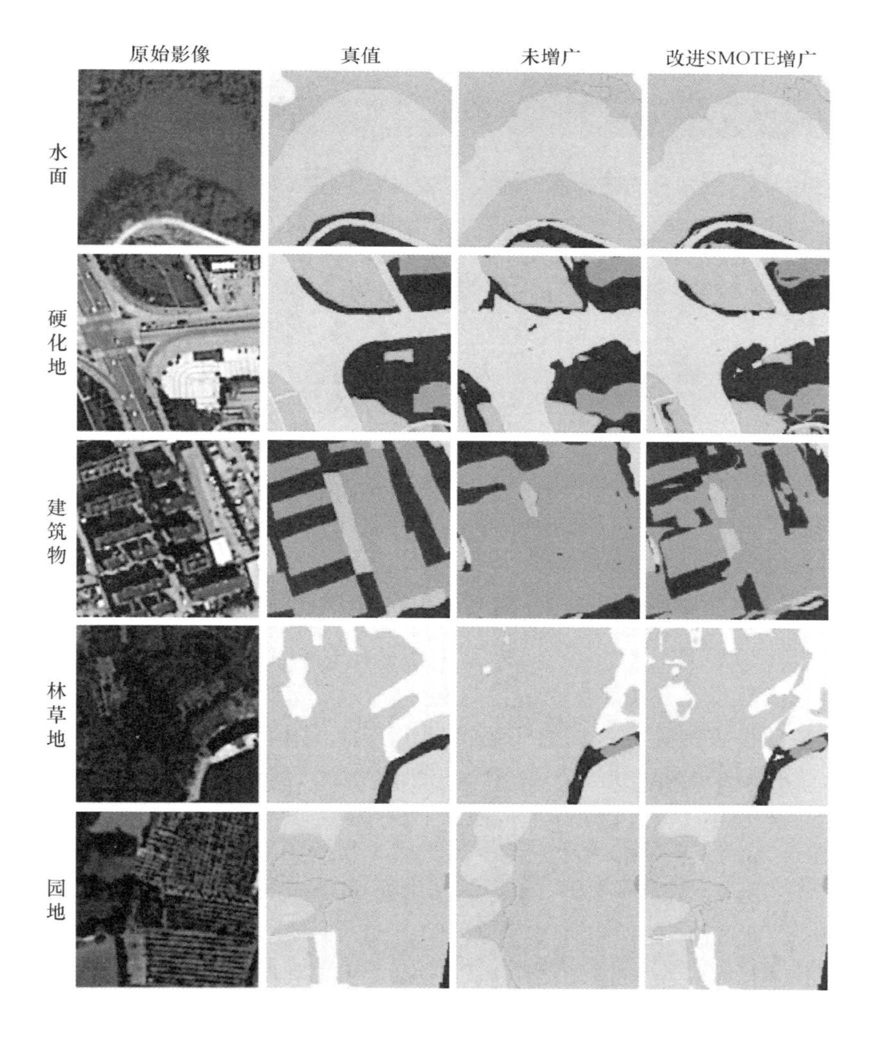

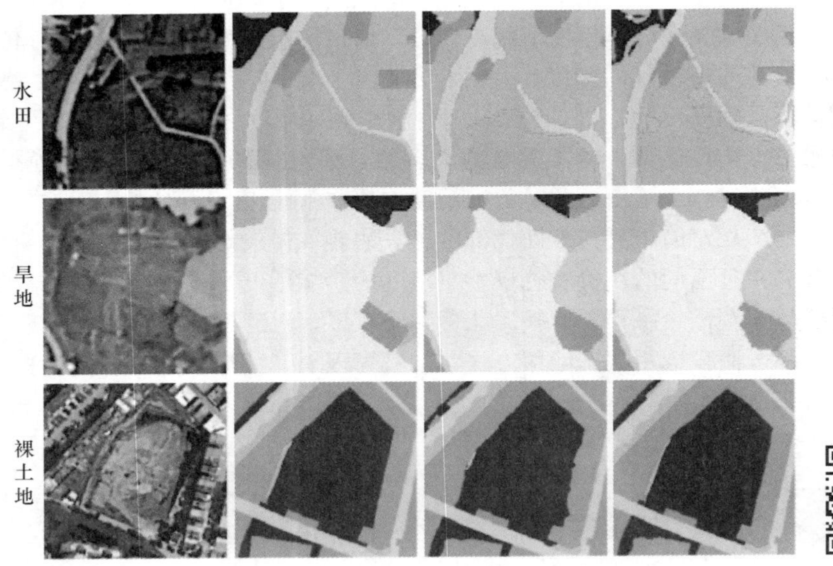

图 7-5　改进 SMOTE 算法对地表覆盖分类的精度提升效果　　扫码看彩图

实验结果说明，经过数据增广后，卷积神经网络的分类精度提升明显，特别是对于建筑物、硬化地等分类，在增广之前分类效果较差，但通过数据增广后，分类效果明显改善。但从实验结果也可以看出，目前实验使用的卷积神经网络在处理多尺度图斑上还存在问题，对大面积图斑分割效果较好，小块图斑精度较差。在图斑的边缘部分分割精度较差，对于边缘较为模糊的图斑难以准确分割。

7.2　LCC-CNN 分类实验

实验数据选用 2017 年广西武鸣区境内 0.8m 分辨率的北京二号遥感影像制作实验数据，实验数据为 35800 张 512 × 512 像素切片，共分为 100 组，其中 80 组作为训练集，20 组作为验证集，测试数据为 2 景 5000 × 5000 像素的 0.8m 高分辨率卫星影像数据，其中一景为城镇区域，另一景为农村区域。

在多模型集成实验中，选取了当前研究与应用中精度较高并广泛使用的 11 种模型，这些模型包括 AttU_Net、BiSeNet、DANet、DeepLab V3+、DenseASPP、FCN16s、NestedUNet、PSPNet、UPerNet、SegNet 与 U-Net，同时增加了基于 UPerNet 的 UPerNet + SEResNet50 与 UPerNet + ResNet152 两种模型的变体。这 13 种模型均使用各模型作者发布的源代码进行训练与调试。另外在集成实验中还增加了本书设计的 LCC-CNN 作为集成模型。上述 14 种模型使用相同的训练数据集在相同的软硬件条件下训练。在投票集成算法中直接使用 14 个训练好的模型进行集成实验；在学习集成算法中，冻结 14 个集成单模型，仅对集成网络进行训练，训练完成后进行实验。两种集成算法均在相同的软硬件条件下进行实验分析。

7.2.1 LCC-CNN 分类精度对比实验

LCC-CNN 经过 300 次迭代训练，训练的精度曲线如图 7-6 所示。训练精度曲线说明 LCC-CNN 在迭代 260 次之后精度基本保持不变，说明 LCC-CNN 的训练已经达到最佳精度，最终的训练精度为 88.07%。

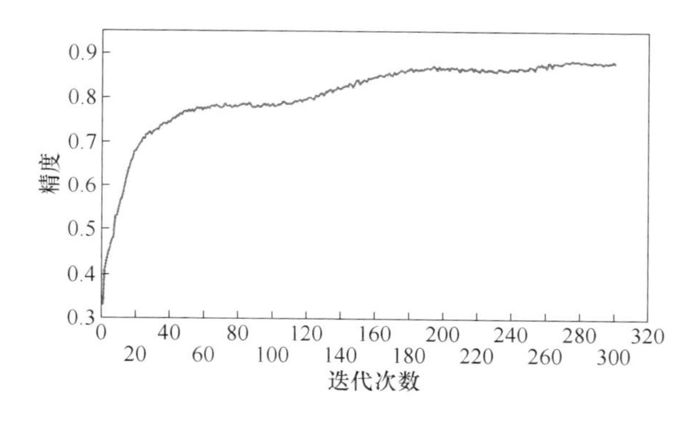

图 7-6 LCC-CNN 训练曲线

为了验证 LCC-CNN 的模型精度，在实验中使用相同的 35800 张训练样本，在同样的软硬件条件下迭代训练 UPerNet 等其他 13 种网络模型，并记录各个模型获得最高精度。表 7-11 中统计了包括 LCC-CNN 在内的 14 种卷积神经网络的训练精度，统计数据说明 LCC-CNN 的总体精度最优。对比各个地表覆盖分类的情况，林草地、旱地的精度提升较为明显，图 7-7 的示例说明在容易混淆的林草地与旱地区域，LCC-CNN 仍然能够准确地区分林草地与旱地，说明 LCC-CNN 设计的多种感受野融合与边缘增强能够更精确地提取地表覆盖图斑。对比没有上述结构的 UPerNet 的分类结果，说明采用针对地表覆盖特征与影像特点的 LCC-CNN 能够进一步提升地表覆盖分类精度。

表 7-11 实验区 LCC-CNN 与 13 种卷积神经网络分类精度对比 (%)

模型名称	水面	建筑物	硬化地	林草地	园地	旱地	水田	裸土地	总体精度
LCC-CNN	91.96	75.13	73.65	90.06	88.49	87.42	84.35	77.55	88.07
UPerNet + ResNet152	90.15	74.89	71.78	87.95	88.64	86.24	84.98	78.52	86.78
UPerNet + SEResNet50	91.28	73.46	71.29	86.81	85.63	86.06	82.01	75.72	85.46

续表 7-11

模型名称	水面	建筑物	硬化地	林草地	园地	旱地	水田	裸土地	总体精度
UPerNet + ResNet50	88. 95	72. 64	69. 64	86. 17	85. 12	85. 43	82. 37	73. 32	84. 82
AttU_Net	89. 77	73. 62	68. 87	85. 22	87. 04	82. 89	81. 74	76. 94	84. 09
FCN16s	84. 88	72. 07	61. 85	86. 52	84. 79	81. 84	81. 18	67. 05	83. 93
DeepLab V3+	85. 76	71. 16	67. 17	86. 49	84. 45	82. 66	78. 66	75. 68	83. 89
U-Net	90. 46	70. 27	67. 62	84. 07	82. 26	83. 08	80. 13	71. 21	82. 64
SegNet	85. 02	70. 37	66. 99	84. 18	81. 51	81. 08	79. 26	73. 52	82. 09
DenseASPP	88. 75	76. 39	67. 06	82. 96	80. 20	83. 18	77. 64	70. 31	81. 74
NestedUNet	83. 17	68. 47	66. 23	82. 32	83. 48	81. 57	78. 41	70. 82	81. 02
DANet	84. 52	67. 13	70. 21	80. 57	80. 48	77. 81	78. 81	70. 97	79. 27
PSPNet	88. 12	65. 85	60. 73	78. 25	78. 76	76. 98	75. 10	67. 19	77. 40
BiSeNet	83. 38	71. 45	62. 76	78. 63	80. 42	74. 38	74. 58	66. 79	77. 32

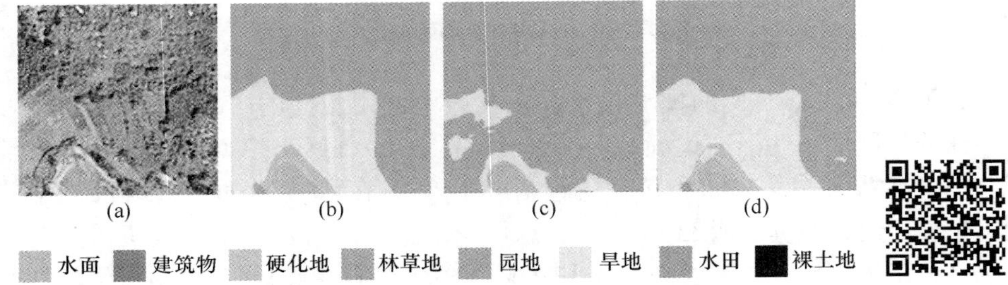

图 7-7　易混淆的林草地与旱地分类效果对比

(a) 影像；(b) 真值；(c) UPerNet + ResNet152；(d) LCC-CNN 分类结果

扫码看彩图

7. 2. 2　LCC-CNN 地表覆盖分类实验

为了验证 LCC-CNN 的地表覆盖分类效果，使用两景 5000 × 5000 像素的高分辨率卫星影像进行测试。LCC-CNN 在实验区的地表覆盖分类结果如图 7-8 所示。

表 7-12 中统计了 LCC-CNN 在两个实验区域中不同地表覆盖的分类精度，从数据上看林草地、水域与旱地获得了较高的分类精度，但建筑物、硬化地与裸土地的精度相对较低。特别在城镇区域建筑物与硬化地较多，裸土地与硬化地在一些区域极为相似，图斑较小并且较为破碎，建筑物、硬化地与裸土地的分类精度最低。

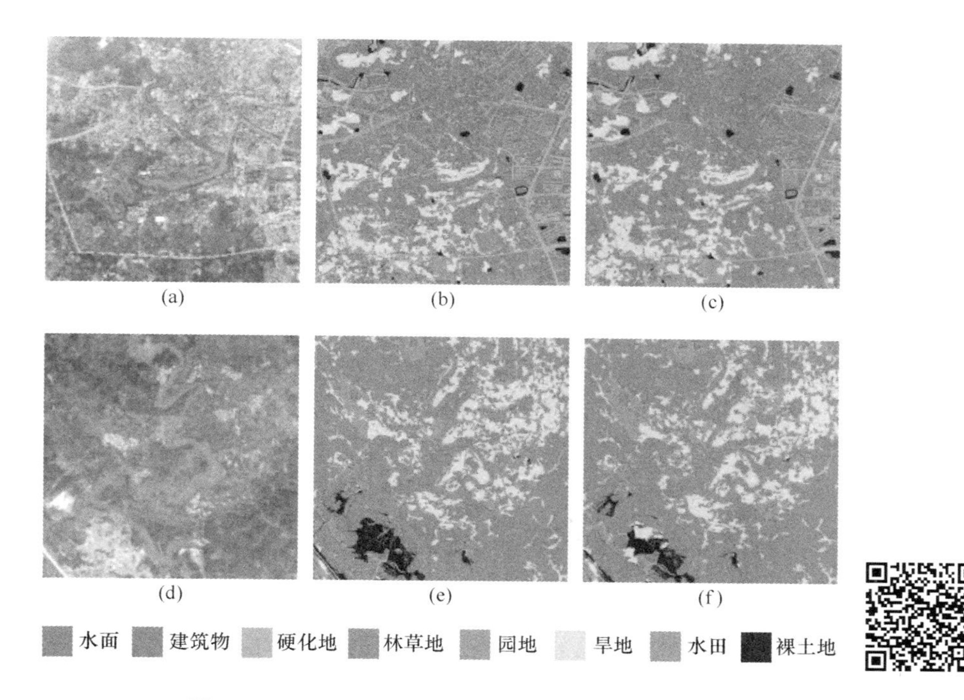

扫码看彩图

图 7-8 LCC-CNN 城镇区域地表覆盖分类效果图
（a）城镇区域影像；（b）城镇区域真值；（c）城镇区域 LCC-CNN 分类结果；
（d）农村区域影像；（e）农村区域真值；（f）农村区域 LCC-CNN 分类结果

表 7-12 LCC-CNN 地表覆盖分类精度 （%）

实验区	水面	建筑物	硬化地	林草地	园地	旱地	水田	裸土地	总体精度
城镇区域	92.18	80.65	75.42	91.27	87.84	88.48	80.82	83.93	87.37
农村区域	90.02	78.90	80.28	91.74	89.44	90.77	87.34	87.47	90.91

图 7-9 是城镇区域地物压盖示例，在道路两侧植被较为茂密时，被压盖的道路全部被识别为植被，这种情况在分类特征上是正确划分，但在实际应用中是错误划分。这种情况在城区范围较普遍，导致了城区部分的硬化的精度大幅低于农村区域。

图 7-8 与表 7-12 说明在图面效果以及总体精度上，LCC-CNN 在两个实验区域均取得了较好的分类效果。对于图斑纹理简单，大范围的地表覆盖，如林草地、水面，LCC-CNN 分类精度更高，对于建筑物、硬化地等，由于纹理复杂多变，影响了 LCC-CNN 地表覆盖分类精度，精度相对较低。

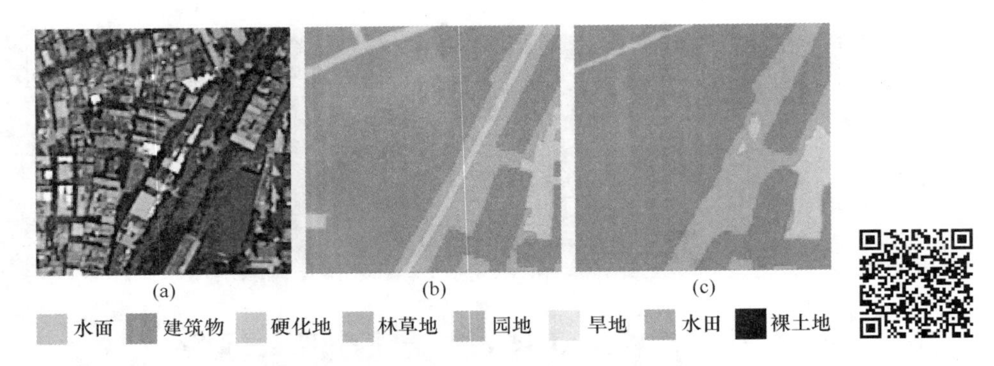

图 7-9　城镇区域地物压盖示例

（a）城区局部影像；（b）真值；（c）LCC-CNN 分类结果

扫码看彩图

7.3　多模型集成实验

多模型融合实验中总共使用了 14 种模型融合，分别为本书设计的 LCC-CNN 以及常用的 DenseASPP、FCN、Deeplab V3+，U-net 与 UPerNet 等语义分割网络。集成方法分别采用投票集成算法与学习集成算法。图 7-10 为多模型集成地表覆盖分类效果图。

表 7-13 实验结果说明，多模型集成后的精度优于集成前的各个模型的地表覆盖分类精度，并且集成后 IOU 的提升幅度更大。IOU 的提升说明在精度提高的同时，地表覆盖分类图斑比集成前更加精准。

表 7-13　城镇区域与农村区域地表覆盖分类精度

模型名称	城 镇 区 域			农 村 区 域		
	总体精度/%	IOU/%	Kappa 系数	总体精度/%	IOU/%	Kappa 系数
LCC-CNN	87.37	70.86	0.7601	90.91	73.04	0.7877
投票集成方法	89.49	73.19	0.7939	91.64	75.47	0.8205
学习集成方法	90.22	75.52	0.8086	92.17	77.78	0.8310

从两种集成模型的分类结果来看，集成模型同样对水体、植被的分类效果较好，精度较高，对建筑物、硬化地与裸土地的分类精度相对较低。

最终实验获得的各个模型地表覆盖分类精度见表 7-14。由表可知，多模型集成能够进一步提升地表覆盖分类精度，多模型集成方法相比较单一模型，均能有效提升分类精度。其中学习集成方法分类精度最好，与 LCC-CNN 相比精度提升

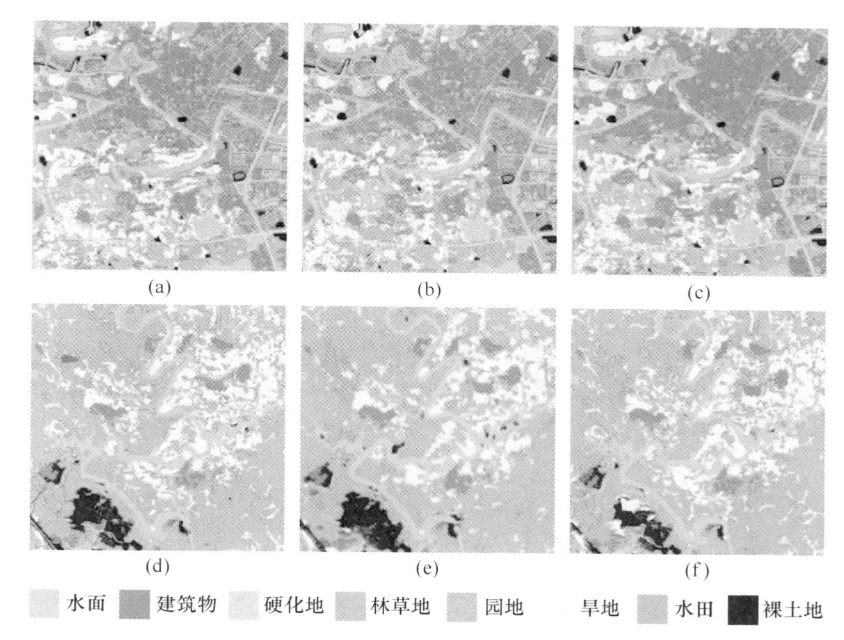

扫码看彩图

图 7-10 实验区域多模型集成地表覆盖分类结果

(a) 区域真值;(b) 城镇区域投票集成分类结果;(c) 城镇区域学习集成分类结果;
(d) 农村区域真值;(e) 农村区域投票集成分类结果;(f) 农村区域学习集成分类结果

了3.14%。对比农村与城镇两个区域实验结果，农村区域整体分类精度略高于城镇区域，主要原因是在两个区域中林草地、旱地、水田与园地的分类精度都相对较高，而农村区域林草地、旱地、水田与园地比例较大，建筑以及硬化的比例较小，并且图斑特征较为相似，因此总体精度稍高。综合城镇区域与农村区域的地表覆盖分类结果，学习集成算法的地表覆盖分类精度最优。

表 7-14 本章各方法分类精度对比 (%)

区域	模型名称	水面	建筑物	硬化地	林草地	园地	旱地	水田	裸土地	总体精度
城镇区域	LCC-CNN	92.18	80.65	75.42	91.27	87.84	88.48	80.82	83.93	87.37
	投票集成方法	93.2	82.59	78.72	92.97	90.64	91.04	83.36	86.64	90.38
	学习集成方法	92.9	83.83	80.25	92.73	92.03	90.33	84.97	86.91	91.21
农村区域	LCC-CNN	90.02	78.90	80.28	91.74	89.44	90.77	87.34	87.47	90.91
	投票集成方法	88.26	77.65	81.94	93.34	91.69	90.90	89.46	87.09	91.64
	学习集成方法	88.99	79.36	81.63	93.99	91.24	91.74	90.26	87.15	92.17

表 7-15 中统计了多模型集成数量与精度的关系。实验过程中，优先选取精

度较高的模型进行集成，逐步增加模型集成数量，每增加一个模型后均重新训练集成模型，并记录模型实验精度，共获得 12 组数据。理论上集成的模型越多，精度越高，实验结果也基本符合理论情况，但在个别情况下，也出现了集成数量增加但精度下降的情况。此外，在集成了全部 14 个模型后，大约有 3.48% 的区域 14 个模型都预测错误，而出现这种情况的理论值小于 0.01%。出现这种情况的原因主要是 14 个模型不仅使用了相同的训练集训练，并且在结构上、原理上都具有相近之处，这也导致了模型之间的错误存在趋同性与关联性，最终集成后的错误率与理论值存在较大差异。

表 7-15　多模型集成数量与精度关系

模型集成数量	城镇区域集成精度/%		农村区域集成精度/%	
	投票集成算法	学习集成算法	投票集成算法	学习集成算法
3	86.17	86.53	86.85	87.87
4	86.75	88.14	87.04	87.63
5	87.35	87.19	87.95	86.76
6	87.64	87.12	88.19	87.57
7	87.65	87.97	89.98	87.48
8	88.05	88.11	90.59	88.33
9	88.84	89.20	89.04	88.81
10	88.96	88.76	88.98	91.23
11	89.28	90.30	88.89	90.16
12	89.29	88.95	91.21	89.69
13	89.53	91.09	90.72	92.26
14	90.38	91.21	91.64	92.17

实验数据也说明，随着集成模型数量的增加，当模型数量增长到 8 个以后，集成精度开始出现波动。虽然整体上仍然呈现精度上升趋势，但当集成模型数大于 12 个时，依靠增加模型数量获得的精度提升十分有限。此外，集成的模型数量越多，集成的复杂度也不断提高，整体的训练、预测的时间也将大幅增加，实际应用中应该根据测试结果灵活设定集成模型的数量。

7.4　地表覆盖分类效率对比实验

在 LCC-CNN 的实现与训练过程中，LCC-CNN 中的网络层数、优化方法都会对地表覆盖分类精度及训练效率产生影响。表 7-16 综合对比了 LCC-CNN 在不同层数及训练优化方法下的精度与效率。实验中使用 35800 张训练样本，在同样的软硬件条件下迭代训练。

表 7-16 LCC-CNN 在优化前后的地表覆盖分类精度与效率对比

模型与优化方式	总体精度/%	训练时间/h
LCC-CNN + resnet64	85.17	88.62
LCC-CNN + resnet100	85.92	112.72
LCC-CNN + resnet151	86.74	135.69
LCC-CNN + resnet202	87.39	169.87
LCC-CNN + resnet64 + BN + Adam + He	85.96	51.09
LCC-CNN + resnet100 + BN + Adam + He	87.37	64.99
LCC-CNN + resnet151 + BN + Adam + He	88.07	78.23
LCC-CNN + resnet202 + BN + Adam + He	88.46	97.94

对比结果说明层数的增加能够提高分类精度，采用批归一化（BN）、随机梯度下降（Adam）与参数初始化（He）等方法可以提高训练速度。随着 LCC-CNN 中残差层数的增加，LCC-CNN 的精度也随之进一步提升，但更多的层数也导致了训练时间的增加。对比采用 151 层与 202 层结构的 LCC-CNN 可以发现，训练时间从 78.23h 增加到 97.94h，而精度仅提高了 0.39%。因此，在实际应用中如对精度无特殊要求，使用优化的 151 层结构模型综合性能最佳。

地表覆盖分类效率对比实验主要是为了验证 LCC-CNN 与多模型集成架构的处理效能，同时验证不同硬件环境对处理效能的影响。在实验环境中采用了单 GPU、双 GPU 与四 GPU 进行对比实验，测试数据为一景 5000×5000 像素的影像，测试结果见表 7-17。实验结果表明，单机并联的 GPU 越多，地表覆盖分类卷积神经网络的处理速度越快，但效率的增长与 GPU 数目的增长并不成正比例关系。

表 7-17 不同模型地表覆盖分类处理效率对比

模型	处理时间/s		
	单 GPU	双 GPU	四 GPU
LCC-CNN	373.47	204.11	112.49
投票集成方法	3050.00	1685.77	918.19
学习集成方法	3168.83	1734.05	949.71

表 7-17 说明，多模型集成的地表覆盖分类速度大幅落后于 LCC-CNN，这是由于集成架构需要等待所有的集成模型预测完成后才能通过算法获得最终结果，如果集成了 N 个模型，那么对同一景影像就需要重复预测 N 次，这种计算模式大幅降低了多模型集成的处理效能。

经实验分析，得出 LCC-CNN 在地表覆盖分类任务中的表现如下。

（1）LCC-CNN 训练精度达到 88.07%，通过横向对比其他标准语义分割神经网络，精度最优，说明 LCC-CNN 针对高分辨率遥感影像设计的结构达到了预期目的。在两景测试数据中城镇区域测试精度为 87.37%，农村区域测试精度为 90.91%，平均精度为 89.14%。

（2）多模型集成普遍可以提升 1% ~3% 的地表覆盖分类精度，并且对 IOU 及 Kappa 系数的提升较为明显。在两景测试数据中，学习集成法都取得了最佳精度，城镇区域测试精度为 90.22%，农村区域测试精度为 92.17%，并且与 LCC-CNN 相比，IOU 提升了 4% 左右，Kappa 系数提升了 5% 左右，说明学习集成算法对实际地表覆盖分类质量提升较为明显。

（3）模型集成在实际应用中应该根据应用需要确定集成数量，过多的集成模型并不能有效提升地表覆盖精度。实验结果还表明，由于不能完全保证模型间的相互独立，模型集成的精度并不能达到理论上界。

7.5 时相修正算法分类实验

7.5.1 实验数据

实验数据选用 2017 年、2018 年广西武鸣区境内 0.8m 分辨率的北京二号与高分二号遥感影像，训练样本为 2017 年、2018 年两套 35800 张 512×512 像素切片，每个时相共分为 100 组，其中 80 组作为训练集，20 组作为验证集，测试数据为包含两个时相的 2 景 5000×5000 像素的 0.8m 高分辨率卫星影像数据，其中一景为城镇区域，另一景为农村区域。

除了上述数据以外，还增加了武鸣全区约 3400km^2 的高分辨率影像数据与地理国情普查数据作为粗糙数据进行训练与实验。增加了 16 景 5000×5000 像素的 0.8m 高分辨率卫星影像数据作为甘蔗迁移学习训练的样本数据。此样本数据在原有 8 种分类的基础上增加了甘蔗地表覆盖图斑，16 景数据中 12 景用于制作训练样本数据，3 景用于训练验证，1 景作为精度测试数据。

7.5.2 时相修正算法分类实验分析

时相修正算法实验的目的是为了验证算法的精度与有效性。从卷积神经网络基本原理可知，卷积神经网络的训练是通过预测值与真值的误差来驱动，通过不断地迭代来使卷积神经网络尽可能预测准确。通过前时相的预测值与监测成果计算出预测误差，并利用这个预测误差来修正后时相的地表覆盖分类预测。

图 7-11 为两种修正算法在城镇区域的实验效果，选取了红色方框内的区域作为示例展示具体的修正效果。黄色方框内为变化部分，对于变化部分，特征向

量与深度学习修正方法都能够识别变化部分。白色方框内是修正前错误识别的部分，将运动场错分为水面，但在两种修正算法中，均基本修正了错误图斑，其中深度学习修正算法的图面效果更接近于真值的图面效果。

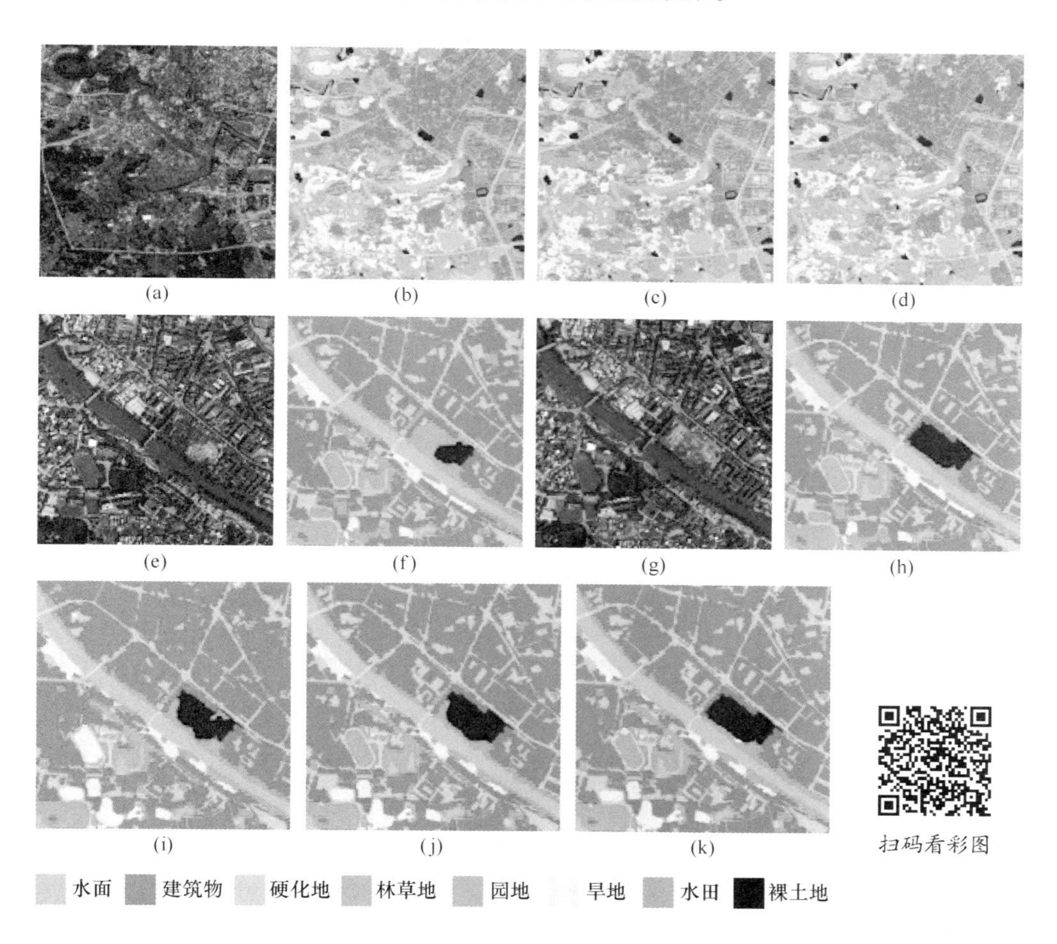

图 7-11　城镇区域时相修正算法实验结果

（a）2018 年影像；（b）2018 年真值；（c）分类概率修正分类；（d）深度学习修正分类；（e）2017 年局部影像；（f）2017 年局部真值；（g）2018 年局部影像；（h）2018 年局部真值；（i）修正前分类；（j）分类概率修正；（k）深度学习修正

图 7-12 为两种修正算法在农村区域的实验效果，选取了红色方框内的区域作为示例展示具体的修正效果。黄色框内的园地变为旱地，两种算法都正确分类。白色框内是错将部分水田划分为旱地，两种算法均能纠正错误分类，将错误的旱地分类修正为正确的水田分类，但深度学习修正算法的修正结果更接近真值。

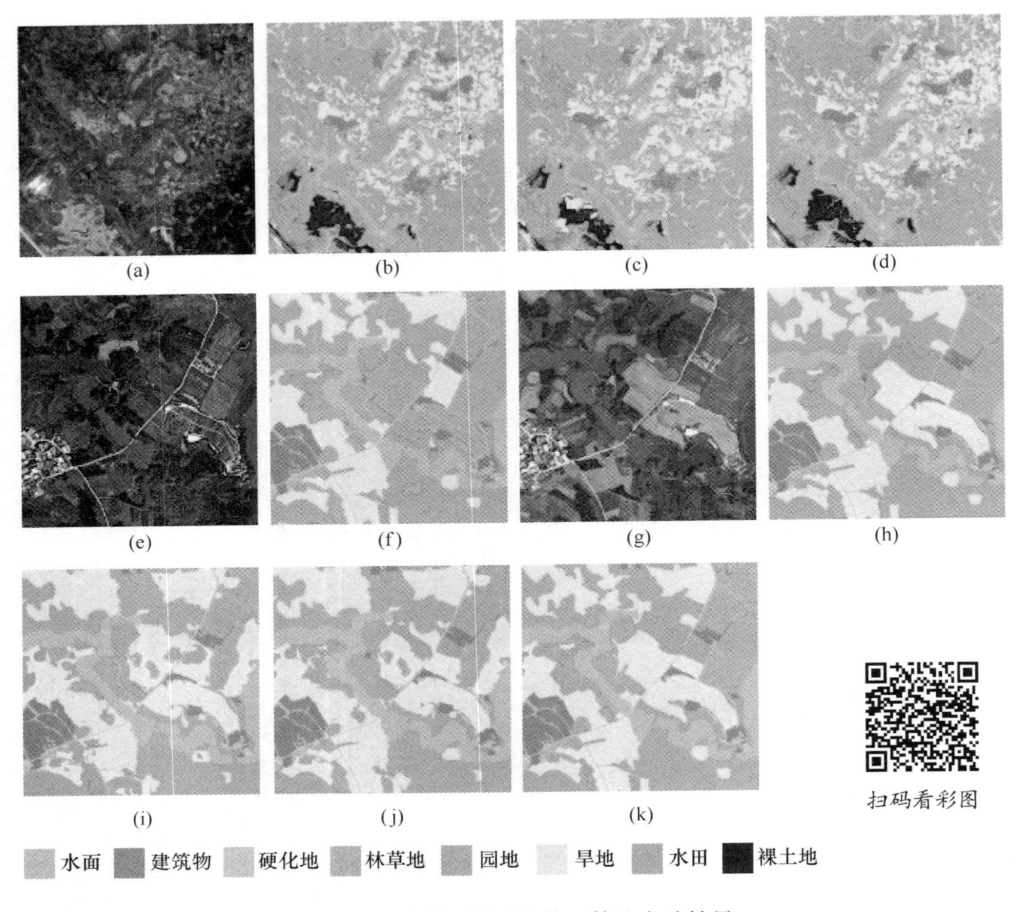

图 7-12 农村区域时相修正算法实验结果

（a）2018 年影像；（b）2018 年真值；（c）分类概率修正分类；（d）深度学习修正分类；（e）2017 年局部影像；（f）2017 年局部真值；（g）2018 年局部影像；（h）2018 年局部真值；（i）2018 修正前结果；（j）分类概率修正结果；（k）深度学习修正结果

综合图 7-11 和图 7-12 的实验结果，对比修正前的分类结果，两种算法能够有效利用两期影像修正分类错误。通过利用不同时相数据进行修正，减少了错误分类。

表 7-18 是两种修正算法对地表覆盖分类错误的修正情况，两种算法的平均修正比例均达到 50% 以上，深度学习修正算法的平均修正率可以达到 65% 左右。几种地类中建筑物、硬化地与裸土地的精度提升效果较好，园地、水面、旱地与林草地的修正比例较低，说明时相修正算法对纹理差异小，分类精度低的类别提升较为明显。对于学习、训练较好的地类，精度提升较为有限。

表 7-18 两种时相修正算法地表覆盖分类修正情况

算法名称		水面	建筑物	硬化地	林草地	园地	旱地	水田	裸土地
分类概率修正算法	修正前精度	91.02	81.26	76.93	92.07	88.18	90.85	84.54	84.62
	修正后精度	94.97	87.35	88.84	93.54	90.92	91.71	84.66	82.25
	精度提升	3.95	6.09	11.91	1.46	2.74	0.86	0.12	0.63
深度学习修正算法	修正前精度	91.02	81.26	76.93	92.07	88.18	90.85	84.54	84.62
	修正后精度	96.19	90.63	90.34	95.52	90.84	93.30	92.70	85.39
	精度提升	5.18	9.37	13.40	3.45	2.66	2.45	8.16	0.77

图 7-13 是 8 种地表覆盖分类使用深度学习修正算法的地表覆盖分类效果图。从 8 种地表覆盖分类的总体情况看，采用修正算法后，地表覆盖图斑的精细程度上都有较大提高，分类精度改善明显。

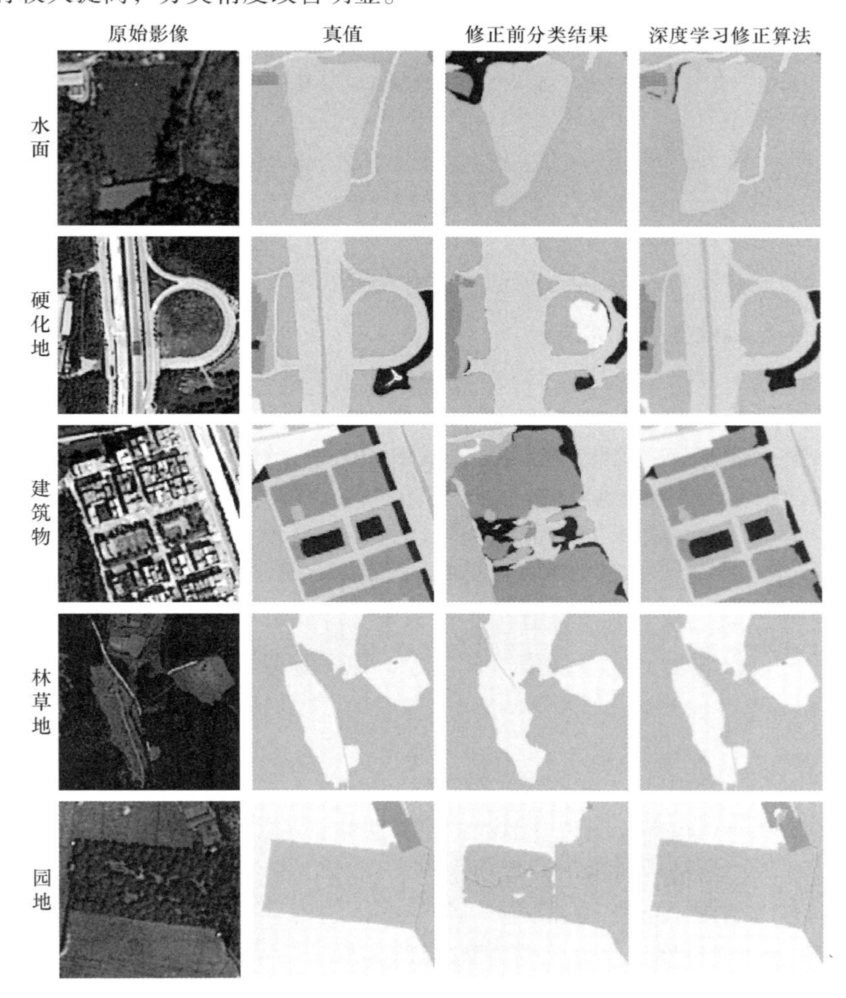

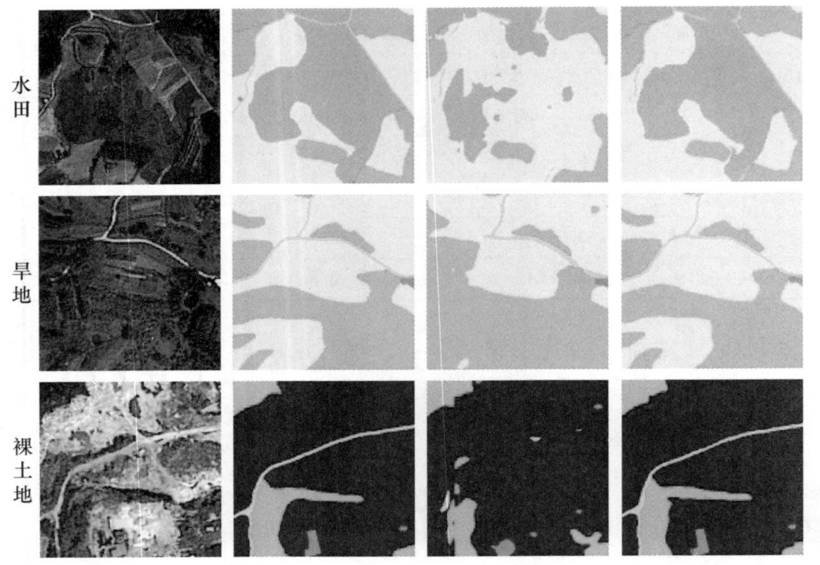

图 7-13　深度学习修正算法的地表覆盖分类修正效果　　扫码看彩图

时相修正算法实验结果说明，地表覆盖分类结果经过时相修正算法修正错误分类后，地表覆盖的分类精度提升明显。特别是对于错误分类，经过算法修正后，图斑的准确性有了较大改善。

在地表覆盖分类应用中，由于现实世界中地表覆盖间存在压盖，地表覆盖图斑的边缘并不单纯是绝对的影像像素与纹理边界。本书虽然设计了专用的损失函数强化图斑边缘部分的训练，但对于压盖造成的边缘错误问题难以通过训练及损失函数解决。尽管 LCC-CNN 准确提取了图斑的纹理边界，但与实际图斑边缘相比仍有差异，本书的实验也说明了图斑边缘的复杂性会对地表覆盖分类精度产生不利影响。图 7-13 的建筑物分类结果示例中，修正前 LCC-CNN 的分类结果与真值有很大的差异。但通过时相修正算法，建筑区内的道路基本都得到了修正，从图上可以看出路网与真值符合较好，说明如果在前、后时相中都存在同样的错误，就可以通过前时相的真值与后时相预测值之间的关系修正图斑边缘。

在算法修正过程中，由于两期影像的图斑不可能完全重合，因此在修正过程中可能产生噪声点与碎片图斑。因此，在算法修正后，使用后处理方法消除噪声点与碎片图斑，使最后的输出结果更加符合应用要求，在图面上更加美观整洁。由于噪声点与碎片图斑比例较小，后处理对地表覆盖分类的精度提升有限。表 7-19 是后处理对地表覆盖分类精度的提升对比。

表 7-19 后处理对地表覆盖分类精度的提升效果

模型名称	城镇区域			农村区域		
	总体精度/%	IOU/%	Kappa 系数	总体精度/%	IOU/%	Kappa 系数
分类概率修正算法（无后处理）	90.24	79.17	0.7984	93.82	81.53	0.8427
分类概率修正算法（有后处理）	90.63	79.42	0.8033	94.31	81.76	0.8453
深度学习修正算法（无后处理）	92.87	82.28	0.8489	96.09	84.61	0.8894
深度学习修正算法（有后处理）	93.22	82.55	0.8508	96.34	84.77	0.8920

为了对比两种修正算法与不同模型的地表覆盖分类精度与效果，在实验中选取了 AttU_Net、LCC-CNN、UPerNet、3DCNN 与两种修正算法进行对比。AttU_Net、LCC-CNN、UPerNet 对单一时相的影像具有较高的分类精度。3DCNN 是一种可处理多时相的卷积神经网络，3DCNN 与 LCC-CNN、UPerNet 以及两种修正算法使用相同的训练集进行训练，3DCNN 训练时将同一区域的前、后两个时相的训练数据合并为一组训练数据进行训练。训练完成后，LCC-CNN、UPerNet 与 3DCNN 对城镇区域与农村区域的影像进行地表分类并输出分类结果。

表 7-20 中的实验结果说明，两种修正算法的地表覆盖分类精度均优于对比算法。3DCNN 训练时需要多个时相数据进行训练，并且在分类时也需要多个时相才能获得更高的地表覆盖精度。由于实验中 3DCNN 的训练与测试只使用了两个时相的数据，因此相对精度较低。

表 7-20 两种修正算法与其他模型的地表覆盖分类精度对比

模型名称	城镇区域			农村区域		
	总体精度/%	IOU/%	Kappa 系数	总体精度/%	IOU/%	Kappa 系数
AttU_Net	83.64	71.59	0.7064	84.22	71.19	0.7306
UPerNet + ResNet152	83.49	70.23	0.7383	88.27	72.94	0.7634
LCC-CNN	86.46	71.72	0.7568	90.47	73.26	0.7741
3DCNN	82.36	69.27	0.7173	83.45	71.62	0.7349
学习集成算法	90.37	74.59	0.7942	91.54	78.37	0.8256
分类概率修正算法	90.63	79.42	0.8033	94.31	81.76	0.8453
深度学习修正算法	93.22	82.55	0.8508	96.34	84.77	0.8920

但实际应用中，广西地区在较短的周期内通常较难获得大范围、多时序的训练样本，因此仅使用两个时相即可获得较高分类精度的修正算法具有更好的实用价值。LCC-CNN 作为两种修正算法的骨干网络，对城镇与农村区域的地表覆盖

分类精度分别为 86.46% 与 90.47%，经过修正算法后精度分别提高到 93.22% 与 96.34%，特别是 IOU 与 Kappa 系数均有大幅提高，提升幅度都在 7% 以上，说明使用时相修正算法能够提高地表覆盖分类精度。

图 7-14 和图 7-15 对比了修正算法与其他算法的地表覆盖分类效果。在城镇区域，修正算法提取的建筑物轮廓明显优于其他方法，农村区域地表覆盖分类的破碎图斑数量较少。综合两个区域，修正算法的分类效果优于其他对比方法。

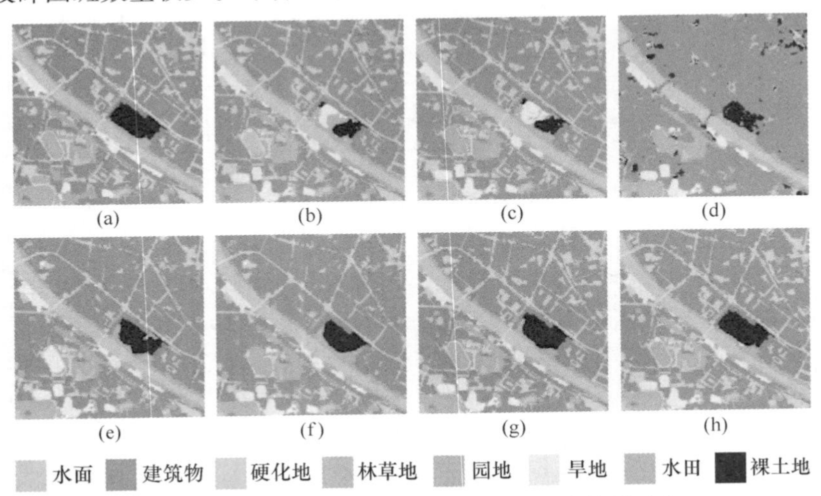

扫码看彩图

图 7-14　城镇区域不同方法地表覆盖分类效果对比

(a) 真值；(b) AttU_Net；(c) UPerNet；(d) 3DCNN；
(e) LCC-CNN；(f) 学习集成；(g) 分类概率修正结果；(h) 深度学习修正结果

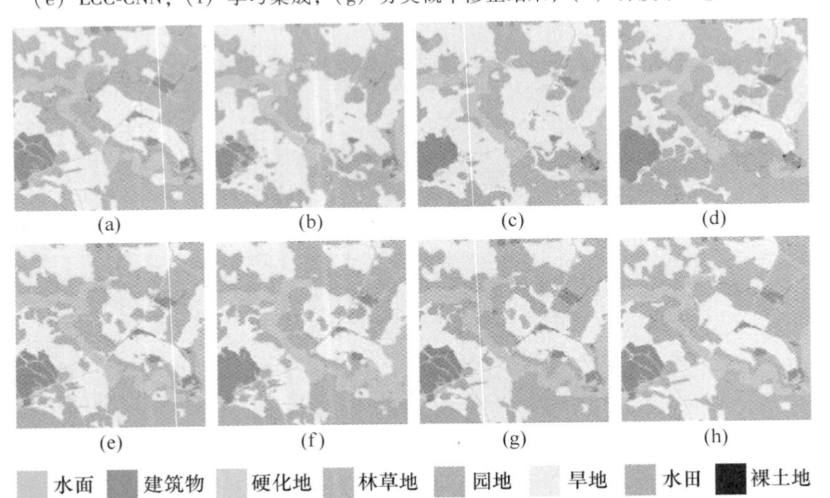

扫码看彩图

图 7-15　农村区域不同方法地表覆盖分类效果对比

(a) 真值；(b) AttU_Net；(c) UPerNet；(d) 3DCNN；
(e) LCC-CNN；(f) 学习集成；(g) 分类概率修正结果；(h) 深度学习修正结果

7.6 迁移学习实验分析

迁移学习实验主要考察重用预训练网络与分类迁移学习两种方法的分类效果。在卷积神经网络重用实验中，首先使用3400km^2 覆盖全武鸣的地理国情监测数据作为粗糙数据集进行预训练，然后再使用少量精化数据集进行训练，并分析对比 LCC-CNN 迁移学习前后的地表覆盖分类精度。实验使用 1 景 5000×5000 的0.8m 分辨率的影像作为测试数据。

图 7-16（c）为使用粗糙集训练后的分类结果，对比图 7-16（d），使用大量粗糙集训练后图斑细节不足。而先使用粗糙集预训练，再用少量数据迁移学习，地表覆盖分类图斑的细节有一定改善。

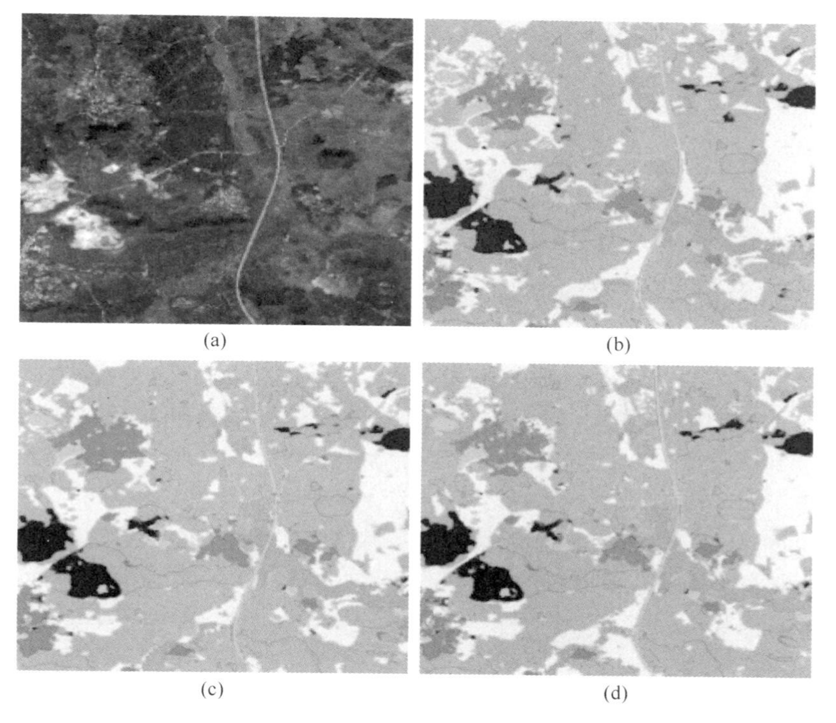

图 7-16 粗糙集与精化数据的训练效果对比

（a）影像；（b）真值；（c）粗糙集训练；（d）精化数据训练

扫码看彩图

表 7-21 的精度统计情况说明，先使用粗糙数据做预训练，然后用少量精化后的数据训练的模式同样可以提高整体地表覆盖分类精度，并且精度接近全部使用精化数据训练的精度。重用预训练网络进行多级训练不仅可以提高精度，还减

少了精化数据的需求量，从而降低了制作样本数据的成本。

表 7-21　试验区地表覆盖分类精度对比

模型名称	总体精度/%	IOU/%	Kappa 系数
LCC-CNN + 精化数据	86.31	72.78	0.7935
LCC-CNN + 粗糙数据集	81.84	69.62	0.7092
LCC-CNN + 粗糙数据集 + 精化数据集	85.49	73.19	0.7809

7.7　LCC-CNN 在甘蔗种植面积监测中的应用

甘蔗是广西最重要的经济作物之一，长期以来，广西甘蔗的遥感监测均依赖于中低分辨率影像进行，遥感甘蔗种植面积监测成果准确率不足。本次监测实验要求武鸣全区甘蔗提取精度达到 90%，甘蔗面积提取处理时间少于 24h。为了充分利用高分辨率卫星影像获取高精度的甘蔗种植面积监测成果，将 LCC-CNN 应用于武鸣全区的甘蔗种植面积监测，通过对比分析，评价 LCC-CNN 的应用效果与分类精度。

7.7.1　LCC-CNN 在甘蔗种植面积监测中的训练过程

在武鸣区甘蔗种植面积监测的训练过程中，采用迁移学习与分阶段训练模式。训练第一阶段使用已经训练好的 8 分类 LCC-CNN 作为预训练网络，在预训练网络基础上，首先删除了最后一层特征融合层及以后的 Softmax 层参数，然后以训练好的其他层作为初始化层，在补充新 Softmax 层后，使用包含甘蔗地分类的训练集做进一步训练。

第一阶段训练使用覆盖武鸣全区的地理国情甘蔗专项监测数据制作样本。数据为未做精化的粗糙样本集，不使用增广算法，共 15100 张。共进行了 40 次迭代训练，初始学习率 0.001，使用余弦退火策略，Adam 梯度下降方法，超参 λ_1 为 0.9，λ_2 为 0.999。

第二阶段在粗糙集训练基础上，使用 2000 张精化数据构成训练样本集，训练样本集通过改进 SMOTE 算法增广至 6000 张训练样本进行训练。初始学习率为 0.0003，使用余弦退火策略，训练共进行 60 次迭代。

表 7-22 为各训练阶段分类精度对比，在经过第一阶段使用粗糙样本集训练后，LCC-CNN 对甘蔗的分类精度达到了 87.89%，说明利用预训练网络，仅 40 次迭代训练即可使 LCC-CNN 具备了一定的甘蔗分类精度。在第二阶段使用精化数据继续进行 60 次迭代训练后，LCC-CNN 精度提升至 93.35%，具备较高的分类精度。

两个阶段的训练情况说明，利用预训练网络，先使用粗糙样本集做预训练，然后用少量精化后数据训练的迁移学习模式可以连续提高 LCC-CNN 的地表覆盖分类精度。通过这种分阶段训练模式，使用少量精化数据就能获得更好的分类精度，降低了 LCC-CNN 训练所需的精化数据数量。

表 7-22 试验区地表覆盖分类精度对比

训练阶段	训练数据集	总体精度/%	IOU/%	Kappa 系数
第一阶段	粗糙数据集	87.89	80.91	0.8092
第二阶段	精化数据集	93.35	85.49	0.8794

作为对比训练，使用预先制作的 20000 张 512 × 512 像素的甘蔗训练样本，不使用预训练网络对 LCC-CNN 进行训练，共进行了 105 次迭代训练，初始学习率为 0.001，使用余弦退火策略，采用 Adam 梯度下降方法，超参 λ_1 为 0.9，λ_2 为 0.999。训练后的 LCC-CNN 与使用迁移学习方法的对比结果如图 7-17 所示。

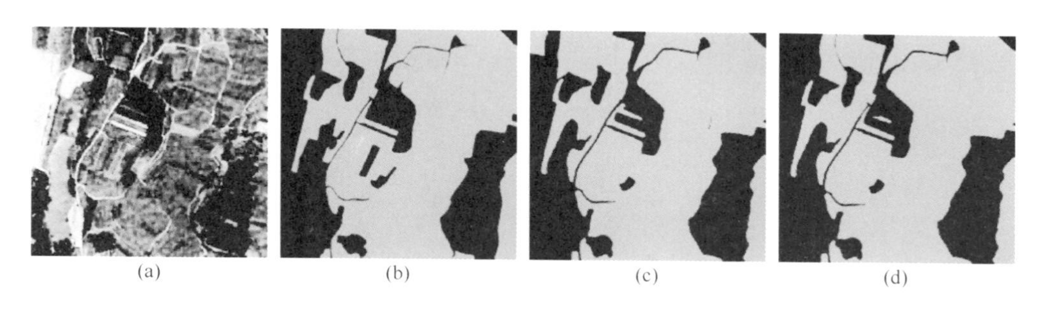

(a) (b) (c) (d)

图 7-17 不同训练方法地表覆盖分类结果对比

(a) 影像；(b) 甘蔗地块真值；(c) 迁移学习分类；(d) 非迁移学习分类

从表 7-23 的实验结果可以看出，通过迁移学习，在很短训练之后对于甘蔗的识别就能获得较好的精度，但是对比完全重新训练的方法，精度略低。

表 7-23 使用预训练网络的分类精度对比

学习方法	精度/%	IOU/%	Kappa 系数	训练时间/h
预训练网络 + 少量精化数据	93.35	85.49	0.8794	41.70
无预训练网络 + 大量精化数据	94.20	84.42	0.8957	106.71

在经过充分训练的情况下，使用大量精化数据重新训练的 LCC-CNN 分类精度优于使用粗糙集 + 少量精化数据的迁移学习方法。重新训练的 LCC-CNN 分类结果更精细，图斑与影像中的实际甘蔗种植区域符合更好。使用粗糙集 + 少量精化数据的迁移学习方法精度稍差，但分类结果与重新训练的 LCC-CNN 非常接近，精度仅相差 0.85%。

在效率上，使用粗糙集＋少量精化数据的迁移学习方法效率更高，在使用预训练 LCC-CNN 的基础上，仅用 41.70h 的训练时间就能达到较好的训练精度，而无预训练 LCC-CNN 需要耗时 106.71h 才能获得最佳精度。在精度方面，两者训练后的精度大致相当，但无预训练网络消耗的时间是预训练 LCC-CNN 的 2.56 倍，多消耗 65.01h。由于使用迁移学习训练时间短，精度高，对精化样本需求量小，因此在实际应用中采用迁移学习后的 LCC-CNN 进行甘蔗面积监测。

为了充分讨论在预训练基础上，样本数量对训练精度的影响，本章设计了使用不同数量训练样本进行训练并开展精度对比的实验。实验过程中按每增加 1000 张切片制作一组训练集进行训练，并统一使用 1 景 5000 × 5000 像素的数据作为测试数据。实验结果如图 7-18 所示。

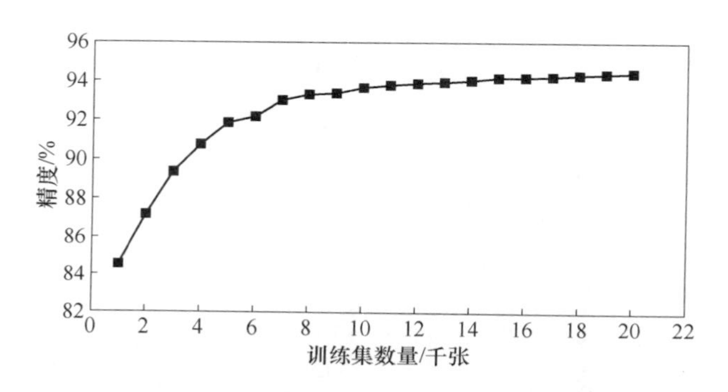

图 7-18　甘蔗迁移学习精度与训练样本数量的关系

图 7-18 说明，迁移学习随着样本数量的增加精度不断提升，但精度提升幅度逐渐变小。说明当样本数量达到一定规模时，迁移学习已经从样本中学习到足够的分类特征，如果增加的训练样本内不含有更多有效特征，分类精度将趋于停滞。对于迁移学习，如果有足够数量的训练样本，可以取得更高的精度，但过多的样本数量也将消耗更多的训练时间与采集样本所投入的成本。因此，迁移学习适用于训练样本数量少、要求快速训练获得分类的应用场景。

综合对比结果，在已经充分预训练的 LCC-CNN 基础上，通过迁移学习使 LCC-CNN 能够完成甘蔗种植面积监测等新的分类任务。在 LCC-CNN 的训练过程中，可以将 LCC-CNN 的训练分成两个阶段，初阶训练使用价格低廉、数量大、精度低的样本集进行训练。在第二阶段训练中再使用成本高、数量少、精度高的样本集进行训练，这种方式能够在兼顾成本的情况下获得较好的训练精度。

7.7.2　LCC-CNN 在甘蔗种植面积监测应用中的精度评价与对比分析

实验中将影像划分为甘蔗与非甘蔗两种不同区域。为了分析对比 LCC-CNN 的提取精度，在实验中采用了 SVM、随机森林等传统方法及 UPerNet、

DenseASPP 等深度学习方法作为对比方法。各种方法的甘蔗种植面积提取效果如图 7-19 所示。从提取结果中可以看出，LCC-CNN 的提取结果最精细，能够区分较小的田间道路，在田块的提取上更为精准。UPerNet 也能较好地识别田间道路，但出现了较多将其他作物划分为甘蔗的错误。DenseASPP 错误的情况较少，但对田间道路的识别精度稍差，并且出现了部分甘蔗漏提取在整体提取效果上，以上两种传统方法与深度学习方法相比有一定差距。

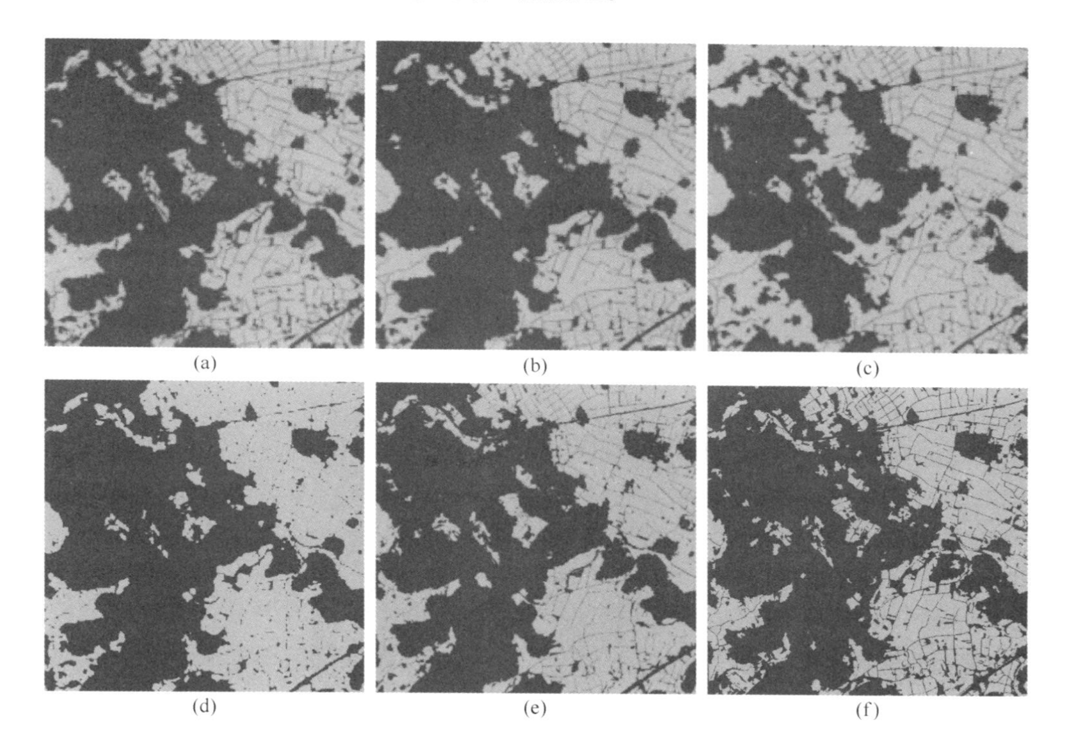

图 7-19 LCC-CNN 与其他方法甘蔗种植面积提取效果对比
(a) 真值；(b) LCC-CNN；(c) UPerNet；(d) DenseASPP；(e) SVM；(f) 随机森林

表 7-24 的数据说明，LCC-CNN 的甘蔗提取总体精度达到 93.35%，能准确地从高分辨率卫星影像中提取各种形状的甘蔗种植地块。通过横向对比，LCC-CNN 的甘蔗种植面积提取的精度优于常规语义分割神经网络模型与传统影像分类算法，与传统方法相比 IOU 提升了 10% 以上，Kappa 系数提升了 0.07 以上，精度提升幅度较大。说明深度学习的方法能够从样本中学习与获取更多的甘蔗影像特征，并且能够利用这些特征提高甘蔗种植面积提取精度。与深度学习方法 UPerNet 及 DenseASPP 相比，LCC-CNN 的精度也分别提高了 3.02% 与 5.06%，说明 LCC-CNN 针对高分辨率遥感影像设计的结构达到了预期目的，在同样条件下具备较高的提取精度。

表 7-24　不同甘蔗种植面积提取方法精度对比

算 法 名 称	总体精度/%	IOU/%	Kappa 系数
LCC-CNN	93. 35	85. 49	0. 8794
UPerNet	90. 33	78. 29	0. 8027
DenseASPP	88. 29	76. 28	0. 8133
SVM	85. 49	75. 31	0. 8080
随机森林	82. 40	72. 67	0. 8034

7. 7. 3　LCC-CNN 在甘蔗种植面积监测中的应用效果

实验证明，基于 LCC-CNN 的甘蔗提取具有较高分类精度，在实验区域精度达到了应用要求。将 LCC-CNN 应用于武鸣区的甘蔗面积监测，提取的甘蔗种植区域如图 7-20 所示。

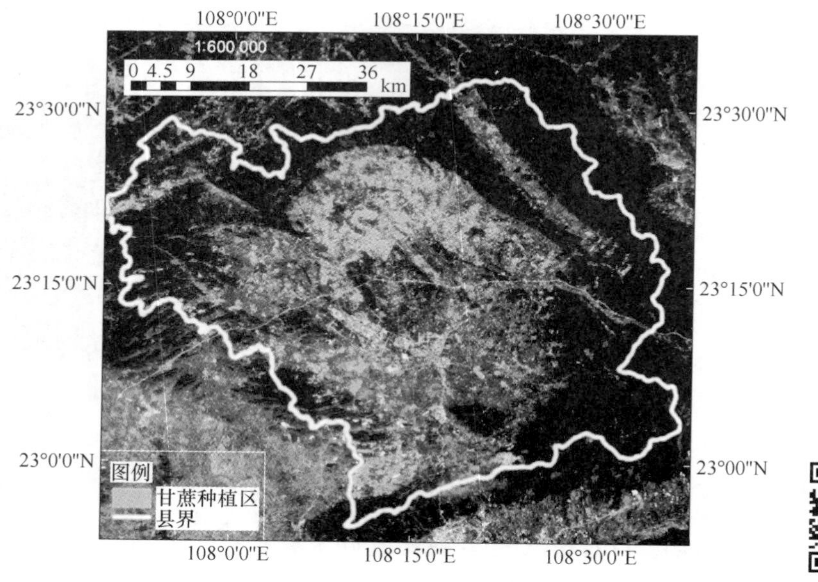

图 7-20　LCC-CNN 的甘蔗种植面积监测结果

扫码看彩图

对武鸣区的监测结果统计表明，武鸣 2018 年全区的甘蔗种植面积为 20585hm^2（$1\text{hm}^2 = 1 \times 10^4\text{m}^2$），与 2018 年地理国情监测的 21061 公顷以及 2018 年统计年鉴 21853 公顷相比，数据基本吻合，差值约为 5. 81%，对武鸣全域的甘蔗面积监测达到了较高的精度。

为进一步分析武鸣区甘蔗种植面积监测的精度，使用实地测绘的 1 : 10000

糖料蔗双高基地甘蔗种植地块数据进行抽样评估。抽样地块总面积为 2621hm^2，将 LCC-CNN 分类结果与抽样地块对比评估，评估后的总体精度为 92.27%，Kappa 系数为 0.8631，IOU 为 84.31%，精度优于应用要求的 90% 总体精度。对武鸣全区 3378km^2 面积区域分析共耗时 8.23h。综合武鸣区甘蔗面积监测精度与处理效率，说明 LCC-CNN 具备较高的分类精度与效率，能够满足大范围高精度甘蔗种植面积监测任务要求。

7.8 LCC-CNN 在桉树种植面积监测中的应用

桉树是广西广泛种植的林种，桉树的广泛种植在带来经济效益的同时，也存在一定的生态问题，同时也是土地非粮化的重要因素。本次监测实验要求在林地提取精度的基础上，实现桉树的高精度提取，同时具备较快的识别与提取速度。在实际应用中将已经训练好用于 8 种地表覆盖分类的 LCC-CNN 作为预训练网络，在此基础上通过少量样本开展迁移学习，最终得到适用于桉树识别与提取的卷积神经网络，通过对比分析，评价 LCC-CNN 的应用效果与分类精度。

7.8.1 LCC-CNN 在桉树种植面积监测中的训练过程

在桉树识别与提取的迁移学习训练中。训练第一阶段使用已经训练好的 8 分类 LCC-CNN 作为预训练网络，在预训练网络基础上，首先删除了最后一层特征融合层及以后的 Softmax 层参数，然后以训练好的其他层作为初始化层，在补充新 Softmax 层后，使用包含桉树与非桉树两类的训练集做进一步训练。

第一阶段训练使用地理国情监测林地数据制作样本。数据为未做精化的粗糙样本集，不使用增广算法，共 10000 张。共进行了 30 次迭代训练，初始学习率为 0.001，使用余弦退火策略，Adam 梯度下降方法，超参 λ_1 为 0.9，λ_2 为 0.999。

第二阶段在粗糙集训练基础上，使用 1000 张桉树精化数据构成训练样本集，训练样本集通过改进 SMOTE 算法增广至 5000 张训练样本进行训练。初始学习率为 0.0002，使用余弦退火策略，训练共进行 50 次迭代。采用较低的学习率主要考虑林地已经具备较高的精度，如果学习率过大有可能影响训练的实际效果。

表 7-25 为各训练阶段分类精度对比，在经过第一阶段使用粗糙样本集训练后，LCC-CNN 对桉树的分类精度仅仅提升了不到 0.3%，说明预训练网络中已经达到了较高的训练精度，使用粗糙训练样本并不能有效地进一步提升分类精度。在第二阶段使用精化数据继续进行 70 次迭代训练后，LCC-CNN 精度提升了 3% 左右。说明对于桉树采用精修后的训练样本能从林地分类中快速训练获得桉树的子分类，并且由于桉树的纹理与一般树种有一定的差异性，因此在二阶段训练中能够从精化样本中学到新的特征并提高分类精度。

表 7-25　桉树迁移学习各训练阶段分类精度对比

训练阶段	训练数据集	总体精度/%	IOU/%	Kappa 系数
第一阶段	粗糙数据集	91.89	81.23	0.8076
第二阶段	精化数据集	94.21	85.76	0.8824

两个阶段的训练情况说明，利用预训练网络，如果相似分类已经具备了较高的训练精度，可以考虑不使用二阶段训练方法，而是直接可以采用少量精化数据直接训练，能够更快地获得所需训练精度的神经网络。这种训练方法适用于从已经具备较高分类精度的分类中继续细化提取包含子分类的情况。通过这种简化的训练模式，使用少量精化数据与少量的训练迭代次数就能获得理想的子分类精度，降低了 LCC-CNN 训练所需的时间成本。

作为对比训练，使用预先制作的 1000 张 512×512 像素的桉树训练样本，增广至 5000 张后对 LCC-CNN 进行训练，共进行了 150 次迭代训练，初始学习率为 0.001，使用余弦退火策略，采用 Adam 梯度下降方法，超参 λ_1 为 0.9，λ_1 为 0.999。训练后的 LCC-CNN 与使用迁移学习方法的对比结果如图 7-21 所示。

图 7-21（c）为迁移学习后桉树分类结果，对比图 7-21（d）未采用迁移学习，采用迁移学习的分类效果更好，重新训练的 LCC-CNN 的提取精度相对较差，识别精度较低。出现这种情况主要是桉树的精华训练样本集较小，经过多次迭代，接近过拟合状态，但此时尚未达到理想的学习精度。

从表 7-26 的实验结果可以看出，通过迁移学习，用少量的样本在很短训练之后能获得较好的桉树识别精度，如果采用同样数量的训练样本，重新训练的 LCC-CNN 在经过更多次迭代后，依然不能达到迁移学习的训练精度。

表 7-26　使用预训练网络的分类精度对比

学习方法	精度/%	IOU/%	Kappa 系数	训练时间/h
预训练网络 + 少量精化数据	94.21	85.76	0.8824	35.24
无预训练网络 + 少量精化数据	90.14	80.34	0.8129	100.26

结合表 7-26 和图 7-20 说明在相同的软硬件训练环境下，在经过充分训练的情况下，使用少量精化数据迁移训练的 LCC-CNN 桉树分类精度优于使用少量精化数据的重新学习方法。迁移学习 + 少量精化数据的 LCC-CNN 分类结果更精细，基本能够较为准确地提取桉树种植区域。使用少量精化数据重新训练的 LCC-CNN 精度稍差，并且分类结果与迁移训练的 LCC-CNN 有一定差距。

在效率上，使用少量精化数据的迁移学习方法效率更高，在使用预训练 LCC-CNN 的基础上，仅用 35.24h 的训练时间就能达到较好的训练精度，而无预

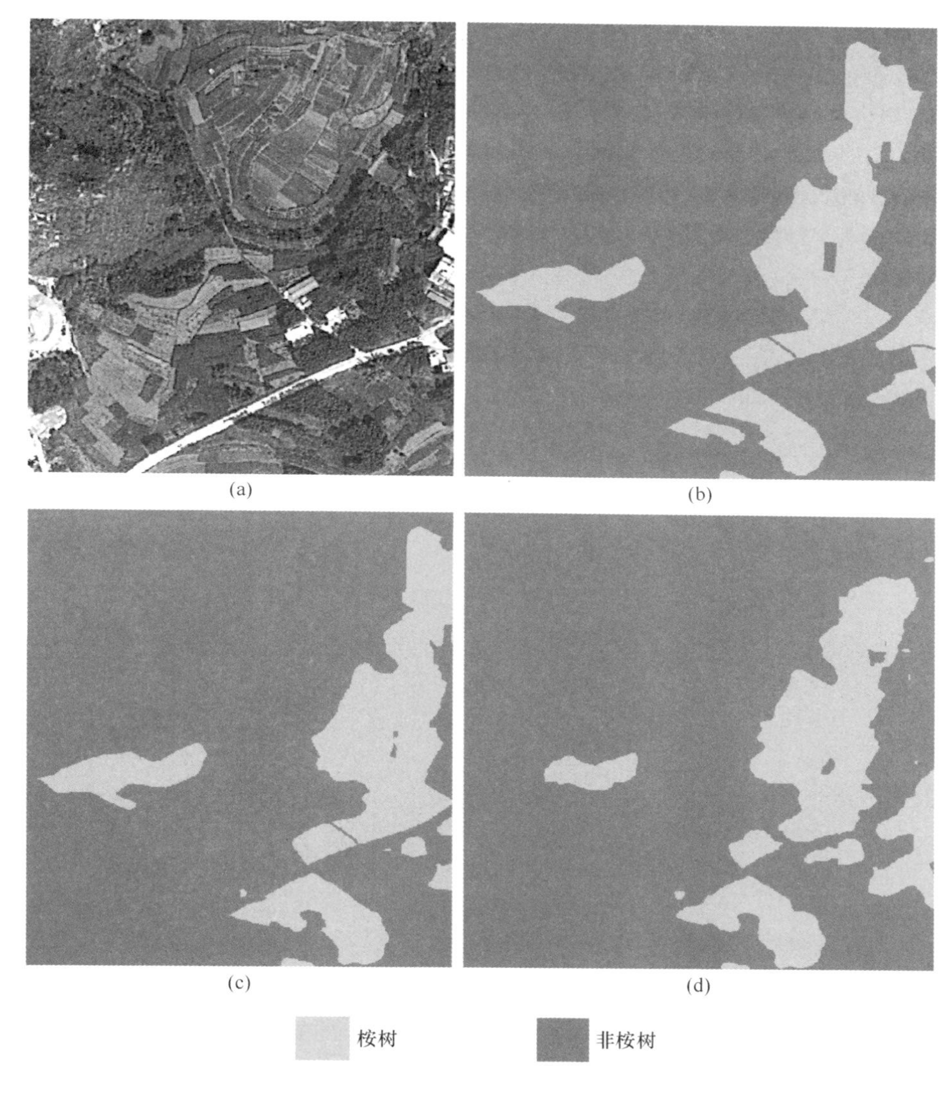

图 7-21 不同训练方法桉树分类结果对比

（a）影像；（b）桉树地块真值；（c）迁移学习分类结果；（d）非迁移学习分类结果

训练 LCC-CNN 需要耗时 100.26h 才能获得最佳精度，但训练后迁移学习训练方法的精度仍然优于采用同样数据重新训练的卷积神经网络，说明较小的训练样本集不足以支撑重新训练的 LCC-CNN 达到较高的精度。由于使用迁移学习训练时间短，精度高，对精化样本需求量小。因此在实际应用中采用迁移学习后的 LCC-CNN 进行桉树种植区域监测。

综合对比结果，利用已经充分预训练林地分类的 LCC-CNN，采用迁移学习使 LCC-CNN 能够完成林地中桉树子分类的地表覆盖分类任务。在迁移训练过程中，仅使用少量、精度高的样本集进行训练就能进一步提高分类精度，这种方式能够在获得较好训练精度的同时减少训练样本的数量，减少训练样本采集的成本与工作量。

7.8.2　LCC-CNN 在桉树种植面积监测应用中的精度评价与对比分析

实验中将影像划分为桉树与非桉树两种不同区域。为了分析对比 LCC-CNN 的提取精度，在实验中采用了 SVM、随机森林等传统方法以及 UPerNet、DenseASPP 等深度学习方法作为对比方法。各种方法的桉树种植面积提取效果如图 7-22 所示。从提取结果中可以看出，LCC-CNN 的提取效果最好，提取图斑与真值最为接近。DenseASPP 与 UPerNet 也具备较好的识别精度，但由于训练样本数量有限，因此在训练上也较难达到较高精度，但如果也采用迁移学习方法，同样能够进一步提高桉树的分类精度。而两种传统方法在整体的提取效果上，与深度学习方法相比有一定差距。

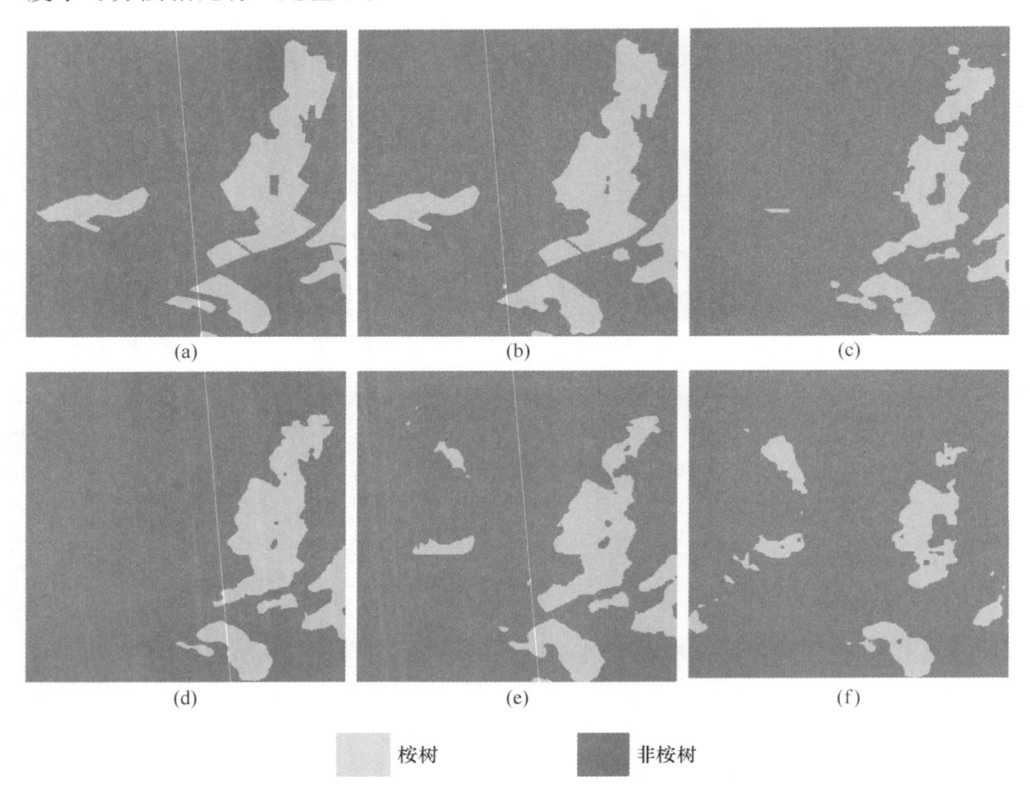

图 7-22　LCC-CNN 与其他方法桉树种植面积提取效果对比
(a) 真值；(b) LCC-CNN；(c) UPerNet；(d) DenseASPP；(e) SVM；(f) 随机森林

表7-27的数据说明，LCC-CNN的桉树提取总体精度达到94.21%，能准确地从高分辨率卫星影像中提取各种形状的桉树种植区域。通过横向对比，LCC-CNN的桉树种植面积提取的精度优于常规语义分割神经网络模型与传统影像分类算法，与传统方法相比IOU提升了6%以上，Kappa系数提升了0.05以上，精度提升幅度较大。说明深度学习的方法能够从样本中学习与获取更多的桉树影像特征，并且能够利用这些特征提高桉树种植面积提取精度。与深度学习方法UPerNet及DenseASPP相比，LCC-CNN的精度也分别提高了2.34%与1.78%。说明LCC-CNN针对高分辨率遥感影像设计的结构达到了预期目的，在同样条件下具备较高的提取精度。

表7-27 不同桉树种植面积提取方法精度对比

算法名称	总体精度/%	IOU/%	Kappa系数
LCC-CNN	94.21	86.74	0.8757
预训练UPerNet+迁移学习	91.87	82.33	0.8426
预训练DenseASPP+迁移学习	92.43	82.41	0.8392
UPerNet	88.29	81.77	0.8217
DenseASPP	89.38	81.69	0.8279
SVM	87.26	80.16	0.8251
随机森林	84.67	76.93	0.8163

7.9 基于神经网络的地表覆盖分类建议

通过以上实验可以看出，LCC-CNN的处理速度快，但单一数据源时精度相对较低；多时相修正算法虽然精度高，但是要求必须具备多时相的数据与前时相真值，对应用范围有一定要求。此外，多时相修正算法由于采用了并行网络结构，分类时间较LCC-CNN增长1倍。通过对实验分析总结，为基于深度学习的地表覆盖分类做出如下建议。

（1）对处理速度有较高要求，地表覆盖分类精度要求不高且不具备多时相数据与真值的应用场景可以使用LCC-CNN进行分类。根据实验结果，采用测试环境的硬件设备，LCC-CNN的高分辨率卫星地表覆盖分类的日处理能力可以达到8000~10000km^2，以广西区为例，一个月左右可以完成全区的地表覆盖分类任务。

（2）对于精度要求较高，但对处理速度要求不高，具备多时相数据以及前时相真值的应用场景，可以采用多时相修正算法。尽管处理速度较慢，但采用测试环境的硬件设备单机日处理能力仍可以达到5000km^{2}左右，处理效率能够满足大范围、海量数据的应用需要。

（3）对于精度要求极高的应用场景，如具备多时相数据以及前时相真值，可采用时态修正算法快速获取地表覆盖分类参考数据，提高人工作业效率。

此外，本书实验仅使用了单节点计算设备，从实际生产应用出发，如果适当增加 GPU 计算节点数目，构建 GPU 计算集群能够加快大范围影像地表覆盖分类处理速度，可以进一步满足对大范围影像快速分类的应用需求。

参 考 文 献

[1] Phiri D, Morgenroth J. Developments in landsat land cover classification methods: a review [J]. Remote Sensing, 2017.

[2] Vadrevu, Prasad K. Introduction to remote sensing [M]. New York: Guilford Press, 2011.

[3] 眭海刚，冯文卿，李文卓，等. 多时相遥感影像变化检测方法综述 [J]. 武汉大学学报(信息科学版)，2018，43 (12)：1885~1898.

[4] 赵英时. 遥感应用分析原理与方法 [M]. 北京：科学出版社，2003.

[5] Ren Y, Lü Y, Comber A, et al. Spatially explicit simulation of land use/land cover changes: current coverage and future prospects [J]. Earth-Science Reviews, 2019.

[6] Maxwell A E, Warner T A, Fang F. Implementation of machine-learning classification in remote sensing: an applied review [J]. International Journal of Remote Sensing, 2018, 39 (9): 2784~2817.

[7] 杨鹤标，薛艳锋，冯进兰，等. 基于 Fisher 线性判别率的加权 K-means 聚类算法 [J]. 计算机应用研究，2010 (12)：4439~4442.

[8] 张超，李建成，王剑秦. 一种基于网格计算的农业遥感数据快速分类算法 [J]. 西安工程大学学报，2010，24 (6)：810~813.

[9] 钟燕飞，张良培. 遥感影像 K 均值聚类中的初始化方法 [J]. 系统工程与电子技术，2010 (9)：2009~2014.

[10] Zhang Xia, Wang Suzhen, Yin Yixin, et al. 基于模糊粒度计算的 K-means 文本聚类算法研究 [J]. 计算机科学，2010，37 (2)：209~211.

[11] 赵越，周萍. 改进的 K-means 算法在遥感图像分类中的应用 [J]. 国土资源遥感，2011 (2)：87~90.

[12] 王蕊，王常颖，李劲华. 基于数据挖掘的 GF-1 遥感影像绿潮自适应阈值分区智能检测方法研究 [J]. 海洋学报，2019，41 (4)：131~144.

[13] 谢相建，赵俊三，陈学辉，等. 基于集对分析的遥感图像 K-均值聚类算法 [J]. 国土资源遥感，2012 (4)：82~87.

[14] 徐二静. 基于 K-means 的遥感图像分割 [D]. 乌鲁木齐：新疆大学，2014.

[15] 袁周米琪，周坚华. 自适应确定 K-means 算法的聚类数：以遥感图像聚类为例 [J]. 华东师范大学学报：自然科学版，2014 (6)：73~80.

[16] 初佳兰，张杰，任广波，等. 一种基于众数赋值的高光谱图像地物分类方法 [J]. 海洋科学，2015，39 (2)：72~78.

[17] 赵庆展，刘伟，尹小君，等. 基于无人机多光谱影像特征的最佳波段组合研究 [J]. 农业机械学报，2016，47 (3)：242~248.

[18] Dunn J C. A fuzzy relative of the ISODATA process and Its use in detecting compact well-separated clusters [J]. Journal of Cybernetics, 1973.

[19] 马彩虹，戴芹，刘士彬. 一种融合 PSO 和 Isodata 的遥感图像分割新方法 [J]. 武汉大学学报：信息科学版，2012，37 (1).

[20] 康永辉，戴激光，王广哲. 改进的自适应模糊 ISODATA 灰度图像分割算法 [J]. 计算

机工程与应用，2016，52（17）：198 ~ 202，214.

[21] 杨燕，曾学宏，汪生燕．影像增强对ISODATA遥感影像分类结果的影响［J］．测绘与空间地理信息，2014（4）：129 ~ 132.

[22] 徐亚瑾，舒红．基于ISODATA和变化矢量分析法的影像变化提取方法［J］．地理空间信息，2020，18（1）：73 ~ 76，9.

[23] Jiawei Han，Micheline Kamber，Jian Pei，et al. 数据挖掘概念与技术［M］．北京：机械工业出版社，2012.

[24] 孙建伟，王超，王娜，等．基于CART决策树的ZY-3卫星遥感数据土地利用分类监测［J］．华中师范大学学报（自然科学版），2016，50（6）：937 ~ 943.

[25] 陈丽萍，孙玉军．基于不同决策树的面向对象林区遥感影像分类比较［J］．应用生态学报，2018，29（12）：107 ~ 115.

[26] Chao Y，Cuofemg W，Kai D，et al. Improving land use/land cover classification by integrating pixel unmixing and decision tree methods［J］. Remote Sensing，2017，9（12）：1222.

[27] 潘琛，林怡，陈映鹰．基于多特征的遥感影像决策树分类［J］．光电子·激光，2010，21（5）：731 ~ 736.

[28] 申文明，王文杰，罗海江，等．基于决策树分类技术的遥感影像分类方法研究［J］．遥感技术与应用，2007，22（3）：333 ~ 338.

[29] Shuang L I，Shengyan D，Lexiang Q. The decision tree classification and Its application research in land cover［J］. Remote Sensing Technology & Application，2002，17（1）：6 ~ 11.

[30] 段化娟，尉永清，刘培玉，等．一种面向不平衡分类的改进多决策树算法［J］．广西师范大学学报（自然科学版），2020，38（2）：72 ~ 80.

[31] 杨耘，徐丽，颜佩丽．条件随机场框架下基于随机森林的城市土地利用/覆盖遥感分类［J］．国土资源遥感，2014（4）：61 ~ 65.

[32] Zhang X M，He G J，Zhang Z M，et al. Spectral-spatial multi-feature classification of remote sensing big data based on a random forest classifier for land cover mapping［J］. Cluster Computing，2017，17（3）：95 ~ 98.

[33] Sun X F，Lin X G. Random-forest-ensemble-based classification of high-resolution remote sensing images and ndsm over urban areas［J］. 2017，6（8）：1 ~ 26.

[34] 张晓羽，李凤日，甄贞，等．基于随机森林模型的陆地卫星－8遥感影像森林植被分类［J］．东北林业大学学报，2016（6）：53 ~ 57.

[35] 刘毅，杜培军，郑辉，等．基于随机森林的国产小卫星遥感影像分类研究［J］．测绘科学，2012，37（4）：194 ~ 196.

[36] 杜政，方耀．结合随机森林的高分一号分类最优组合研究［J］．地理空间信息，2017，15（2）：15 ~ 18.

[37] Deng C，Wu C. The use of single-date MODIS imagery for estimating large-scale urban impervious surface fraction with spectral mixture analysis and machine learning techniques［J］. Isprs Journal of Photogrammetry & Remote Sensing，2013，86（12）：100 ~ 110.

[38] 姚明煌，骆炎民．改进的随机森林及其在遥感图像中的应用［J］．计算机工程与应用，

2016, 52 (4): 168 ~ 173.

[39] 冯文卿，眭海刚，涂继辉，等. 高分辨率遥感影像的随机森林变化检测方法 [J]. 测绘学报，2017 (11): 1880 ~ 1890.

[40] Jia K, Liu J, Yixuan T U, et al. Land use and land cover classification using Chinese GF-2 multispectral data in a region of the North China Plain [J]. 地球科学前沿：英文版，2019, 13 (2): 9.

[41] Jenicka S, Suruliandi A. Fuzzy texture model and support vector machine hybridization for land cover classification of remotely sensed images [J]. Journal of Applied Remote Sensing, 2014, 8 (1): 083540.

[42] Wu Q, Zhong R, Zhao W, et al. A comparison of pixel-based decision tree and object-based Support Vector Machine methods for land-cover classification based on aerial images and airborne lidar data [J]. International Journal of Remote Sensing, 2017, 38 (23): 7176 ~ 7195.

[43] Ghosh A, Joshi P K. A comparison of selected classification algorithms for mapping bamboo patches in lower Gangetic plains using very high resolution WorldView 2 imagery [J]. International Journal of Applied Earth Observation & Geoinformation, 2014, 26: 298 ~ 311.

[44] 谭琨. 基于支持向量机的高光谱遥感影像分类研究 [D]. 北京：中国矿业大学，2010.

[45] 方臣，吴龙，胡飞，等. 基于纹理和支持向量机的 GF-1 图像土地覆被分类研究 [J]. 资源环境与工程，2019, 33 (1): 113 ~ 116.

[46] 朱海洲，贾银山. 基于支持向量机的遥感图像分类研究 [J]. 科学技术与工程，2010, 10 (15): 3659 ~ 3663.

[47] 王小明，毛梦祺，张昌景，等. 基于支持向量机的遥感影像分类比较研究 [J]. 测绘与空间地理信息，2013, 36 (4): 17 ~ 20.

[48] 张语涵，孙劲光，苗锡奎. 基于改进的 ISODATA 算法彩色图像分割 [J]. 计算机系统应用，2010, 19 (2): 41 ~ 45.

[49] Braspenning P, Thuijsman F, Weijters A. Artificial neural networks, an introduction to ANN theory and practice [M]. Berlin: Springer Berlin Heidelberg, 2005.

[50] Fukushima K. Neocognitron: A self-organizing neural network model for a mechanism of pattern recognition unaffected by shift in position [J]. Biological Cybernetics, 1980, 36 (4): 193 ~ 202.

[51] Lecun Y, Boser B, Denker J, et al. Backpropagation applied to handwritten zip code recognition [J]. Neural Computation, 2014, 1 (4): 541 ~ 551.

[52] Cuntoor N P, Chellappa R. Epitomic representation of human activities: IEEE computer society conference on computer vision & pattern recognition [C]. 2007.

[53] Evgeny, A, Smirnov, et al. Comparison of regularization methods for ImageNet classification with deep convolutional neural networks [J]. Aasri Procedia, 2014, 4 (6): 89 ~ 94.

[54] Simonyan K, Zisserman A. Very deep convolutional networks for large-scale image recognition [J]. Computer Ence, 2014, 1409 (15): 1556 ~ 1563.

[55] Szegedy C, Liu W, Jia Y, et al. Going deeper with convolutions: 2015 IEEE Conference on Computer Vision and Pattern Recognition (CVPR) [C]. 2015.

[56] Ruiz-Garcia A, Elshaw M, Altahhan A, et al. A hybrid deep learning neural approach for emotion recognition from facial expressions for socially assistive robots [J]. Neural Computing and Applications, 2018, 11 (14): 358.

[57] Borah R, Rajarajeswari S. A study on application of machine learning and computer vision for retail projects [J]. Asian Journal of Pharmaceutical & Clinical Research, 2017, 10 (13): 476.

[58] Glorot X, Bengio Y. Understanding the difficulty of training deep feedforward neural networks [J]. Journal of Machine Learning Research, 2010, 9: 249 ~ 256.

[59] He K, Zhang X, Ren S, et al. Delving deep into rectifiers: surpassing human-level performance on ImageNet classification [R]. IEEE Computer Society, 2015.

[60] Greff K, Srivastava R K, Schmidhuber J. Highway and residual networks learn unrolled iterative estimation [J]. 2016, 18 (9).

[61] He K, Sun J. Convolutional neural networks at constrained time cost: 2015 IEEE Conference on Computer Vision and Pattern Recognition (CVPR) [C]. 2014.

[62] He K, Zhang X, Ren S, et al. Deep residual learning for image recognition: IEEE Conference on Computer Vision & Pattern Recognition [C]. 2016.

[63] He K, Zhang X, Ren S, et al. Identity mappings in deep residual networks: European Conference on Computer Vision [C]. 2016.

[64] Xie S, Girshick R, Dollár P, et al. Aggregated residual transformations for deep neural networks: 2017 IEEE Conference on Computer Vision and Pattern Recognition (CVPR) [C]. 2017.

[65] Yang H, Gao L, Tang N, et al. Experimental analysis and evaluation of wide residual networks based agricultural disease identification in smart agriculture system [J]. EURASIP Journal on Wireless Communications and Networking, 2019, 2019 (1): 292.

[66] Iandola F N, Han S, Moskewicz M W, et al. SqueezeNet: alexNet-level accuracy with 50x fewer parameters and <0.5MB model size [J]. 2016, 40 (3): 358 ~ 359.

[67] Ilea I, Bombrun L B, Said S, et al. Covariance matrices encoding based on the log-euclidean and affine invariant riemannian metrics: IEEE/CVF Conference on Computer Vision & Pattern Recognition Workshops [C]. 2018.

[68] Zhang X, Zhou X, Lin M, et al. ShuffleNet: an extremely efficient convolutional neural network for mobile devices [R]. IEEE/CVF Conference on Computer Vision and Pattern Recognition, 2017, 50 (3): 6848 ~ 8856.

[69] 彭亚丽，张鲁，张钰，等．基于深度反卷积神经网络的图像超分辨率算法 [J]．软件学报，2018，29 (4)：926 ~ 934.

[70] 朱冉．深度图像的上采样方法研究 [D]．武汉：华中科技大学，2019.

[71] Zhang Z, Liu Q, Wang Y. Road extraction by deep residual U-Net [J]. IEEE Geoence and Remote Sensing Letters, 2017, PP (99): 1 ~ 5.

[72] Farrajota M, Rodrigues J M F, Buf J M H D. Pedestrian detection using spatial pyramid pooling in deep convolutional networks: 1th edition of the Portuguese Conference on Pattern Recog-

nition [C]. 2015.

[73] Chen L C, Papandreou G, Kokkinos I, et al. DeepLab: semantic image segmentation with deep convolutional nets, atrous convolution, and fully connected CRFs [J]. IEEE Transactions on Pattern Analysis and Machine Intelligence, 2018, 40 (4): 834 ~ 848.

[74] 党宇，张继贤，邓喀中，等. 基于深度学习 AlexNet 的遥感影像地表覆盖分类评价研究 [J]. 地球信息科学学报，2017，19 (11): 1530 ~ 1537.

[75] 张伟，郑柯，唐娉，等. 深度卷积神经网络特征提取用于地表覆盖分类初探 [J]. 中国图象图形学报，2017，22 (8): 1144 ~ 1153.

[76] Fan H, Gui-Song X, Jingwen H, et al. Transferring deep convolutional neural networks for the scene classification of high-resolution remote sensing imagery [J]. Remote Sensing, 2015, 7 (11): 14680 ~ 14707.

[77] Heming L, Qi L. Hyperspectral imagery classification using sparse representations of convolutional neural network features [J]. Remote Sensing, 2016, 8 (2): 99.

[78] 王晨. 基于深度学习的红外图像语义分割技术研究 [D]. 上海：中国科学院大学（中国科学院上海技术物理研究所），2017.

[79] 李宝奇，贺昱曜，何灵蛟，等. 基于全卷积神经网络的非对称并行语义分割模型 [J]. 电子学报，2019，47 (5): 1058 ~ 1064.

[80] Mohammadimanesh F, Salehi B, Mandianpari M, et al. A new fully convolutional neural network for semantic segmentation of polarimetric SAR imagery in complex land cover ecosystem [J]. Isprs Journal of Photogrammetry & Remote Sensing, 2019, 151 (5): 223 ~ 236.

[81] Zhang C, Wei S, Ji S, et al. Detecting large-scale urban land cover changes from very high resolution remote sensing images using CNN-based classification [J]. International Journal of Geo Information, 2019, 8 (4): 189.

[82] 闫苗，赵红东，李宇海，等. 基于卷积神经网络的高光谱遥感地物多分类识别 [J]. 激光与光电子学进展，2019，56 (2): 183 ~ 190.

[83] Gang F, Changjun L, Rong Z, et al. Classification for high resolution remote sensing imagery using a fully convolutional network [J]. Remote Sensing, 2017, 9 (5): 498.

[84] Zhang C, Liu J, Yu F. Segmentation model based on convolutional neural networks for extracting vegetation from Gaofen-2 images [J]. Journal of Applied Remote Sensing, 2018, 12 (4): 1.

[85] Sharma A, Liu X, Yang X, et al. A patch-based convolutional neural network for remote sensing image classification. [J]. Neural Networks the Official Journal of the International Neural Network Society, 2017: 19.

[86] Zhang C, Pan X, Li H, et al. A hybrid MLP-CNN classifier for very fine resolution remotely sensed image classification [J]. Isprs Journal of Photogrammetry & Remote Sensing, 2018, 140 (6): 133 ~ 144.

[87] Yuksel, Mehmet, Emin, et al. Classification of high resolution hyperspectral remote sensing data using deep neural networks [J]. Journal of Intelligent & Fuzzy Systems: Applications in Engineering and Technology, 2018, 34 (2): 2279 ~ 2285.

[88] Cai, Yaping, Guan, et al. A high-performance and in-season classification system of field-level crop types using time-series Landsat data and a machine learning approach [J]. Remote Sensing of Environment An Interdisciplinary Journal, 2018, 210 (5): 35 ~ 47.

[89] Wei W, Jinyang Z, Lei Z, et al. Deep cube-pair network for hyperspectral imagery classification [J]. Remote Sensing, 2018, 10 (5): 783.

[90] Cybenko G V. Approximation by superpositions of a sigmoidal function [J]. 分析理论与应用: 英文刊, 1993, 5 (3): 17 ~ 28.

[91] Karlik B, Olgac A V. Performance analysis of various activation functions in generalized MLP architectures of neural networks [M]. Cambridge University Press, 2010.

[92] Rafferty J, Shellito P, Hyman N H, et al. Practice parameters for sigmoid diverticulitis [J]. Diseases of the Colon & Rectum, 2006, 49 (7): 939.

[93] Fan E. Extended tanh-function method and its applications to nonlinear equations [J]. Physics Letters A, 2000, 277 (4 ~ 5): 212 ~ 218.

[94] 杨楠. 基于 Caffe 深度学习框架的卷积神经网络研究 [D]. 石家庄: 河北师范大学, 2016.

[95] Duchi J, Hazan E, Singer Y. Adaptive subgradient methods for online learning and stochastic optimization [J]. Journal of Machine Learning Research, 2011, 12 (7): 257 ~ 269.

[96] Zhang R, Gong W, Grzeda V, et al. An adaptive learning rate method for improving adaptability of background models [J]. IEEE Signal Processing Letters, 2013, 20 (12): 1266 ~ 1269.

[97] Kingma D, Ba J. Adam: a method for stochastic optimization [J]. Computer Ence, 2014.

[98] 冯文卿, 眭海刚, 涂继辉, 等. 高分辨率遥感影像的随机森林变化检测方法 [J]. 测绘学报, 2017 (11): 1880 ~ 1890.

[99] 贾坤, 李强子, 田亦陈, 等. 遥感影像分类方法研究进展 [J]. 光谱学与光谱分析, 2011, 31 (10): 2618 ~ 2623.

[100] 张辉. 基于 BP 神经网络的遥感影像分类研究 [D]. 济南: 山东师范大学, 2013.

[101] 王一达, 沈熙玲, 谢炯. 遥感图像分类方法综述 [J]. 遥感信息, 2006, (5): 67 ~ 71.

[102] 柏延臣, 王劲峰. 结合多分类器的遥感数据专题分类方法研究 [J]. 遥感学报, 2005, 9 (5): 555 ~ 563.

[103] 周涓, 熊忠阳, 张玉芳, 等. 基于最大最小距离法的多中心聚类算法 [J]. 计算机应用, 2006 (6): 1425 ~ 1427.

[104] 朱秀芳, 潘耀忠, 张锦水, 等. 训练样本对 TM 尺度小麦种植面积测量精度影响研究 (Ⅰ)——训练样本与分类 [J]. 遥感学报, 2007, 11 (6): 826 ~ 837.

[105] Dice L R. Measures of the amount of ecologic association between species [J]. Ecology, 1945, 26 (3): 297 ~ 302.

[106] 张云涛. 数据挖掘原理与技术 [M]. 北京: 电子工业出版社, 2004.

[107] 于新洋, 赵庚星, 常春艳, 等. 随机森林遥感信息提取研究进展及应用展望 [J]. 遥感信息, 2019, 34 (2): 11 ~ 17.

[108] 方匡南, 吴见彬, 朱建平, 等. 随机森林方法研究综述 [J]. 统计与信息论坛, 2011,

26 (3): 32 ~ 38.

[109] 刘毅, 杜培军, 郑辉, 等. 基于随机森林的国产小卫星遥感影像分类研究 [J]. 测绘科学, 2012, 37 (4): 194 ~ 196.

[110] 张睿, 马建文. 支持向量机在遥感数据分类中的应用新进展 [J]. 地球科学进展, 2009 (5): 555 ~ 562.

[111] Liu Y, Huang L. A novel ensemble support vector machine model for land cover classification [J]. International Journal of Distributed Sensor Networks, 2019, 15 (4): 276 ~ 285.

[112] 但汉辉, 张玉芳, 张世勇. 一种改进的 K-均值聚类算法 [J]. 重庆工商大学学报 (自然科学版), 2009, 26 (2): 144 ~ 147.

[113] Long J, Shelhamer E, Darrell T. Fully convolutional networks for semantic segmentation [J]. IEEE Transactions on Pattern Analysis and Machine Inlelligerce, 2015, 39 (4): 640 ~ 651.

[114] Chen Y, Guo Q, Liang X, et al. Environmental sound classification with dilated convolutions [J]. Applied Acoustics, 2019, 148 (5): 123 ~ 132.

[115] Saez, Jose A, Herrera, et al. SMOTE-IPF: Addressing the noisy and borderline examples problem in imbalanced classification by a re-sampling method with filtering [J]. Information Sciences An International Journal, 2015, 291 (10): 184 ~ 203.

[116] Srivastava N, Hinton G, Krizhevsky A, et al. Dropout: A Simple Way to Prevent Neural Networks from Overfitting [J]. Journal of Machine Learning Research, 2014, 15 (1): 1929 ~ 1958.

[117] Zhongling H, Zongxu P, Bin L. Transfer learning with deep convolutional neural network for SAR target classification with limited labeled data [J]. Remote Sensing, 2017, 9 (9): 907.